21 世纪高职高专“十三五”规划教材

种子检验技术

主编 屈长荣 邵 冬

参编 尚 林 陈学红 赵兴俊

崔兴林 李 鹏

图书在版编目（CIP）数据

种子检验技术 / 屈长荣，邵冬主编 . —天津：天津大学出版社，2019.6（2023.1 重印）

21 世纪高职高专“十三五”规划教材

ISBN 978-7-5618-6226-1

Ⅰ. ①种… Ⅱ. ①屈… ②邵… Ⅲ. ①种子—检验—高等职业教育—教材 Ⅳ. ① S339.3

中国版本图书馆 CIP 数据核字（2018）第 190829 号

出版发行 天津大学出版社
地 址 天津市卫津路 92 号天津大学内（邮编：300072）
电 话 发行部：022-27403647
网 址 publish.tju.edu.cn
印 刷 北京虎彩文化传播有限公司
经 销 全国各地新华书店
开 本 185mm×260mm
印 张 16.5
字 数 412 千
版 次 2019 年 6 月第 1 版
印 次 2023 年 1 月第 4 次
定 价 42.00 元

前言

种子检验 (Seed Testing) 是应用科学、先进和标准的方法对种子样品进行正确的分析测定，判断其质量，评定其种用价值的一门科学技术。种子检验诞生至今已有一百多年的历史，规范的种子检验技术对种子产业和国际种子贸易的发展有着巨大的推动作用。在我国，种子检验为农业行政监督、行政执法、商品种子贸易流通、种子质量纠纷解决等活动提供了多方位的技术支撑和技术服务；同时，种子检验又是种子企业质量管理体系的一个重要组成部分，是种子质量监控的重要手段之一；当前，“质量至上”已成为广大农民选购种子的重要因素，“质量兴企”已成为种子企业成长壮大的发展理念。作为质量管理和质量监控重要手段的种子检验，对我国整体提高种子质量和市场竞争力的提升发挥着重大作用，为增加农民收入、维护农村稳定作出了重要贡献。种子检验技术是直接为农业生产服务的实际应用技术，是高等职业院校种子生产与经营专业的核心领域学习课程，也是相关专业的主要学习内容。

本书根据我国高等职业院校种子生产与经营等植物生产技术类专业的建设和发展要求，实时更新相关内容，以我国最新种子检验规程为核心，吸收国内外最新研究成果和检验技术，同时借鉴国内本科院校最新的种子检验教学成果，突出实践，以便更好地适应高职院校培养种子产业一线高技能应用型人才的发展需求，可作为我国高职院校种子生产与经营专业及种植类相关专业的教材，也可作为种子生产、经营、管理者的参考书。

本书共有种子检验与质量控制、扦样概述、种子净度分析、种子发芽试验、种子生活力测定、种子活力测定、品种真实性和纯度室内鉴定、品种真实性和纯度田间检验、种子水分测定、种子重量测定、种子健康测定和计算机技术在种子检验中的应用等 12 章，每章内容既精练准确地阐述了基本原理，又注重介绍标准和最新实用技术；既照顾当前教学和技术培训需要，又着眼种子检验技术的未来发展。章后编有与当前种子生产与经营密切相关的 12 个种子检验实训指导，更便于理论与实践一体教学和培养学生的实际操作能力。本书最后还附有《中华人民共和国种子法》《强制性种子质量标准》等与种子检验紧密相关的法规和标准化对照学习资料。

本书编写人员和分工为：第一章、第二章、第三章、第七章、第八章由屈长荣编写，第四章由屈长荣、李鹏编写，第五章由赵兴俊编写，第六章、第十一章、第十二章由邵冬编写，第九章由陈学红编写，第十章由李鹏、崔兴林编写，种子检验实训由屈长荣、尚林编写。全书由屈长荣、邵冬统稿。

本书再版修订时，根据广大使用者提出的意见和建议，对许多不足之处加以补充和改正，以便能为我国种子检验高技能人才的培养作出贡献。

编者

2018 年 5 月

目 录

Chapter One

第一章 种子检验与质量控制

第一节 / 种子检验的含义、目的和作用

一、种子检验的含义

种子检验（Seed Testing）是指应用科学、先进和标准的方法对种子样品进行正确的分析测定，判断其质量，评定其种用价值的一门科学技术。

种子检验的对象是农业种子，主要包括：植物学上的种子（如大豆、棉花、洋葱、紫云英等），植物学上的果实（如水稻、小麦、玉米等颖果以及向日葵等瘦果），植物的营养器官（马铃薯块茎、甘薯块根、大蒜鳞茎、甘蔗的茎节等）。因此，要根据不同农业种子的质量要求进行检验。

二、种子检验的目的

种子检验通过对品种的真实性、纯度、净度、发芽率、生活力、活力、种子健康、水分和千粒重等项目进行检验和测定，评定种子的种用价值，以指导农业生产、商品交换和经济贸易活动。种子检验的目的就是选用高质量的种子播种，减少甚至杜绝因种子质量低劣所造成的缺苗减产的风险，降低盲目性和冒险性，控制并减少有害杂草的蔓延和危害，充分发挥栽培品种的丰产特性，确保农业生产安全。

第二节 / 种子质量的概念和标准

一、种子质量的概念

种子质量（Seed Quality）是由种子不同特性综合而成的一种概念。农业生产上要求种子具有优良的品种特性和种子特性，通常包括品种质量和播种质量两个方面的内容。品种质量（Genetic Quality）是指与遗传特性有关的品质，可用“真、纯”两个字概括。播种质量（Sowing Quality）是指种子播种后与田间出苗有关的质量，可用“净、壮、饱、健、干、强”6个字概括。

①“真”是指种子真实可靠的程度，可用真实性表示。如果种子失去真实性，不是原来所需要的优良品种，小则不能获得丰收，大则延误农时，甚至导致颗粒无收。

②“纯”是指品种典型一致的程度，可用品种纯度表示。品种纯度高的种子因具有该品种的优良特性，故可获得丰收；相反品种纯度低的种子由于其混杂退化，因此会导致明显减产。

③“净”是指种子清洁干净的程度，可用净度表示。种子净度高，表明种子中杂质（无生命杂质及其他作物和杂草种子）含量少，可利用的种子数量多。净度是计算种子用价的指标之一。

④“壮”是指种子发芽出苗齐壮的程度，可用发芽力、生活力表示。发芽力、生活力高的种子发芽出苗整齐，幼苗健壮，同时可以适当减少单位面积的播种量。发芽率也是种子用价的指标之一。

⑤“饱”是指种子充实饱满的程度，可用千粒重（和容重）表示。种子充实饱满表明种子中贮藏物质丰富，有利于种子发芽和幼苗生长。种子千粒重也是种子活力的指标之一。

⑥“健”是指种子健全完善的程度，通常用病虫感染率表示。种子病虫害直接影响种子发芽率和田间出苗率，并影响作物的生长发育和产量。

⑦“干”是指种子干燥耐藏的程度。可用种子水分百分率表示。种子水分低，有利于种子安全贮藏和保持种子的发芽力和活力。因此，种子水分与种子播种质量密切相关。

⑧“强”是指种子强健，抗逆性强，增产潜力大。通常用种子活力表示。活力强的种子，可早播，出苗迅速整齐，成苗率高，增产潜力大，产品质量优，经济效益高。

种子质量特性可分为以下四大类。

一是物理质量，采用净度、其他植物种子计数、水分、重量等项目的检测结果来衡量。

二是生理质量，采用发芽率、生活力和活力等项目的检测结果来衡量。

三是遗传质量，采用品种真实性、品种纯度、特定特性检测（国际种子检验协会 ISTA 于 2005 年命名的新术语，代替过去所称的转基因种子检测。由于该术语比较准确地描述了测定的内涵，因此受到各国的好评）等项目的检测结果来衡量。

四是卫生质量，采用种子健康等项目的检测结果来衡量。

我国目前应用最普遍的主要还是净度、水分、发芽率和品种纯度等特性。

二、种子质量的分级标准

GB 4404.1—2008《粮食作物种子第 1 部分：禾谷类》以纯度、净度、发芽率和水分 4 项指标对种子质量进行分级定级。其中，以品种纯度指标作为划分种子质量级别的依据。种子级别原则上采用常规种不分级，杂交种分一、二级。纯度达不到原种指标的降为一级良种，达不到一级良种的，降为二级良种，达不到二级良种，则为不合格种子。净度、发芽率和水分其中一项达不到指标的，则为不合格种子。常见农作物种子质量指标见附件 7。

第三节 / 种子检验发展史

一、国际种子检验发展史

种子检验是伴随着种子交易的出现而出现的，是随着种子科技的发展而发展的。18 世纪 60 年代的欧洲，不法商贩唯利是图，种子中掺夹杂物、混入外形相似的种子，种子质量低劣，导致作物产量不高，给农业生产造成损失。19 世纪末期至 20 世纪初期，美国也出现大量掺杂种子在市场出售的现象。为了维护正常的种子贸易，种子检验应运而生。

1869 年，德国科学家诺培博士（Dr. Friedrich Nobbe）率先在德国萨克森地区撒兰德建成世界上第一个种子检验室，并进行了种子的真实性、净度和发芽率等检验工作。7 年后他发表了《种子学手册》，该手册被作为标准资料使用的时间长达 50 年以上。因此，诺培博士就成为国际公认的种子检验的创始人。

1906 年第一届国际种子检验会议标志着种子检验国际协作的开端。1908 年，美国和加拿大两国成立了北美洲官方种子分析者协会（简称 AOSA）。1921 年，第三次国际种子检验会议上成立了欧洲种子检验协会。1924 年，第四次国际种子检验会议决定扩大协会活动范围，并把欧洲种子检验协会改组成国际种子检验协会（简称 ISTA）。直到 1931 年，国际种子检验协会才制定出一套种子检验规程。自那时起，国际种子检验会议对《国际种子检验规程》作过多次修订，在1953年、1966年及1976年都作过重大修订，现行版本于2012年修订。

二、我国种子检验的发展史

中华人民共和国成立前我国根本没有专门的种子检验机构，当时的种子检验工作由粮食部和商检机构代检。

20世纪50年代初，随着农业生产的恢复和发展，种子检验机构和技术有了一定的发展，有的良种公司也建立了简单的种子检验室，进行部分项目的检验工作。

1957—1958年，为满足农业迅速发展的需要，农业部种子管理局组织浙江农学院等单位的数名教师和检验人员在北京举办了种子检验学习班。1957年又委托浙江农学院定期举办全国种子干部讲习班，同时积极引进前苏联的种子检验仪器和技术，编写有关教材，开始了我国的种子检验工作。

改革开放以来，特别是1978年国务院批转了农业部《关于加强种子工作的报告》文件以后，全国成立了种子公司，恢复和加强种子专业的技术培训。在1981年第一次种子协会大会上，成立了全国种子协会，并建立了种子检验分会和技术委员会。1983年制定和颁布了第一个国家种子分级标准和种子检验规程。随着国际种子科技的交流与发展，我国先后邀请美国、英国、丹麦、澳大利亚等国家和ISTA机构的种子检验专家来华讲学，同时也派我国专家出国进修，并开始翻译ISTA《国际种子检验规程》和有关书籍，引入国外先进和实用的种子检验仪器设备，有力地推动了我国种子检验技术的发展。在此基础上，国家技术监督局组织种子检验专家于1983年重新修订了我国的《农作物种子检验规程》，等效采用了《国际种子检验规程》技术。1995年颁布了GB/T 3543.1～3543.7—1995《农作物种子检验规程》，随后在全国开展了学习和贯彻新规程的技术培训，并于1997年颁布了《农作物种子质量标准》，大大加强了我国对种子检验技术标准和质量的管理。我国从1995年提出和实施种子工程以来，农业部按全国主要农作物分布地区在各省市种子管理站分别建立水稻、玉米、油料、大豆、蔬菜等种子质量监督检测中心，并建立了国家种子质量检测中心。2004年，我国开始了种子质量检测分中心的建设，在全国建立了比较完整的种子质量监督检验体系。每年开展全国性和各省市的种子市场种子质量抽检工作，有力地提高了我国农业播种种子的质量，从而有效地保证农业生产的丰收。

第四节 / 种子检验的内容、程序和质量控制

一、种子检验的内容

种子检验就其内容而言，可分为扦样、检测和结果报告3个部分。种子扦样是种子检验的第一步，由于种子检验是破坏性检验，不可能将整批种子全部进行检验，因此，只能从种子批中随机抽取一小部分相当数量的有代表性的供检验用的样品。检测就是从具有代表性的供检样品中分取试样，按照规定的程序对包括水分、净度、发芽率、品种纯度等种子质量特性进行测定。结果报告是将已检测质量特性的测定结果汇总、填报和签发。

二、种子检验的程序

种子检验必须按部就班根据种子检验规定的程序图进行操作，不能随意改变。种子检验

程序如图 1-1 所示。

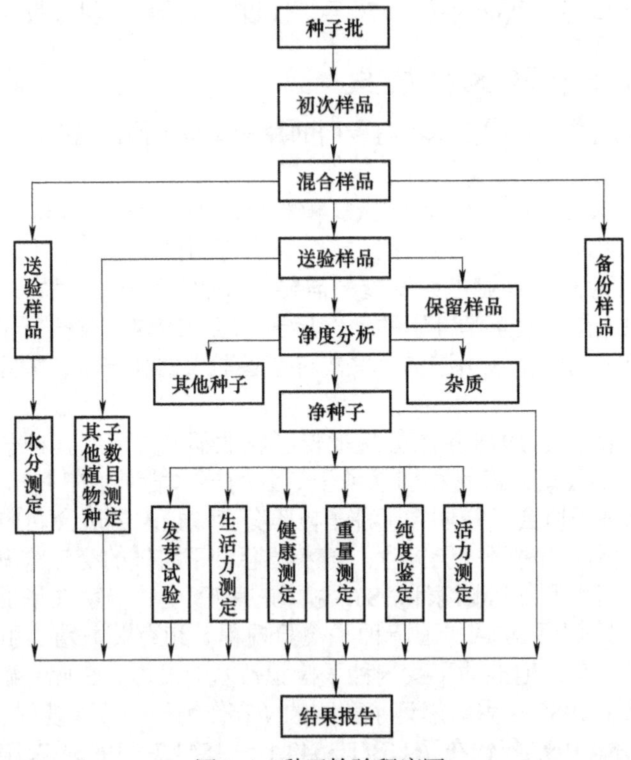

图 1-1　种子检验程序图

三、种子检验工作的质量控制

种子检验工作就是通过检测手段对种子质量状况作出准确的评价和判定，检测工作质量控制则是保证种子检验结果准确、公正、客观的关键。

（一）建立有效的质量控制程序

种子质量检验机构必须有对所进行的检验的有效性进行监控的程序，包括样品管理程序、检验过程监控程序、不符合检测和扦样工作控制程序。

（二）实施严格的过程管理

1. 检验前管理

检验开始前，要做好一切准备工作，主要包括：检验机构制订方案，落实任务；依据规程规定的程序和任务要求扦取种子样品，检验机构按照规定制备试验样品，分送有关检验室；所有的使用仪器，必须在有效的检定周期内，均处于受控状态，保证量值准确，能溯源到国家基准，仪器使用前要对仪器状态进行查看，并做好记录；检验室对温度、湿度、生物细菌、电源、供水和排水进行有效的控制，并做好记录。

2. 检验过程管理

在检验过程中，检验员要对所使用的规程进行检查，检查其是否是当前批准有效版本；

检查送来的检验试样及有关手续核查是否与所检项目相符合；依据检验规程规定，对所检验项目逐项检验；对所检验项目的结果及时按程序填写原始记录；检验项目结束，要及时将结果送有关人员编制检验报告，并依据规定分别审核和签发。

（三）不符合检查和扦样工作的管理

所谓不符合检验和扦样工作的控制，实际上是指对检验和扦样工作中不符合程序规定而导致检测结果发生差错的现象加以控制。对客户的投诉、质量保证人员的监督记录和报告、人员差错、仪器设备差错、方法上的问题、环境条件失控、校准或溯源上的失控、原始记录的差错、检验报告的差错、内部审核发现的差错、管理评价中发现的问题、外部审核中发现的问题、能力验证中发现的问题、质量控制中发现的问题，要及时分析原因并加以解决。

第二章

扦样概述

扦样（Sampling）是利用一种专用的扦样器具从袋装或散装种子批取样的工作。扦样是种子检验的首要环节，是开展种子检验工作的第一步，扦样技术正确与否直接影响种子检验结果。如果扦样有问题，扦取样品缺乏代表性，那么无论后来检测多么准确，都不能获得符合实际的检验结果，从而导致对整批种子质量作出错误的判断，将会对农业生产造成不良影响。

第一节 / 扦 样 概 述

一、扦样目的

扦样的目的是从一批大量的种子中随机取得一个重量适当的有代表性的供检样品供检验用。扦样是否正确和样品是否具有代表性直接影响到种子检验结果的准确性。该扦样目的主要强调三方面：①获得一个重量适当的样品，而这个“重量适当”在GB/T 3543.2—1995《农作物种子检验规程　扦样》的5.5.1条“送检样品的重量”中已作出明确的规定；②与种子批有相同的组分，种子批是指同一来源、同一品种、同一年度、同一时期收获、质量基本一致和在规定数量之内的种子；③这些组分的比例与种子批组分比例相同。

二、样品定义

种子扦样是一个过程，由一系列步骤组成。首先从种子批中取得若干个初次样品，然后将全部初次样品混合成为混合样品，再从混合样品中分取送检样品，最后从送检样品中分取供某一检验项目测定的试验样品。

扦样过程涉及一系列的样品，有关样品的定义和相互关系说明如下。

① 初次样品（Primary Sample），是指对种子批的一次扦取操作中所获得的一部分种子。

② 混合样品（Composite Sample），是指从一批种子中所扦出的全部初次样品合并而成的样品。

③ 次级样品（Sub-sample），是指通过分样所获得的部分样品。

④ 送验样品（Submitted Sample），是指送达检验室的样品。该样品可以是整个混合样品或是从其中分取的一个次级样品。送验样品可再分成由不同材料包装以满足特定检验（如：水分或种子健康）需要的次级样品。

⑤ 备份样品（Duplicate Sample），是指从相同的混合样品中获得的用于送验的另外一个样品，标识为“备份样品”。

⑥ 试验样品（Working Sample），简称试样，是指不低于检验规程中所规定重量的、供某一检验项目之用的样品，它可以是整个送验样品或是从其中分取的一个次级样品。

三、扦样原则

为了获得样品的代表性，扦样过程中的每一步骤都必须遵守以下原则。

1. 被扦种子批均匀一致

只有种子质量均匀的种子批，才有可能扦取代表性样品。如果种子批存在异质性应拒绝扦样，如对种子批均匀度产生怀疑，可测定其异质性。

2. 按照预定的扦样方案采取适宜的扦样器和扦样技术扦取样品

为了扦取有代表性的样品，检验规程对方案涉及的三要素，即扦样频率、扦样点分布和各个扦样点扦取相等种子数量作了明确的规定。扦样时必须符合这些规定要求，要选用适宜的扦样器，扦样点在种子批各个部位分布均匀，每个扦样点扦取的初次样品数量要基本一致。

3. 按照对分递减或随机抽取原则分取样品

分样时必须符合检验规程中规定的对分递减或随机抽取的原则和程序，并选用合适的分样器分取样品。

4. 保证样品的可塑性和原始性

样品必须按规程规定进行封缄和标识，能溯源到种子批，并在包装、运输、贮藏等过程中尽量保持其原有特性。

5. 扦样员应当经过培训并获得检验员证

扦样应由经过专门培训、具有扦样实践经验的持证扦样员担任。

第二节 / 扦样的仪器和设备

一、扦样器具

目前，世界上的扦样器具主要有单管扦样器、双管扦样器、长柄短筒圆锥形扦样器、圆锥形扦样器、气吸式扦样器及取样勺等。

（一）袋装种子扦样器

1. 单管扦样器及其使用方法

单管扦样器也称诺培扦样器（Nobbe Trier），因扦取的种子不同有很多型号和规格，但其构造和使用方法大致相同。这种扦样器制有不同的尺寸，以适应各种种子。它是一根有尖头的管，长度足以达到袋的中心，其近尖端处有一个卵圆形孔。该工具的总长度约为500 mm，柄长约为100 mm，尖头长约为60 mm，大约有340 mm的长度可插入袋内，足够达到各类袋的中心。用于谷类作物的单管扦样器如图2-1所示，其管的内径约为14 mm，而用于三叶草及类似种子的，10 mm管内径已足够。

诺培扦样器适用于袋装种子扦样，但不适于散装种子扦样。这种扦样器要慢慢插入袋内，尖端朝上，与水平约成30°，洞孔向下，直至到达袋的中心，然后将扦样器旋转180°，使洞孔朝上，减速抽出，使连续部位得到的种子数量由中心到袋边依次递增。如果采用一种扦样器的长度能够插到袋的更远一边，则抽出时，应保持相对均匀的速度。当扦样器拔出时，须轻轻振动，以保持种子均匀流动。扦样器内壁愈光滑，则种子流动愈顺畅。在袋的上、中、下各部位扦取样品的方法应有所不同。从直立的袋下部扦样时，也可把袋从地板上提起，放在其他袋上进行。扦样时造成的洞孔要封闭。

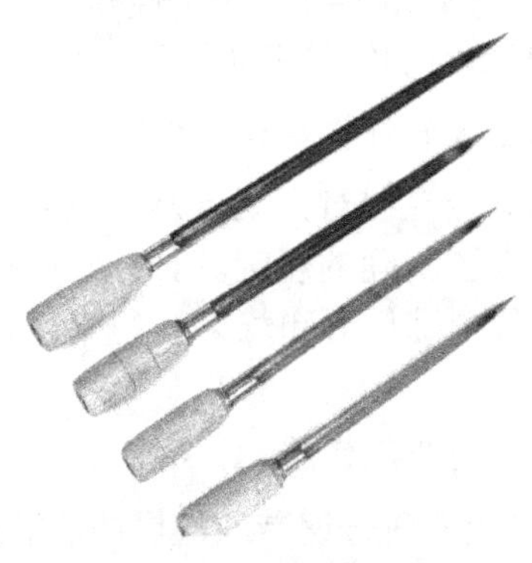

图 2-1　单管扦样器

2. 双管扦样器及其使用方法

双管扦样器由金属制成的两个圆管形开孔的管子组成，两管的管壁紧密套合，外管尖端有一实心的圆锥体，便于插入种子之间，内管末端与手柄相连接，便于转动，孔与孔之间以柄壁隔开，向相反方向旋转手柄就可使孔关闭。扦样时切勿过分用力，以免夹破种子。双管扦样器如图 2-2 所示。常用双管扦样器的规格见表 2-1。

表 2-1　双管扦样器规格

适用种子类型（容器）	扦样器长度 /mm	外径 /mm	小孔数目
小粒易流动种子（袋）	762	12.7	9
禾谷类（袋）	762	25.4	6
禾谷类（散装容器）	1 600	38	6～9

双管扦样器可以垂直或水平使用，但垂直使用时，这种扦样器必须由隔板把它分成几个室。否则扦样器开启时，种子将由上层落入下层而使这些层的种子过多。

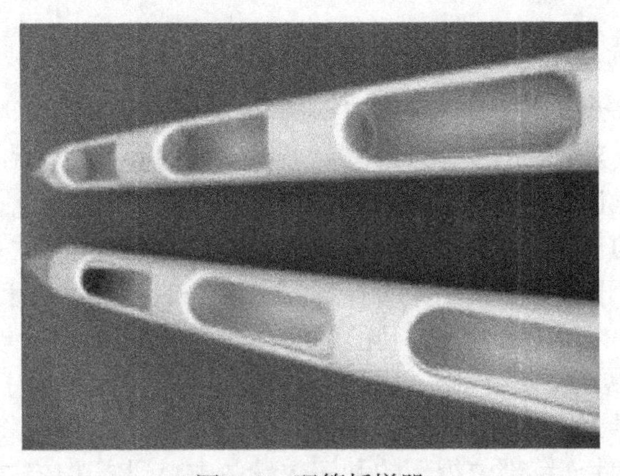

图 2-2　双管扦样器

无论垂直还是水平使用，必须将扦样器对角插入袋内或容器中。扦样器在关闭状态下插入袋内，然后开启孔口，转动两次或轻轻摇动，使扦样器完全装满种子，最后关闭，拔出，倒入一个合适的种子盘内，或倒在一张蜡纸或类似的材料上，关闭扦样器。应注意勿使种子受损伤。

双管扦样器可用于大部分种子扦样，但某些皮壳很多的种子除外，套筒直径在一定限度内，可以穿过用黄麻或其他类似材料织成的粗麻袋。当扦样器取出后，用其尖端在孔洞相对方向拨几下，使麻线合并在一起，关闭孔洞。密封纸袋亦可在袋上穿孔扦样，扦取后用特制的黏性补片封闭孔口。

（二）散装种子扦样器

1. 双管扦样器及其使用方法

散装种子扦样的双管扦样器的构造原理与袋装双管扦样器相同，但尺寸要大得多，长度可达 1 600 mm，直径 38 mm，开有 6 个或 9 个小孔，也有各种型号和规格（图 2-3）。扦样时以关闭状态插入种子堆，旋转内管，使内外开口重合，打开孔口，种子即落入小室内，并上下微微振动，使小室内充满种子，然后旋转内管，关闭小室，抽出扦样器。这种扦样器的优点是：①一次扦样可从各层分级取得样品；②可以垂直及水平两方向来扦取样品。

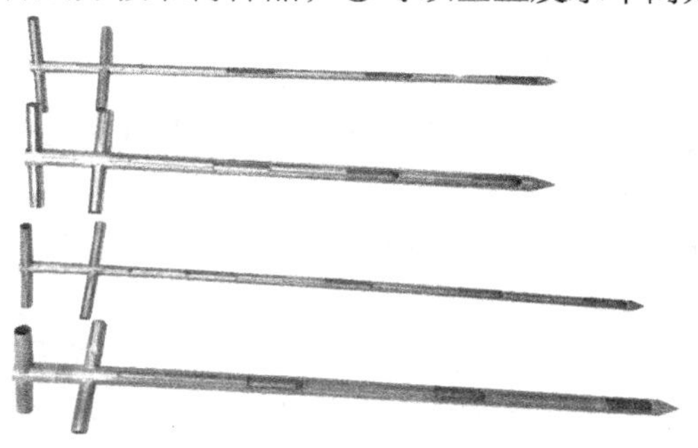

图 2-3　双管扦样器

2. 长柄短筒圆锥形扦样器及其使用方法

长柄短筒圆锥形扦样器是我国最常用的散装扦样器（图 2-4（1））。它由铁制成，分长柄与扦样筒两部分，长柄有实心和空心两种，柄长 2 ～ 3 m，分成 3 或 4 节，节与节之间用螺丝连接，可依种子堆的高度而增减，最后一节具有圆锥形握柄。扦样筒由圆锥体、套筒、进谷门、活动塞、定位鞘等部分构成，使用前要刷干净，旋紧螺丝，再以 30° 的斜度插入种子堆内，到达一定深度后，用力向上一拉，使活动塞离开进谷门，略微振动，使种子掉入，然后抽出扦样器。扦取水稻种子时，每次大约 25 g，麦类约 30 g。这种扦样器的优点是：扦头小，容易插入，省力，同时因柄长，可扦取深层的种子。

3. 圆锥形扦样器及其使用方法

圆锥形扦样器是一种苏式扦样器。该扦样器专供种子柜、汽车或车厢中散装种子的扦样使用（图 2-4（2））。这种扦样器由金属制成，由活动铁轴（手柄）和一个下端尖锐的倒圆锥形套筒两个主要部分组成。铁轴长约 1.5 m，轴的下端连接套筒盖，可沿支杆上下自由活动。使用时将扦样器垂直或略微倾斜地插入种子堆中，压紧铁轴，使套筒盖盖住套筒，达到一定深度后，拉上铁轴，使套筒盖升起，此时略微振动一下，使种子掉入套筒内，然后抽出扦样器。这种扦样器适用于玉米、稻、麦等大中粒散装种子的扦样。每次扦取数量水稻约 100 g，小麦约 150 g。这种扦样器的优点是每次扦样数量比较多。

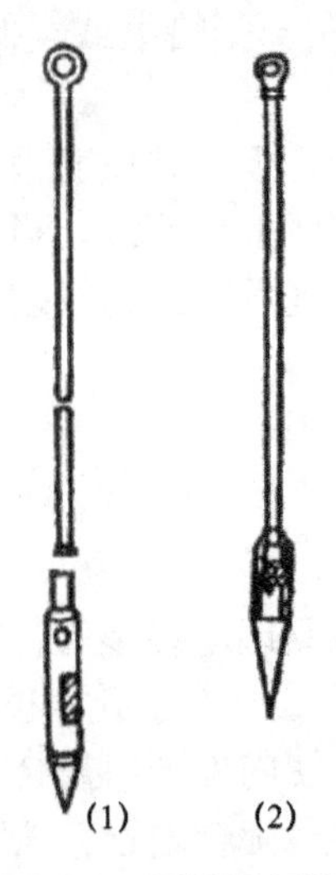

图 2-4　圆锥形扦样器

4. 气吸式扦样器及其使用方法

美国和前苏联早已成功研制并推广使用气吸式扦样器（图 2-5）。我国粮食部门也已研制成功，并将其应用于扦样。

气吸式扦样器主要由扦样管、真空泵和连接蛇管等部分组成。

真空谷物扦样系统（Vaccum Grain Sampling System）由美国芝加哥种子仪器公司制造。其使用方法是：扦样时，接上电源，开动真空泵，在该系统产生负压，将种子吸入长 1.82 m、直径为 0.038 m 的扦样管，经过蛇管和曲管，进入低压旋风室，落入下部直径为 0.254 m 的样品收集室，然后关上电源，停止真空，打开下部活门，就可接收扦取的部分样品。

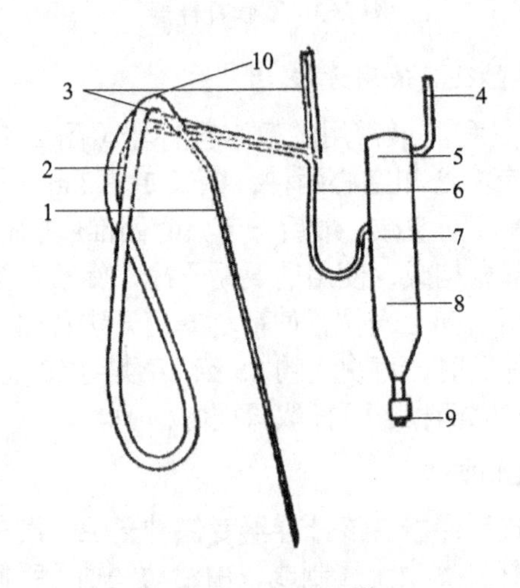

图 2-5　气吸式扦样器

1—扦样管；2—蛇管；3—支持杆；4—排气管；5—真空泵；6—曲管；7—减压室；8—样品收集室；9—玻质观察管；10—连接夹

此外，用手工方法从种子流中扦样（适用于均匀且连续的种子流）的扦样程序为：从种子流中取得初次样品，放入一个横截面宽于种子流的容器，以防种子进入扦样容器后反弹出来；确保扦样容器和盛样器干净；在加工同时以相同的间隔扦取初次样品，确保种子样品有代表性。

二、分样器

对分样器的要求：分样要均等，各种成分的分配要均匀，分样时种子流畅，并且不夹藏种子，容易清理。

（一）圆锥形分样器

圆锥形分样器也叫钟鼎式分样器（图 2-6）。圆锥形分样器由铜皮或铁皮制成，顶部为漏斗，下面为活门，其下为一圆锥体，圆锥体顶尖正对活门的中心，圆锥体底部四周均匀地分为若干个等格，其中相间的一半格子下面各设有小槽，所分样品经小槽流入内层，经小口流入盛接器，另外相间的一半格子也各有一小槽，样品经小槽流入外层，进入大口到另一个盛接器。

圆锥形分样器的使用方法是：将分样器刷净，活门关好，样品放入漏斗铺平，出口处对准盛接器，用手很快地拨开漏斗下面的活门，使样品迅速下落，经圆锥体平均分散落入各格内，最后落入盛样器内，则将种子分成两份。分样次数视需要样品的多少而定。

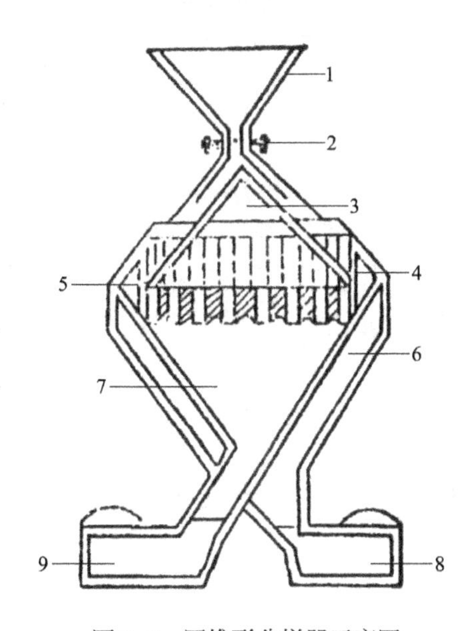

图 2-6　圆锥形分样器示意图

1—漏斗；2—活门；3—圆锥体；4—流入内层各格；5—流入外层各格；6—外层；7—内层；8、9—盛接器

（二）横格式分样器

横格式分样器也称为土壤分样器（Soil Divider），是目前世界上广泛应用的分样器（图 2-7）。

横格式分样器用铁皮或铝皮制成，顶部为一长方形的漏斗，下面为 12 ～ 18 个排列成一行的长方形格子和凹槽，其中一半格子和凹槽相间隔地通向一个方向，另一半格子和凹槽通向相反的方向。漏斗下面有个支架，每组凹槽下面各有盛接器。此外，还有一个倾倒盘，其长度与漏斗长度相同。此种分样器可制成大型和小型的几种不同规格。

横格式分样器的使用方法是：分样时先将种子均匀地散布在倾倒盘内，然后将倾倒盘内的种子沿着漏斗长度等速地倒入漏斗内，之后，种子便经过两组格子和凹槽分别流入两个盛接器内，这样就将种子分成了相等的两部分，直到分到所需种子数量为止。

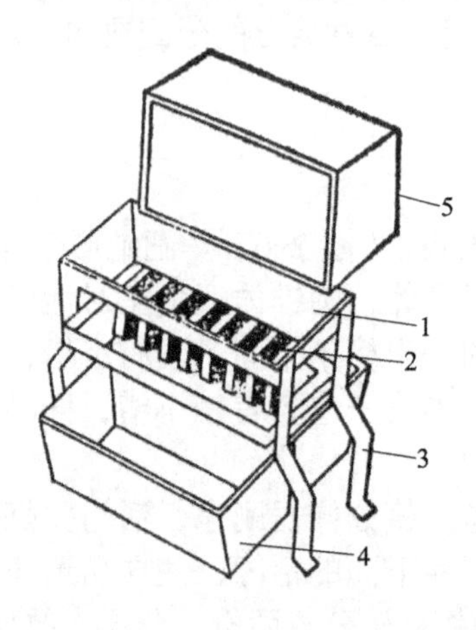

图 2-7 横格式分样器

1—漏斗；2—格子和凹槽；3—支架；4—盛接器；5—倾倒盘

（三）离心分样器

离心分样器也称为精密分样器（Precision Divider）。

加美型（Camet Type）离心分样器应用离心力将种子混合散布在分离面上。在此分样器中，种子向下流动，经过漏斗到达浅橡皮杯或旋转器内，由马达带动旋转器，种子即被离心力抛出落下。种子落下的圆周或面积由固定的隔板分成相等的两部分，因此大约一半种子流到一出口，其余一半流到另一出口。

第三节 / 扦 样 方 法

一、扦样前准备

1. 准备扦样器具

根据被扦作物种类，准备好各种扦样必需的仪器：扦样器、样品筒、送检样品袋、供水分测定的样品容器、扦样单、标签、封签、粗天平等。

2. 了解相关情况

为了能够准确扦样，在扦样前须向有关人员了解种子的来源、产地、品种名称、种子数量以及贮藏期管理（如种子翻晒、虫霉、漏水和发热）等情况。

二、划分种子批

按照种子批的概念，同一作物的品种和种子质量必须基本一致，并且是在规定数量之内的种子，才能划分为一个种子批。表 2-2 规定了农作物种子批的最大重量和样品最小重量。超过此限量，则应另划种子批，分别从每批扦取送验样品。

表 2-2　农作物种子批的最大重量和样品最小重量

种（变种）名	学　名	种子批的最大重量 /kg	样品最小重量 /g		
			送验样品	净度分析试样	其他植物种子计数试样
1. 洋葱	*Allium cepa* L.	10 000	80	8	80
2. 葱	*Allium fistulosum* L.	10 000	50	5	50
3. 韭葱	*Allium porrum* L.	10 000	70	7	70
4. 细香葱	*Allium schoenoprasum* L.	10 000	30	3	30
5. 韭菜	*Allium tuberosum* Rottl. ex Spreng.	10 000	100	10	100
6. 苋菜	*Amaranthus tricolor* L.	5 000	10	2	10
7. 芹菜	*Apium graveolens* L.	10 000	25	1	10
8. 根芹菜	*Apium graveolens* L.	10 000	25	1	10
9. 花生	*Arachis hypogaea* L.	25 000	1 000	1 000	1 000
10. 牛蒡	*Arctium lappa* L.	10 000	50	5	50
11. 石刁柏	*Asparagus officinalis* L.	20 000	1 000	100	1 000
12. 紫云英	*Astragalus sinicus* L.	10 000	70	7	70
13. 裸燕麦（莜麦）	*Avena nuda* L.	25 000	1 000	120	1 000
14. 普通燕麦	*Avena sativa* L.	25 000	1 000	120	1 000
15. 落葵	*Basella spp*.L.	10 000	200	60	200
16. 冬瓜	*Benincasa hispida* (Thunb.) Cogn.	10 000	200	100	200
17. 节瓜	*Benincasa hispida* Cogn. var.chieh-qua How.	10 000	200	100	200
18. 甜菜	*Beta vulgaris* L.	20 000	500	50	500
19. 叶甜菜	*Beta vulgaris* var. *Cicla*	20 000	500	50	500
20. 根甜菜	*Beta vulgaris* var. *Rapacea*	20 000	500	50	500
21. 白菜型油菜	*Brassica campestris* L.	10 000	100	10	100
22. 不结球白菜（包括白菜、乌塌菜、紫菜薹、薹菜、菜薹）	*Brassica campestris* L. ssp.*chinensis* (L.)	10 000	100	10	100
23. 芥菜型油菜	*Brassica juncea* Czern. et Coss.	10 000	40	4	40
24. 根用芥菜	*Brassica juncea* Coss. var. *megarrhiza* Tsen et Lee	10 000	100	10	100
25. 叶用芥菜	*Brassica juncea* Coss. var. Foliosa Bailey	10 000	40	4	40
26. 茎用芥菜	*Brassica juncea* Coss. var.*tsatsai* Mao	10 000	40	4	40
27. 甘蓝型油菜	*Brassica napus* L. ssp.*pekinensis* (Lour.) Olsson	10 000	100	10	100
28. 芥蓝	*Brassica oleracea* L. var.*alboglabra* Bailey	10 000	100	10	100
29. 结球甘蓝	*Brassica oleracea* L. var.*capitata* L.	10 000	100	10	100

续表

种（变种）名	学　名	种子批的最大重量/kg	样品最小重量/g		
			送验样品	净度分析试样	其他植物种子计数试样
30. 球茎甘蓝（苤蓝）	*Brassica oleracea* L. var.*caulorapa* DC.	10 000	100	10	100
31. 花椰菜	*Brassica oleracea* L. var.*bortytis* L.	10 000	100	10	100
32. 抱子甘蓝	*Brassica oleracea* L. var.*gemmifera* Zenk.	10 000	100	10	100
33. 青花菜	*Brassica oleracea* L. var.*italica* Plench	10 000	100	10	100
34. 结球白菜	*Brassica campestris* L. ssp.*pekinensis*(Lour.) Olsson	10 000	100	4	40
35. 芜菁	*Brassica rapa* L.	10 000	70	7	70
36. 芜菁甘蓝	*Brassica napobrassica* Mill.	10 000	70	7	70
37. 木豆	*Cajanus cajan* (L.)Millsp.	20 000	1 000	300	1 000
38. 大刀豆	*Canavalia gladiata*(Jacq.)DC.	20 000	1 000	1 000	1 000
39. 大麻	*Cannabis sativa* L.	10 000	600	60	600
40. 辣椒	*Capsicum frutescens* L.	10 000	150	15	150
41. 甜椒	*Capsicum frutescens* var.grossum	10 000	150	15	150
42. 红花	*Carthamus tinctorius* L.	25 000	900	90	900
43. 茼蒿	*Chrysanthemum coronarium* var.spatisum	5 000	30	8	30
44. 西瓜	*Citrullus lanatus* (Thunb.)Matsum.et Nakai	20 000	1 000	250	1 000
45. 薏苡	*Coix lacryna-jobi* L.	5 000	600	150	600
46. 圆果黄麻	*Corchorus capsularis* L.	10 000	150	15	150
47. 长果黄麻	*Corchorus olitorius* L.	10 000	150	15	150
48. 芫荽	*Coriandrum sativum* L.	10 000	400	40	400
49. 柽麻	*Crotalaria juncea* L.	10 000	700	70	700
50. 甜瓜	*Cucumis melo* L.	10 000	150	70	150
51. 越瓜	*Cucumis melo* L. var. *conomon* Makino	10 000	150	70	150
52. 菜瓜	*Cucumis melo* L. var. *Flexuosus* Naud.	10 000	150	70	150
53. 黄瓜	*Cucumis sativus* L.	10 000	150	70	150
54. 笋瓜（印度南瓜）	*Cucurbita maxima* Duch.ex Lam	20 000	1 000	700	1 000
55. 南瓜（中国南瓜）	*Cucurbita moschata* (Duchesne) Duchesne ex Poiret	10 000	350	180	350
56. 西葫芦（美洲南瓜）	*Cucurbita pepo* L.	20 000	1 000	700	1 000
57. 瓜尔豆	*Cyamopsis tetragonoloba* (L.) Taubert	20 000	1 000	100	1 000
58. 胡萝卜	*Daucus carota* L.	10 000	30	3	30
59. 扁豆	*Dolichos lablab* L.	20 000	1 000	600	1 000
60. 龙爪稷	*Eleusine coracana*(L.)Gaertn.	10 000	60	6	60
61. 甜荞	*Fagopyrum esculentum* Moench.	10 000	600	60	600
62. 苦荞	*Fagopyrum tataricum* (L.)Gaertn.	10 000	500	50	500
63. 茴香	*Foeniculum vulgare* Miller	10 000	180	18	180
64. 大豆	*Glycine max*(L.)Merr.	25 000	1 000	500	1 000

续表

种（变种）名	学　名	种子批的最大重量 /kg	样品最小重量 /g		
			送验样品	净度分析试样	其他植物种子计数试样
65. 棉花	*Gossypium* spp.	25 000	1 000	350	1 000
66. 向日葵	*Helianthus annuus* L.	25 000	1 000	200	1 000
67. 红麻	*Hibiscus cannabinus* L.	10 000	700	70	700
68. 黄秋葵	*Hibiscus esculentus* L.	20 000	1 000	140	1 000
69. 大麦	*Hordeum vulgare* L.	25 000	1 000	120	1 000
70. 蕹菜	*Ipomoea aquatica* Forsskal	20 000	1 000	100	1 000
71. 莴苣	*Lactuca sativa* L.	10 000	30	3	30
72. 瓠瓜	*Lagenaria siceraria* (Molina)Standley	20 000	1 000	500	1 000
73. 兵豆（小扁豆）	*Lens culinaris* Medikus	10 000	600	60	600
74. 亚麻	*Linum usitatissimum* L.	10 000	150	15	150
75. 棱角丝瓜	*Luffa acutangula*(L).Roxb.	20 000	1 000	400	1 000
76. 普通丝瓜	*Luffa cylindrica*(L.)Roem.	20 000	1 000	250	1 000
77. 番茄	*Lycopersicon lycopersicum* (L.)Karsten	10 000	15	7	15
78. 金花菜	*Medicago polymor pha* L.	10 000	70	7	70
79. 紫花苜蓿	*Medicago sativa* L.	10 000	50	5	50
80. 白香草木樨	*Melilotus albus* Desr.	10 000	50	5	50
81. 黄香草木樨	*Melilotus officinalis* (L.)Pallas	10 000	50	5	50
82. 苦瓜	*Momordica charantia* L.	20 000	1 000	450	1 000
83. 豆瓣菜	*Nasturtium officinale* R.Br.	10 000	25	0.5	5
84. 烟草	*Nicotiana tabacum* L.	10 000	25	0.5	5
85. 罗勒	*Ocimum basilicum* L.	10 000	40	4	40
86. 稻	*Oryza sativa* L.	25 000	400	40	400
87. 豆薯	*Pachyrhizus erosus* (L.)Urban	20 000	1 000	250	1 000
88. 黍（糜子）	*Panicum miliaceum* L.	10 000	150	15	150
89. 美洲防风	*Pastinaca sativa* L.	10 000	100	10	100
90. 香芹	*Petroselinum crispum* (Miller)Nyman ex A.W.Hill	10 000	40	4	40
91. 多花菜豆	*Phaseolus multiflorus* Willd.	20 000	1 000	1 000	1 000
92. 利马豆（莱豆）	*Phaseolus lunatus* L.	20 000	1 000	1 000	1 000
93. 菜豆	*Phaseolus vulgaris* L.	25 000	1 000	700	1 000
94. 酸浆	*Physalis pubescens* L.	10 000	25	2	20
95. 茴芹	*Pimpinella anisum* L.	10 000	70	7	70
96. 豌豆	*Pisum sativum* L.	25 000	1 000	900	1 000
97. 马齿苋	*Portulaca oleracea* L.	10 000	25	0.5	5
98. 四棱豆	*Psophocar pus tetragonolobus* (L.)DC.	25 000	1 000	1 000	1 000
99. 萝卜	*Raphanus sativus* L.	10 000	300	30	300
100. 食用大黄	*Rheum rhaponticum* L.	10 000	450	45	450
101. 蓖麻	*Ricinus communis* L.	20 000	1 000	500	1 000
102. 鸦葱	*Scorzonera hispanica* L.	10 000	300	30	300
103. 黑麦	*Secale cereale* L.	25 000	1 000	120	1 000
104. 佛手瓜	*Sechium edule*(Jacp.)Swartz	20 000	1 000	1 000	1 000
105. 芝麻	*Sesamum indicum* L.	10 000	70	7	70
106. 田菁	*Sesbania cannabina* (Retz.)Pers.	10 000	90	9	90

续表

种（变种）名	学　名	种子批的最大重量 /kg	样品最小重量 /g		
			送验样品	净度分析试样	其他植物种子计数试样
107．粟	*Setaria italica*(L.)Beauv.	10 000	90	9	90
108．茄子	*Solanum melongena* L.	10 000	150	15	150
109．高粱	*Sorghum bicolor*(L.)Moench	10 000	900	90	900
110．菠菜	*Spinacia oleracea* L.	10 000	250	25	250
111．黎豆	*Stizolobium* ssp.	20 000	1 000	250	1 000
112．番杏	*Tetragonia tetragonioides* (Pallas)Kuntze	20 000	1 000	200	1 000
113．婆罗门参	*Tragopogon porrifolius* L.	10 000	400	40	400
114．小黑麦	*X Triticosecale* Wittm.	25 000	1 000	120	1 000
115．小麦	*Triticum aestivum* L.	25 000	1 000	120	1 000
116．蚕豆	*Vicia faba* L.	25 000	1 000	1 000	1 000
117．箭舌豌豆	*Vicia sativa* L.	25 000	1 000	140	1 000
118．毛叶苕子	*Vicia villosa* Roth	20 000	1 080	140	1 080
119．赤豆	*Vigna angularis*(Willd)Ohwi & Ohashi	20 000	1 000	250	1 000
120．绿豆	*Vigna radiata*(L.)Wilczek	20 000	1 000	120	1 000
121．饭豆	*Vigna umbellata*(Thunb.)Ohwi & Ohashi	20 000	1 000	250	1 000
122．长豇豆	*Vigna unguiculata* W.ssp. sesquipedalis(L.)Verd.	20 000	1 000	400	1 000
123．矮豇豆	*Vigna unguiculata* W.ssp. Unguiculata (L.)Verd.	20 000	1 000	400	1 000
124．玉米	*Zea mays* L.	40 000	1 000	900	1 000

三、扦取初次样品的方法

扦取初次样品的频率（通常称为点数）要根据扦样容器（袋）的大小和类型而定，主要有以下几种情况。

（一）袋装种子扦样法

《农作物种子检验规程》所述的袋装种子是指在一定量值范围内的定量包装，其质量的量值范围规定在 15 ～ 100 kg，超过这个量值范围的种子都不是《农作物种子检验规程》所述的袋装种子。

1. 计算扦样袋数

对于袋装种子，可依据种子批袋数的多少确定扦样袋数，表 2-3 规定的扦样频率应作为最低要求。

表 2-3　袋装种子的扦样袋数（容器数）

种子批的袋数（容器数）	扦样的最低袋数（容器数）
1 ～ 5	每袋都扦取，至少扦取 5 个初次样品
6 ～ 14	不少于 5 袋
15 ～ 30	每 3 袋至少扦取 1 袋
31 ～ 49	不少于 10 袋
50 ～ 400	每 5 袋至少扦取 1 袋
401 ～ 560	不少于 80 袋
561 以上	每 7 袋至少扦取 1 袋

2. 设置扦样点

在收购、调运、加工、装卸扦样时可每隔一定袋数设置扦样点。在种子仓储、堆垛的情况下，扦样点应均匀分布于堆垛的上、中、下各个部分。

3. 扦取初次样品

根据种子的大小、形状选用不同的袋装扦样器，对于中、小粒种子，选用单管扦样器自袋口一角向斜对角插入。插入时扦样器凹槽向下，至扦样器全部插入后将凹槽向上，然后抽出扦样器，并将麻袋扦孔拨好，从扦样器的手柄出口孔流出种子。对于大粒种子，可拆开袋口一角，用双管扦样器扦样。插入前关闭孔口。插入时孔口朝上，插入后旋转外管打开孔口，种子即落入孔内，再关闭孔口，抽出袋外，缝好麻袋拆口。

棉花、花生种子，必须拆开袋口徒手扦样或倒包扦样。倒包扦样时，拆开袋口缝线，用两手掀起袋底两角，袋身倾斜 45°，徐徐后退 1 m，将种子全部倒在清洁的布或塑料纸上，保持原来层次，然后分上、中、下不同位置徒手取出初次样品。

（二）小容器种子扦样法

《农作物种子检验规程》所述的小包装种子是指在一定量值范围内装在小容器（如金属罐、铝箔袋、塑料袋等）中的定量包装，其质量的量值范围规定等于或小于 15 kg。

对于小包装种子扦样，采用 100 kg 的种子作为扦样的基本单位，小容器合并组成基本单位总重量不超过 100 kg。如 6 个 15 kg 的容器，33 个 3 kg 的容器等。将每个基本单位视为 1“袋装”，然后按表 2-3 的规定确定扦样频率。

例2-1 有一种子批，每一容器盛装 5 kg 的种子，共有 600 个容器，应扦取多少容器（袋）？

解：5×600=3 000（kg）

3 000÷100=30（基本单位）

按每 3 袋至少扦取 1 袋，因此至少扦取 10 个初次样品。

对于具有密封的小包装种子（如瓜菜），这些种子的重量只有 200 g、100 g、50 g 或更小，可直接取一小包装袋作为初次样品，根据表 2-3 规定所需的送验样品数量来确定袋数，随机从种子批中抽取。

（三）散装种子扦样法

《农作物种子检验规程》所述的散装种子，是指大于 100 kg 容器的种子批或正在装入容器的种子流。

1. 确定扦样点数

应根据种子批散装的重量确定扦样点数，散装种子的扦样点数见表 2-4。

表 2-4 散装种子的扦样点数

种子批大小 /kg	扦样点数
50 以下	不少于 3 点
51 ～ 1 500	不少于 5 点
1 501 ～ 3 000	每 300 kg 至少扦取 1 点
3 001 ～ 5 000	不少于 10 点
5 001 ～ 20 000	每 500 kg 至少扦取 1 点
20 001 ～ 28 000	不少于 40 点
28 001 ～ 40 000	每 700 kg 至少扦取 1 点

2. 设置水平扦样点

在划分好的种子批内，按照表 2-4 的扦样点数，进行设点。一般扦样点要均匀分布在散装种子批表面，四角各点要距仓壁 50 cm。

3. 按堆高分层

种子堆高不足 2 m 时，分上、下两层；堆高 2 ～ 3 m 时，分上、中、下三层，上层在距顶部以下 10 ～ 20 cm 处，中层在种子堆中心，下层在距底部 5 ～ 10 cm 处。堆高 3 m 以上时，应再加一层。

4. 扦取初次样品

初次样品的数量根据散装种子批的重量而定。扦样方法是：用散装扦样器，根据扦样点位置，按一定的扦样次序扦样，先扦上层，再扦中层，最后扦下层，以免搅乱层次而失去代表性。

（四）圆仓或围囤扦样法

圆仓或围囤的面积较小，不必分区，只需设扦样点，并按其直径，分别在内、中、外设点。内点在圆仓或围囤中心，中点在圆仓或围囤半径的 1/2 处，外点距圆仓或围囤边缘 30 cm 处。扦样时在圆仓或围囤的一条直径线上，按上述部位设立内、中、外 3 个点，再在与此直径垂直的一条线上，按上述部位设 2 个中点，共设 5 个点，如图 2-8 所示。若圆仓或围囤直径超过 7 m，则再增加 2 个点。其划分层次和扦样方法与散装扦样方法相同。

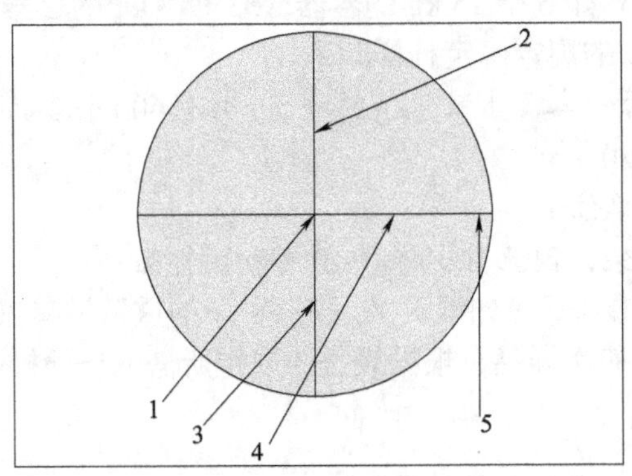

图 2-8 圆仓扦样法示意图

1—内点；2，3，4—中心；5—外点

第四节 / 混合样品的配制和送验样品的分取

一、混合样品的配制

混合样品的配制是指将从一批种子各个点扦取出来的初次样品充分混合，组成一个混合样品。在混合这些各个点的初次样品以前，须把它们分别倒在桌上、纸上或盘内，加以仔细观察，比较这些样品在形态上是否一致，颜色、光泽、水分及其他在品质方面有无明显差异。如无明显差异，即可合并在一起组成一个混合样品。如发现有些样品的品质有显著差异，则应把这一部分种子从该批种子中分出，作为另一批种子，单独扦取混合样品。如不能将品质有显著差异的种子从该批种子中划分出来，则应停止扦样或对整批种子做必要处理（如精选、干燥、混合）后再扦样。

二、送验样品的最低重量和分取步骤

（一）送验样品的最低重量

通常混合样品与送验样品的规定数量相等时，即将混合样品作为送验样品。但当混合样品数量较多时，可从中分取规定数量的送验样品，其样品数量是根据种子大小和作物种类及检验项目而定的。根据研究，供净度分析的送验样品约为 25 000 粒种子就具有代表性。将此数量折成重量，即为送验样品的最低重量。水分测定需磨碎种子的送验样品的最低重量为 100 g，其他种子为 50 g；品种鉴定需送验样品的最低重量见 GB/T 3543.5—1995 的规定；所有其他项目测定送验样品最低重量见表 2-2 第 4 纵栏的规定，包括净度分析、其他植物种子粒数测定、以净度分析后净种子作为试样的发芽试验、生活力测定、重量测定以及种子健康测定等。

（二）送验样品的分取步骤

可利用圆锥形分样器、横格式分样器或分样板进行分取，将混合样品减少到规定的重量。若混合样品的重量已符合规定，即可作为送验样品。

《国际种子检验规程》规定的徒手减半分取法的步骤如下。

①将种子均匀地倒在一个光滑清洁的平面上。

②用平边刮板将种子充分混匀，形成一堆。

③将整堆种子分成两半，每半再对分一次，这样得到 4 个部分；然后把其中每一部分再对半，共分成 8 部分，排成 2 行，每行 4 个部分。

④合并并保留交错部分，如第 1 行的第 1 部分和第 3 部分与第 2 行的第 2 部分和第 4 部分合并（图 2-9）。把留下的 4 部分拿开。

⑤把第④步保留的部分，按②、③、④步重复分样，直至分得所需的样品重量为止。

GB/T 3543.2—1995 规定的四分法与上述方法有点差异，即采用对角线的两个对角三角形的样品合并的方法分取送验样品。

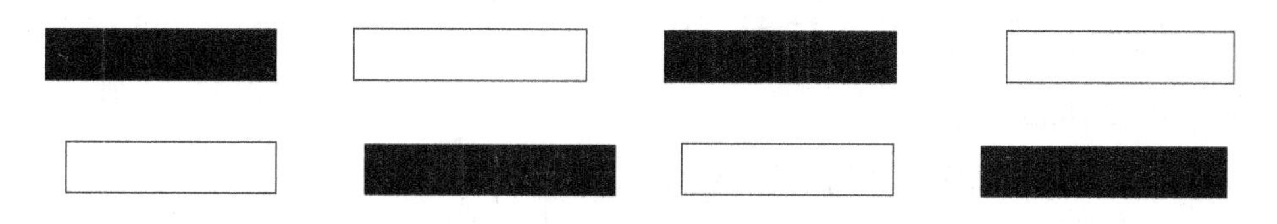

图 2-9 徒手减半分取法示意图

三、送验样品的包装和发送

（一）包装

混合样品经分样后，通常取得两份送验样品。供净度分析使用的样品，最好用经过消毒的坚实布袋或清洁、坚实的纸袋包装并封口，切勿用密封容器包装，以免影响种子发芽率。供水分测定及病虫害测定使用的种子样品，必须装在清洁、干燥、密封、防湿的容器内，并将容器装满，最后将容器加以封缄，以防止种子水分发生变化。

（二）发送

送验样品包装封缄后应尽快送至检验室，不得延误。需要注意，样品绝不能交到种子所有者、申请检验者及其他人员手中。样品发送时，必须附有扦样证书（表2-5），样品的标签必须和种子批的标签相符，标签可贴在样品上或放入样品中。样品包裹必须印上一个表格并填写有关扦样的说明：

①扦样单位（检验站）名称；
②检验站（室）名称；
③种子批的记号和印章；
④种子批容器数或袋数；
⑤送验样品重量；
⑥扦样日期；
⑦检验项目；
⑧检验站收到样品日期及样品编号等。

表2-5　种子扦样证明书

字　第　号

受检单位名称	批号
种子存放地点	批重
种子存放方式	批件数
作物种类	送验样品编号
品种名称	送验样品重量
繁殖代数	检验项目
收获年份	扦样日期

扦样人员：　　　　保管员：
检验部门（盖章）　　　　受检单位（盖章）

四、送验样品的保存与管理

（一）送验样品保存

样品保存包括检验前和检验后的保存。检验机构在收到样品后应及时将其放在样品库中保存，防止样品因不能及时检验而变质。（委托检验后的剩余样品和供监督抽查的备份样品应及时入库保存。样品应按检验类别、编号或不同作物分类存放，以便于查找。样品库应保证安全、无腐蚀、无虫蛀、清洁干燥和低温。样品库应设专人管理，定期检测样品库内的温度和相对湿度状态并做好记录。）

1. 检验前的保存

收到样品应当天就开始检验，如果不得不延迟，须将样品保存在凉爽、通风良好的室内，使种子品质的变化降到最低限度。

2. 检验后的保存

为了便于进行复验，送验样品应在适宜条件下保存一年或一季，使品质变化降到最低限度。检验站对样品所发生的变质不承担责任。

（二）送验样品管理

1. 样品的接收

当送验样品送达检验机构时，样品管理人员就开始进行样品接收工作。样品管理人员应认真检查样品的状态，特别是样品的包装和封签是否完好，同时记录作物种类、品种名称、样品重量、批号、受检单位、送样时间等信息。接收委托检验样品时，检验机构要与委托方签订委托检验协议或由委托方填写委托检验申请书，除记录作物名称、品种名称、检验项目、检验依据外，还应记录样品重量、包装规格、样品的外观质量、种子批号、送样日期、取报告日期、联系方式、收费标准和委托方的有关建议与要求等信息。最后收样人和送样人在委托检验申请书或委托检验协议书上签字。

2. 样品的领取

检验机构收到检验样品后，由业务室或办公室下达检验任务书。检验任务书的内容应包括样品编号、作物种类、品种名称、样品重量、检验项目、检验依据、完成日期等。检验员持检验任务书领取检验样品，并核对样品状况与检验任务书的内容是否相符，对密封的样品，检验员应检查封签是否完好有效。检验员领取样品后应在样品发放单上签字。

3. 样品的流转

样品按检验流程流转，在进行多项检验时，检验员在样品交接时应检查样品状况并在检验样品流转单上签字。样品在制备、检验、传递过程中要根据样品特性加以保护，避免受到非检验性损坏并注意防止样品丢失。

4. 样品的识别

样品的识别包括不同样品间的识别和样品不同检验状态的识别，可以采用标签、印章或直接写在样品的包装袋上等方式加以识别。不同样品间的识别通常采用编号的方式，为了保持样品编号的唯一性和便于追溯，在样品接收、领取、流转和保存等过程中采用统一的编号，并在样品包装、扦样单（或委托检验申请书）、检验任务书、检验原始记录、检验报告等凭单中采用统一的编号。样品不同检验状态（如未检、已检等）一般由检验员在样品袋上标记。

5. 样品的处置

样品的保存时间根据检验项目的不同而不同。一般而言，样品保存时间至少应持续到受检单位对检验结果的异议期期满以后，品种纯度检验的样品至少应保存到该作物的下一个播种季节。经济价值较高的特殊样品可根据委托人的要求，待委托检验项目结束后退给委托人。委托人领回样品时，应承诺“对本样品的检验报告无异议”之后方可办理，并在样品登记表上注明“样品已领回”字样。保存期满后的样品，经过检验机构负责人批准由样品管理员进行处理。

第五节 / 多容器种子批的异质性测定

一、测定目的和适用情况

异质性测定的目的是衡量种子批的异质性，以表示所测定的项目用混合方法达到随机分布的程度。异质性是均匀度的反义词。对于存在异质性的种子批，即使按检验规程取得送验样品，也不会有代表性。在实际工作中，如果种子批的异质性明显到扦样时能看出袋间或初次样品的差异时，则应拒绝扦样。

异质性测定比较烦琐，只有在扦样时对种子批的均匀度产生怀疑时才进行异质性测定。《国际种子检验规程》规定了H值和R值两种测定方法，GB/T 3543.2—1995 仅列入了H值测定方法。由于国际种子检验协会对H值测定方法已经进行了修订，修订后的H值测定加入了修约系数，更加科学，因此，下面所介绍的内容引自《国际种子检验规程》。

二、测定程序

异质性测定是将从种子批中抽出规定数量的若干个样品所得的实际方差与随机分布的理论方差相比较，得出前者与后者的差数。每一样品取自各个不同的容器，容器内的异质性不包括在内。

1. 种子批的扦样

扦样的独立容器样品数应不少于表 2-6 的规定。

表 2-6　扦取容器数与临界H值（1％概率）

种子批的容器数	扦取的独立容器样品数（N）	净度和发芽测定临界H值		其他种子数目测定临界H值	
		无稃壳种子	有稃壳种子	无稃壳种子	有稃壳种子
5	5	2.55	2.78	3.25	5.10
6	6	2.22	2.42	2.83	4.44
7	7	1.98	2.17	2.52	3.98
8	8	1.80	1.97	2.30	3.61
9	9	1.66	1.81	2.11	3.32
10	10	1.55	1.69	1.97	3.10
11～15	11	1.45	1.58	1.85	2.90
16～25	15	1.19	1.31	1.51	2.40
26～35	17	1.10	1.20	1.40	2.20
36～49	18	1.07	1.16	1.36	2.13
50或以上	20	0.99	1.09	1.26	2.00

扦样的容器应严格随机选择。从容器中取出的样品必须代表种子批的各部分，应从袋的顶部、中部和底部扦取种子。每一容器扦取的重量应不少于表 2-2 送验样品栏所规定的一半。

2. 测定方法

异质性可用下列项目表示。

（1）净度分析时任一成分的重量百分率

在净度分析时，如果能把某种成分分离出来（如净种子、其他植物种子或禾本科的秕粒），则可用该成分的重量百分率表示。试样的重量应估计其中含有 1 000 粒种子，将每个试验样品分成两部分，即分析对象部分和其余部分。

（2）种子粒数

能计数的成分可以用种子计数来表示，如某一植物种子或所有其他植物种子。每份试样的重量大约含有 10 000 粒种子，并计算其中所挑出的那种植物种子数。

（3）发芽试验任一记载项目的百分率

在标准发芽试验中，任何可测定的种子或幼苗都可采用，如正常幼苗、不正常幼苗或硬实等。从每一袋样中同时取 100 粒种子按第四章表 4-1 的条件进行发芽试验。

3. 计算 H 值

①净度与发芽：

$$W=\frac{\bar{X}(100-\bar{X})}{n}f \qquad (1)$$

$$\bar{X}=\frac{\sum X}{N} \qquad (2)$$

$$V=\frac{N\sum X^2-(\sum X)^2}{N(N-1)} \qquad (3)$$

$$H=\frac{V}{W}-f \qquad (4)$$

式中 N——扦取袋样的数目；

n——从每个容器样品中得到的测定种子粒数（如净度分析为 1 000 粒，发芽试验为 100 粒，其他植物种子数目为 10 000 粒）；

X——每个容器样品中净度分析时任一成分的重量百分率或发芽率；

¯——从该种子批测定的全部 X 值的平均值；

W——净度或发芽率的独立容器样品可接受方差；

V——从独立容器样品中求得的某检验项目的实际方差；

f——为得到可接受方差的多重理论方差因子，见表 2-7；

H——异质性值。

注意：如果 N 小于 10，计算到小数点后两位；如果 N 等于 10 或大于 10，则计算到小数点后三位。

②指定的种子数：

$$W=X\cdot f \qquad (5)$$

式中 X——每个容器样品中挑出的该类种子数。

V 和 H 的计算与公式（3）（4）相同。

注意：如果 N 小于 10，则计算到小数点后一位；如果 N 大于等于 10，则计算到小数点后两位。

表 2-7 用于计算 W 和 H 值的 f 值

特 性	无稃壳种子	有稃壳种子
净度	1.1	1.2
其他种子数目	1.4	2.2
发芽	1.1	1.2

③种子异质性测定适用于袋装种子。

下面以一个实例来介绍异质性的测定程序。

例2-2 现有一个水稻种子共 10 袋，检验员在扦样时怀疑有异质性。

1. 种子批的扦样

根据扦样袋数应不得少于表 2-6 的规定和每个袋样重量不得少于表 2-2 第 4 栏“送验样

品”规定重量一半的规定，应扦取 10 个 200 g 的袋样。扦取袋样时，须从袋的顶部、中间和底部各取得少量种子。

2. 测定方法

异质性测定可用净度分析、发芽试验和其他植物种子数目等测定项目表示，本例选用发芽试验。从 10 个袋样中各取出试样 100 粒，进行发芽试验，采用正常幼苗数作为测定的结果。经试验，测得发芽率分别为 90%、98%、95%、96%、92%、94%、99%、97%、87%、98%。

3. 计算 H 值

解：已知袋样数目 N=10，每个样品的种子数 n=100，则：

$$\bar{X}=\sum X/N=(90+98+95+\cdots+98)/10=94.6$$

$$\sum X^2=90^2+98^2+95^2+\cdots+98^2=89\ 628$$

$$\left(\sum X\right)^2=(90+98+95+\cdots+98)^2=894\ 916$$

代入下列公式：

$$W=\frac{\bar{X}(100-\bar{X})f}{n}=\frac{94.6\times(100-94.6)\times1.2}{100}=6.130$$

$$V=\frac{N\sum X^2-\left(\sum X\right)^2}{N(N-1)}$$

$$=\frac{10\times89\ 628-894\ 916}{10\times9}=\frac{1\ 364}{90}=15.156$$

计算时应注意当 N 大于等于 10 时，W 和 V 的小数位数保留三位。则：

$$异质性（H）值=\frac{V}{W}-f=\frac{15.156}{6.130}-1.2=2.47-1.2=1.27$$

查表 2-6 临界 H 值，10 袋的显著异质性 H 值为 1.69，现计算得实际异质性 H 值为 1.27，小于给定 H 值，即表明该批种子不存在真实的异质性，应接受扦样。

4. 检验报告

在结果报告的“其他测定项目”中填报异质性的测定结果：“$\bar{X}$=94.5，N=10，该种子批共 10 袋，H=1.27，该 H 值表明该种子批没有显著的异质性。”

5. 结果报告

表 2-6 表明当种子批的成分呈随机分布时，只有 1% 概率的测定结果超过 H 值。若求得的 H 值大于表 2-6 的临界 H 值，则该种子批存在显著的异质性；若求得的 H 值小于等于临界 H 值，则该种子批无异质现象；若求得的 H 值为负值，则填报为零。

异质性的测定结果应填报：X、N、该种子批袋数、H 值及一项说明“这个 H 值表明有（无）显著的异质性”。

如果超出下列限度，则不必计算或填报 H 值：

净度分析的任一成分高于 99.8% 或低于 0.2%；

发芽率高于 99% 或低于 1%；

指定某一植物种的种子数每个样品小于 2 粒。

实训 种子扦样技术

一、原理

扦样，通常是利用扦样器或徒手从种子批取出若干个初次样品，然后将全部初次样品混合组成混合样品，再从混合样品中分取送验样品，送到种子检验室。在检验室，再从送验样品中分取试验样品，进行各个项目的测定。扦样的每个步骤都必须牢牢把握样品的代表性，保证种子批均匀、扦样点分布均匀、各个扦样点扦出种子数量基本相等以及由合格的扦样员扦样。

二、目的要求

①熟悉各种扦样器和分样器的构造及使用方法。
②掌握袋装和散装种子批的扦样方法。
③掌握小容器（小包装）种子批扦样方法。

三、材料和用具

1. 材料

小麦、水稻或玉米等袋装种子批或散装种子批或小包装种子批。

2. 用具

单管扦样器、双管扦样器、长柄短筒扦样器、圆锥形扦样器、羊角扦、各式分样器、分样板、样品瓶或样品袋、封条等。

四、方法和步骤

1. 划分种子批

一批种子不得超过 GB/T 3543.2—1995 规定的重量，其容许差距为 5%。若超过规定重量，则须分成几批，分别给予批号。

2. 扦取初次样品

①袋装种子批扦样法：首先，根据欲检种子袋数确定应扦样袋数；其次，均匀设置扦样点；最后，从各扦样点扦取初次样品。

②散装种子批扦样法：首先，按种子堆水平面积分区设点；其次，按种子堆高度分扦样层；最后，由上到下扦取初次样品。

③小包装种子批扦样法：首先，将小包装种子批合并成 100 kg 为一个扦样的基本单位；其次，从每个基本单位中取出确定数量的种子批作为初次样品。

3. 配置混合样品

各袋、各点、各扦样单位扦出的初次样品，经感官粗查，只要质量大体一致就可将它们充分混合而组成混合样品。

4. 分取送验样品

用分样器或分样板从混合样品中分出规定数量（或略多）的送验样品，在全面检验时需

3 份送验样品。其中一份供净度、发芽测定样品用，可用清洁的纸袋或布袋包装；另一份供水分测定样品用，须用密封容器包装；第三份作为品种鉴定用。送验时应附上扦样证明书，应尽快于 24 h 内送往检验室。

① 机械分样器法。使用钟鼎式分样器时应先刷净，样品放入漏斗时应铺平，用手很快拨开活门，使样品迅速下落，再将两个盛接器的样品同时倒入漏斗，继续混合 2 ～ 3 次，然后取其中一个盛接器按上述方法继续分取，直至达到规定重量为止。使用横格式分样器时，先将种子均匀地散布在倾斜盘内，然后沿着漏斗长度等速倒入漏斗内。

② 四分法。将样品倒在光滑的桌上或玻璃板上，用分样板将样品先纵向混合，再横向混合，重复混合 4 ～ 5 次，然后将种子摊平成四方形，用分样板划两条对角线，使样品分成 4 个三角形，再取两个对顶三角形内的样品继续按上述方法分取，直到两个三角形内的样品接近送验样品的重量为止。

五、思考题

1. 试述各种袋装和散装扦样器的优缺点。
2. 试述扦样的主要步骤及注意事项。
3. 试述各种分样器的使用方法及注意事项。

Chapter Three

第三章 种子净度分析

第一节 / 净度分析概述

一、净度分析的定义与其他植物种子数目测定

GB/T 3543.1—1995 把净度分析定义为"测定供检种子样品中各成分重量百分率，并鉴定样品混合物的特性"，该定义阐述了净度分析包括两方面的内容。一是测定供检样品各组分的重量百分率，并据此推测种子批的组成。GB/T 3543.1—1995 规定把样品中的种子分为净种子、其他植物种子和杂质 3 种组分，各组分的结果以重量百分率表示。二是鉴别样品中其他植物种子和杂质所属的种类。净度分析不仅要计算各成分的重量百分率，还要分析样品混合物的特性。

其他植物种子数目测定是测定样品中其他植物种子的数目或找出指定的其他植物种子。其目的是测定送验者所提出的其他植物种子的数目。在国际种子贸易中，主要适用于测定种子批中是否含有有害或有毒的种子。

二、净度分析的目的和意义

（一）目的

种子净度即种子清洁干净的程度，是指种子批或样品中净种子、杂质和其他植物种子组分的比例及特性。

净度分析的目的是通过对样品中净种子、其他植物种子和杂质三种成分的分析，了解种子批中可利用种子的真实重量，以及其他植物种子、杂质的种类和含量，为评价种子质量提供依据。

（二）意义

开展种子净度分析对于种子质量评价和利用具有重要意义，因为种子批内所含杂草、杂质的种类与多少不仅影响作物的生长发育及种子的安全贮藏，还影响人畜的健康安全。如杂草种子、异作物种子在田间与农作物争肥争光，许多杂草还是病虫的中间寄主，致使病虫滋生蔓延，从而影响作物生长发育、降低作物产量和质量；有些有毒杂草种子及植株含有有毒物质，人畜食后会中毒，如毒麦、野豌豆等。

三、净度分析的有关术语

1. 种子单位

通常所见的传播单位，包括真种子、瘦果、颖果、分果和小花等。

2. 瘦果

干燥、不开裂、含有一粒种子的果实，果皮与种皮分离。

3. 颖果

种皮与果皮紧密结合在一起的果实，如禾本科裸粒果实。

4. 小花

禾本科中指包着雌雄蕊的内外稃或成熟的颖果。本书中的小花是指有或无不孕外稃的可育小花。

5. 可育小花

具有功能性器官（即有颖果）的小花。

6. 不育小花

缺少功能性器官（即缺少颖果）的小花。

7. 小穗

由一个或一个以上小花组成的禾本科花序单位，基部被一至两片不育颖片包着。

8. 分果

在成熟时可分离为两个或两个以上单位（分果爿）的干果。

9. 分果爿

分果的一部分，如伞形科的分果可以分离为两个分果爿。

10. 荚果

开裂的干果，如豆科。

11. 种球

一种密集着生的花序，在甜菜属中，为花序的一部分。

12. 小坚果

一种小型的、不开裂的、内含一粒种子的干果。

13. 芒

一种细长，直立或弯曲的刺毛。在禾本科中，通常是外稃或颖片中肋的延长物。

14. 喙

果实的尖锐延长部分。

15. 苞片

一种退化的叶或鳞片状构造，它将花或禾本科的小穗包在轴上。

16. 颖片

颖片指禾本科小穗基部的两片通常不育的苞片之一。

17. 外稃

禾本科小花的外部苞片，也称花的颖片或外部（下部）稃壳，通常指包在颖果外侧的苞片。

18. 内稃

禾本科小花的内部（上部）苞片，也称花的内部稃壳或上部稃壳，通常指包在颖果内侧（腹向）的苞片。

19. 小总苞

包围着花序基部的一群环状苞片或刺毛。

20. 花被

花的两种包被（花萼和花冠），或其中任何一种。

21. 花萼

由萼片组成的外花被。

22. 花梗

花序上的短柄。

23. 种阜

珠孔近旁的小型突起物。

24. 绒毛

一种表皮上的单细胞或多细胞的长出物。

25. 冠毛

一种环状细毛，有时呈羽毛状或鳞片状密生在瘦果上。

26. 小穗轴

次生穗轴，在禾本科中专指着生小花的轴。

27. 穗轴

花序的主轴。

28. 柄

任何植物器官的茎。

第二节 / 净种子、其他植物种子和杂质组分划分规则与主要作物净种子定义

一、组分划分规则

（一）净种子

净种子是指被检测样品所指明的种（包括该种的全部植物学变种和栽培品种）符合要求的种子单位和构造。

下列构造凡能明确地鉴别出它们属于所分析的种子（已变成菌核、黑穗病孢子团或线虫瘿的除外），即使是未成熟的、瘦小的、皱缩的、带病的或发过芽的种子单位，都应作为净种子。

1. 完整种子单位

种子单位即通常所见的传播单位，包括真种子、类似种子的果实、分果和小花等。在禾本科中，种子单位如果是小花须带有一个明显含有胚乳的颖果或裸粒颖果（缺乏内外稃）。

2. 大于原来大小一半的破损种子单位

根据上述原则，在个别的属或种中有一些例外：

①豆科、十字花科，其种皮完全脱落的种子单位应列为杂质；

②即使有胚芽和胚根的胚中轴，并有超过原来大小一半的附属种皮，豆科种子单位的分离子叶也列为杂质；

③甜菜属复胚种子超过一定大小的种子单位列为净种子，但其单胚品种除外；

④在燕麦属、高粱属中，附着的不育小花无须除去而列为净种子。

（二）其他植物种子

其他植物种子是指净种子以外的任何植物种类的种子单位（包括其他植物种子和杂草种子），其鉴别标准与净种子的标准基本相同。但甜菜属种子单位作为其他植物种子时不必筛选，可用遗传单胚的净种子定义。

（三）杂质

杂质是指除净种子和其他植物种子以外的种子单位和所有其他物质及构造。具体包括以下几个方面：

①明显不含真种子的种子单位；

②甜菜属复胚种子中单位大小未达到净种子定义规定的最低大小的；

③破裂或受损伤种子单位的碎片为原来大小的一半或不及一半的；

④按净种子定义，不作为净种子部分的附属物或定义中尚未提及的附属物；

⑤种皮完全脱落的豆科、十字花科的种子；

⑥脆而易碎，呈灰白色、乳白色的菟丝子种子；

⑦脱下的不育小花、空的颖片、内外稃、稃壳、茎叶、球果、鳞片、果翅、树皮碎片、花、线虫瘿、真菌体（如麦角、菌核、黑穗病孢子团）、泥沙、砂粒、石砾及所有其他非植物种子。

二、主要作物净种子定义

第一，大麻属（Cannabis）、茼蒿属（Chrysanthemum）、菠菜属（Spinacia）。

①瘦果，但明显没有种子的除外。

②超过原来大小一半的破损瘦果，但明显没有种子的除外。

③果皮 / 种皮部分或全部脱落的种子。

④超过原来大小一半，果皮 / 种皮部分或全部脱落的破损种子。

第二，荞麦属（Fagopyrum）、大黄属（Rheum）。

①有或无花被的瘦果，但明显没有种子的除外。

②超过原来大小一半的破损瘦果，但明显没有种子的除外。

③果皮 / 种皮部分或全部脱落的种子。

④超过原来大小一半，果皮 / 种皮部分或全部脱落的破损种子。

第三，红花属（Carthamus）、向日葵属（Helianthus）、莴苣属（Lactuca）、鸦葱属（Scorzonera）、婆罗门参属（Tragopogon）。

①有或无喙（冠毛或喙和冠毛）的瘦果（向日葵属仅指有或无冠毛），但明显没有种子的除外。

②超过原来大小一半的破损瘦果，但明显没有种子的除外。

③果皮 / 种皮部分或全部脱落的种子。

④超过原来大小一半，果皮 / 种皮部分或全部脱落的破损种子。

第四，葱属（Allium）、苋属（Amaranthus）、花生属（Arachis）、石刁柏属（Asparagus）、黄芪属（紫云英属）（Astragalus）、冬瓜属（Benincasa）、芸薹属（Brassica）、木豆属（Cajanus）、刀豆属（Canavalia）、辣椒属（Capsicum）、西瓜属（Citrullus）、黄麻属（Corchorus）、猪屎豆属（Crotalaria）、甜瓜属（Cucumis）、南瓜属（Cucubita）、扁豆属（Dolichos）、大豆属（Glycine）、木槿属（Hibiscus）、甘薯属（Ipomoea）、葫芦属（Lagenaria）、亚麻属（Linum）、丝瓜属（Luffa）、番茄属（Lycopersicon）、苜蓿属（Medicago）、草木樨属（Melilotus）、苦瓜属（Momordica）、豆瓣菜属（Nastartium）、烟草属（Nicotiana）、菜豆属（Phaeolus）、酸浆属（Physalis）、豌豆属（Pisum）、马齿苋属（Portulaca）、萝卜属（Raphanus）、芝麻属（Sesamum）、田菁属（Sesbania）、茄属（Solanum）、巢菜属（Vicia）、豇豆属（Vigna）。

①有或无种皮的种子。

②超过原来大小一半，有或无种皮的破损种子。

③豆科、十字花科，其种皮完全脱落的种子单位应列为杂质。

④即使有胚中轴、超过原来大小一半以上的附属种皮，豆科种子单位的分离子叶也列为杂质。

第五，棉属（Gossypium）。

①有或无种皮、有或无绒毛的种子。

②超过原来大小一半，有或无种皮的破损种子。

第六，蓖麻属（Ricimus）。

①有或无种皮、有或无种阜的种子。

②超过原来大小一半，有或无种皮的破损种子。

第七，芹属（Apium）、芫荽属（Coriandrum）、胡萝卜属（Daucus）、茴香属（Foeniculum）、欧防风属（Pastinaca）、欧芹属（Petroselinum）、茴芹属（Pimpinella）。

①有或无花梗的分果，但明显没有种子的除外。

②超过原来大小一半的破损分果，但明显没有种子的除外。

③果皮部分或全部脱落的种子。

④超过原来大小一半，果皮部分或全部脱落的破损种子。

第八，大麦属（Hordeum）。

①有内外稃包着颖果的小花，当芒长超过小花长度时，须将芒除去。

②超过原来大小一半，含有颖果的破损小花。

③颖果。

④超过原来大小一半的破损颖果。

第九，黍属（Panicum）、狗尾草属（Setaria）。

①有颖片、内外稃包着颖果的小穗，并附有不孕外稃。

②有内外稃包着颖果的小花。

③颖果。

④超过原来大小一半的破损颖果。

第十，稻属（Oryza）。

①有颖片、内外稃包着颖果的小穗，当芒长超过小花长度时，须将芒除去。

②有或无不孕外稃、有内外稃包着颖果的小花，当芒长超过小花长度时，须将芒除去。

③有内外稃包着颖果的小花，当芒长超过小花长度时，须将芒除去。

④颖果。

⑤超过原来大小一半的破损颖果。

第十一，黑麦属（Secale）、小麦属（Triticum）、小黑麦属（Triticosecale）、玉米属（Zea）。

①颖果。

②超过原来大小一半的破损颖果。

第十二，燕麦属（Avena）。

①有内外包着颖果的小穗，有或无芒，可附有不育小花。

②有内外稃包着颖果的小花，有或无芒。

③颖果。

④超过原来大小一半的破损颖果。

注：①由两个可育小花构成的小穗，要把它们分开。

②当外部不育小花的外稃部分包着内部可育小花时，这样的单位不必分开。

③从着生点除去小柄。

④把仅含有子房的单个小花列为杂质。

第十三，高粱属（Sorghum）。

①有颖片、透明状的外稃或内稃（内外稃也可缺乏）包着颖果的小穗，有穗轴节片、花梗、芒，附有不育或可育小花。

②有内外稃的小花，有或无芒。

③颖果。

④超过原来大小一半的破损颖果。

第十四，甜菜属（Beta）。

①复胚种子：用筛孔为 1.5 mm × 20 mm 的 200 mm × 300 mm 的长方形筛子筛理 1 min 后留在筛上的种球或破损种球（包括从种球突出程度不超过种球宽度的附着断柄），不管其中有无种子。

②遗传单胚：种球或破损种球（包括从种球突出程度不超过种球宽度的附着断柄），但明显没有种子的除外。

③果皮 / 种皮部分或全部脱落的种子。

④超过原来大小一半，果皮 / 种皮部分或全部脱落的破损种子。

注：当断柄突出长度超过种球的宽度时，须将整个断柄除去。

第十五，薏苡属（Coix）。

①包在珠状小总苞中的小穗（一个可育，两个不育）。

②颖果。

③超过原来大小一半的破损颖果。

第十六，罗勒属（Ocimum）。

①小坚果，但明显无种子的除外。

②超过原来大小一半的破损小坚果，但明显无种子的除外。

③果皮 / 种皮部分或完全脱落的种子。
④超过原来大小的一半，果皮 / 种皮部分或完全脱落的破损种子。
第十七，番杏属（Tetragonia）。
①包有花被的类似坚果的果实，但明显无种子的除外。
②超过原来大小一半的破损果实，但明显无种子的除外。
③果皮 / 种皮部分或完全脱落的种子。
④超过原来大小一半，果皮 / 种皮部分或完全脱落的破损种子。

第三节 / 种子净度分析方法

一、重型混杂物检查

凡颗粒与供检种子在大小或重量上明显不同且严重影响结果的混杂物，如土块、石块或小粒种子中混有大粒种子等称为重型混杂物。

在净度分析时，首先要检查送验样品中是否混有重型混杂物。如果存在，则应拣出这类物质（m），并从中分出其他植物种子（m_1）和杂质（m_2），分别称重和记录，以便最后换算时应用。

二、试验样品的分取和称重

净度分析试验样品应按规定方法从送验样品中分取。试验样品应至少含有 2 500 个种子单位的重量或不少于表 2-2 规定的重量。净度分析可用规定重量的一份试样或两份半试样（试样重量的一半）进行分析。

试验样品须称重，以 g 表示，精确至表 3-1 所规定的小数位数，以满足计算各种组分百分率达到一位小数的要求。

表 3-1 称重与小数位数

试样或半试样及其组分重量 /g	称重至下列小数位数
1.000 以下	4
1.000 ～ 9.999	3
10.00 ～ 99.99	2
100.0 ～ 999.9	1
1 000 或以上	0

三、试样的分离和鉴定

试样称重后，通常采用人工分析进行分离和鉴定。可以利用镊子或小刮板按样品顺序逐粒观察鉴定，也可以借助一定的仪器将样品分为净种子、其他植物种子和杂质。如手持放大镜和双目显微镜可应用于分离小粒种子单位和碎片；反射光净度台对禾本科可育小花与不育小花的分离有效，也可用于线虫瘿和真菌体的检查；筛子可用于从试验样品中分离茎叶碎片、土壤和其他细小颗粒；吹风机用于从较重的种子中分离较轻的杂质，如稃壳及禾本科牧草的空小花。

借助筛子筛理时，一般选用筛孔适宜的筛子两层：上层为大孔筛，筛孔大于分析的种子，用于分离较大成分；下层为小孔筛，筛孔小于分析的种子，用于分离细小物质。筛理时在小孔筛下面套一筛底，上套大孔筛，将试样倒入其中，再加筛盖。落入筛底的有泥土、砂粒、碎屑及细小的其他植物种子等，留在上层筛内的有茎、叶、稃壳及较大的其他植物种子等，大部分试样则留在小孔筛中，包括净种子和大小类似的其他成分。筛理后，对各层筛上物分别进行分析。

瘦果、分果、分果爿等果实和种子（除禾本科外）只从表面加以检查，不必施加压力、放大、使用透视仪或其他特殊仪器。经过这样检查发现其中明显无种子的，则列入杂质。

对于损伤种子，如没有明显伤及种皮或果皮，则不管是空瘪或充实，均作为净种子或其他植物种子；如种皮或果皮有一裂口，则必须判断留下部分是否超过原来大小的一半，超过一半者可归为净种子（或其他植物种子），如不能迅速作出这种判断，则将其列为净种子（或其他植物种子）。没有必要将每粒种子翻过来观察其下面是否有洞或有其他损伤。

四、结果计算和数据处理

（一）称重计算

试样分析结束后，将每份试样（或半试样）的净种子、其他植物种子和杂质分别称重。称量的精确度与试样称重时相同。然后将各组分重量之和与原试样重量进行比较，核对分析期间物质有无增失，如果增失超过原试样重量的5%，必须重做；如增失小于原试样重量的5%，则计算各组分重量百分率。

各组分重量百分率的计算应以分析后各种组分的重量之和为分母，而不用试样原来的重量。若分析的是全试样，各组分重量百分率应计算到一位小数。若分析的是半试样，各组分重量百分率应计算到两位小数。

送验样品中有重型混杂物时，最后净度分析结果应按如下公式计算。

净种子（P_2）：

$$P_2(\%) = P_1 \times \frac{M-m}{M} \times 100\%$$

其他植物种子（OS_2）：

$$OS_2(\%) = OS_1 \times \frac{M-m}{M} + \frac{m_1}{M} \times 100\%$$

杂质（I_2）：

$$I_2(\%) = I_1 \times \frac{M-m}{M} + \frac{m_2}{M} \times 100\%$$

式中 M——送验样品的重量（g）；

m——重型混杂物的重量（g）；

m_1——重型混杂物中的其他植物种子重量（g）；

m_2——重型混杂物中的杂质重量（g）

P_1——除去重型混杂物后的试样净种子重量百分率（%）；

I_1——除去重型混杂物后的试样杂质重量百分率（%）；

OS_1——除去重型混杂物后的试样其他植物种子重量百分率（%）。

最后应检查：

$$(P_2 + I_2 + OS_2)\% = 100.0\%$$

（二）容许差距

1. 半试样

如果分析两份半试样，分析后任一组分的差距不得超过表 3-2 第三栏或第四栏中所示的重复分析间的容许差距。若所有组分的实际差距都在容许范围内，则计算各组分的平均值。若差距超过容许范围，则按下列程序处理：

①再重新分析成对样品，直到一对数值在容许范围内（但全部分析不必超过 4 对）；

②凡一对间的差距超过容许差距 2 倍时，均略去不计；

③各种组分百分率的最后记录应从全部保留的几对加权平均数中计算。

2. 试样

如在某种情况下有必要分析第二份试样时，两份试样各组分的实际差距不得超过表 3-2 第五栏或第六栏中的容许差距。若所有组分都在容许范围内，取其平均值。若超过容许范围，则再分析一份试样，若分析后的最高值和最低值差异没有大于容许误差 2 倍，则填报三者的平均值。如果这些结果中的一次或几次显然是由于差错而不是由于随机误差引起的，则需将不准确的结果去除。

表 3-2　同一实验室内同一送验样品净度分析的容许差距

（5% 显著水平的两尾测定）　%

两次分析结果平均		不同测定之间的容许差距			
50% 以上	50% 以下	半试样		试样	
		无稃壳种子	有稃壳种子	无稃壳种子	有稃壳种子
99.95 ～ 100.00	0.00 ～ 0.04	0.20	0.23	0.1	0.2
99.90 ～ 99.94	0.05 ～ 0.09	0.33	0.34	0.2	0.2
99.85 ～ 99.89	0.10 ～ 0.14	0.40	0.42	0.3	0.3
99.80 ～ 99.84	0.15 ～ 0.19	0.47	0.49	0.3	0.4
99.75 ～ 99.79	0.20 ～ 0.24	0.51	0.55	0.4	0.4
99.70 ～ 99.74	0.25 ～ 0.29	0.55	0.59	0.4	0.4
99.65 ～ 99.69	0.30 ～ 0.34	0.61	0.65	0.4	0.5
99.60 ～ 99.64	0.35 ～ 0.39	0.65	0.69	0.5	0.5
99.55 ～ 99.59	0.40 ～ 0.44	0.68	0.74	0.5	0.5
99.50 ～ 99.54	0.45 ～ 0.49	0.72	0.76	0.5	0.5
99.40 ～ 99.49	0.50 ～ 0.59	0.76	0.80	0.5	0.6
99.30 ～ 99.39	0.60 ～ 0.69	0.83	0.89	0.6	0.6
99.20 ～ 99.29	0.70 ～ 0.79	0.89	0.95	0.6	0.7
99.10 ～ 99.19	0.80 ～ 0.89	0.95	1.00	0.7	0.7
99.00 ～ 99.09	0.90 ～ 0.99	1.00	1.06	0.7	0.8
98.75 ～ 98.99	1.00 ～ 1.24	1.07	1.15	0.8	0.8
98.50 ～ 98.74	1.25 ～ 1.49	1.19	1.26	0.8	0.9
99.25 ～ 98.49	1.50 ～ 1.74	1.29	1.37	0.9	1.0
98.00 ～ 98.24	1.75 ～ 1.99	1.37	1.47	1.0	1.0
97.75 ～ 97.99	2.00 ～ 2.24	1.44	1.54	1.0	1.1
97.50 ～ 97.74	2.25 ～ 2.49	1.53	1.63	1.1	1.2
97.25 ～ 97.49	2.50 ～ 2.74	1.60	1.70	1.1	1.2
97.00 ～ 97.24	2.75 ～ 2.99	1.67	1.78	1.2	1.3
96.50 ～ 96.99	3.00 ～ 3.49	1.77	1.88	1.3	1.3
96.00 ～ 96.49	3.50 ～ 3.99	1.88	1.99	1.3	1.4

续表

两次分析结果平均		不同测定之间的容许差距			
		半试样		试样	
50% 以上	50% 以下	无稃壳种子	有稃壳种子	无稃壳种子	有稃壳种子
95.50 ~ 95.99	4.00 ~ 4.49	1.99	2.12	1.4	1.5
95.00 ~ 95.49	4.50 ~ 4.99	2.09	2.22	1.5	1.6
94.00 ~ 94.99	5.00 ~ 5.99	2.25	2.38	1.6	1.7
93.00 ~ 93.99	6.00 ~ 6.99	2.43	2.56	1.7	1.8
92.00 ~ 92.99	7.00 ~ 7.99	2.59	2.73	1.8	1.9
91.00 ~ 91.99	8.00 ~ 8.99	2.74	2.90	1.9	2.1
90.00 ~ 90.99	9.00 ~ 9.99	2.88	3.04	2.0	2.2
88.00 ~ 89.99	10.00 ~ 11.99	3.08	3.25	2.2	2.3
86.00 ~ 87.99	12.00 ~ 13.99	3.31	4.49	2.3	2.5
84.00 ~ 85.99	14.00 ~ 15.99	3.52	3.71	2.5	2.6
82.00 ~ 83.99	16.00 ~ 17.99	3.69	3.90	2.6	2.8
80.00 ~ 81.99	18.00 ~ 19.99	3.86	4.07	2.7	2.9
78.00 ~ 79.99	20.00 ~ 21.99	4.00	4.23	2.8	3.0
76.00 ~ 77.99	22.00 ~ 23.99	4.14	4.37	2.9	3.1
74.00 ~ 75.99	24.00 ~ 25.99	4.26	4.50	3.0	3.2
72.00 ~ 73.99	26.00 ~ 27.99	4.37	4.61	3.1	3.3
70.00 ~ 71.99	28.00 ~ 29.99	4.47	4.71	3.2	3.3
65.00 ~ 69.99	30.00 ~ 34.99	4.61	4.86	3.3	3.4
60.00 ~ 64.99	35.00 ~ 39.99	4.77	5.02	3.4	3.6
50.00 ~ 59.99	40.00 ~ 49.99	4.89	5.16	3.5	3.7

有稃壳的种子是由下列构造或成分组成的传播单位：

①易于相互粘连或粘在其他物体上（如包装袋、扦样器和分样器）；

②可被其他植物种子粘连，反过来也可粘连其他植物种子；

③不易被清选、混合或扦样。

如果稃壳构造（包括稃壳杂质）占一个样品的三分之一或更多，则认为是有稃壳的种子。

表 3-2、表 3-3 中，有稃壳种子的种类包括芹属（Apium），花生属（Arachis），燕麦属（Auena），甜菜属（Beta），茼蒿属（Chrysanthemum），薏苡属（Coix），胡萝卜属（Daucus），荞麦属（Fagopy-rum），茴香属（Foeniculum），棉属（Gossypium），大麦属（Hordeum），莴苣属（Lactuca），番茄属（Lycopersicon），稻属（Oryza），黍属（Panicum），欧防风属（Pastinaca），欧芹属（Petroselinum），茴芹属（Pimpinella），大黄属（Rheum），鸦葱属（Scorzonera），狗尾草属（Setaria），高粱属（Sorghum），菠菜属（Spinacia）。

表 3-3　同一或不同实验室内进行第二次检验时，两个不同送验样品间净度分析的容许差距

（1% 显著水平的两尾测定）　%

两次分析结果平均		容 许 差 距	
50% 以上	50% 以下	无稃壳种子	有稃壳种子
99.95 ~ 100.00	0.00 ~ 0.04	0.18	0.21
99.90 ~ 99.94	0.05 ~ 0.09	0.28	0.32
99.85 ~ 99.89	0.10 ~ 0.14	0.34	0.40
99.80 ~ 99.84	0.15 ~ 0.19	0.40	0.47
99.75 ~ 99.79	0.20 ~ 0.24	0.44	0.53

续表

两次结果平均		容许差距	
50% 以上	50% 以下	无稃壳种子	有稃壳种子
99.70 ～ 99.74	0.25 ～ 0.29	0.49	0.57
99.65 ～ 99.69	0.30 ～ 0.34	0.53	0.62
99.60 ～ 99.64	0.35 ～ 0.39	0.57	0.66
99.55 ～ 99.59	0.40 ～ 0.44	0.60	0.70
99.50 ～ 99.54	0.45 ～ 0.49	0.63	0.73
99.40 ～ 99.49	0.50 ～ 0.59	0.68	0.79
99.30 ～ 99.39	0.60 ～ 0.69	0.73	0.85
99.20 ～ 99.29	0.70 ～ 0.79	0.78	0.91
99.10 ～ 99.19	0.80 ～ 0.89	0.83	0.96
99.00 ～ 99.09	0.90 ～ 0.99	0.87	1.01
98.75 ～ 98.99	1.00 ～ 1.24	0.94	1.10
98.50 ～ 98.74	1.25 ～ 1.49	1.04	1.21
98.25 ～ 98.49	1.50 ～ 1.74	1.12	1.31
98.00 ～ 98.24	1.75 ～ 1.99	1.20	1.40
97.75 ～ 97.99	2.00 ～ 2.24	1.26	1.47
97.50 ～ 97.74	2.25 ～ 2.49	1.33	1.55
97.25 ～ 98.49	2.50 ～ 2.74	1.39	1.63
97.00 ～ 97.24	2.75 ～ 2.99	1.46	1.70
96.50 ～ 96.99	3.00 ～ 3.49	1.54	1.80
96.00 ～ 96.49	3.50 ～ 3.99	1.64	1.92
95.50 ～ 95.99	4.00 ～ 4.49	1.74	2.04
95.00 ～ 95.49	4.50 ～ 4.99	1.83	2.15
94.00 ～ 94.99	5.00 ～ 5.99	1.95	2.29
93.00 ～ 93.99	6.00 ～ 6.99	2.10	2.46
92.00 ～ 92.99	7.00 ～ 7.99	2.23	2.62
91.00 ～ 91.99	8.00 ～ 8.99	2.36	2.76
90.00 ～ 90.99	9.00 ～ 9.99	2.48	2.92
88.00 ～ 89.99	10.00 ～ 11.99	2.65	3.11
96.00 ～ 87.99	12.00 ～ 13.99	2.85	3.35
84.00 ～ 85.99	14.00 ～ 15.99	3.02	3.55
82.00 ～ 83.99	16.00 ～ 17.99	3.18	3.74
80.00 ～ 81.99	18.00 ～ 19.99	3.32	3.90
78.00 ～ 79.99	20.00 ～ 21.99	2.45	4.05
76.00 ～ 77.99	22.00 ～ 23.99	3.56	4.19
74.00 ～ 75.99	24.00 ～ 25.99	3.67	4.31
72.00 ～ 73.99	26.00 ～ 27.99	3.76	4.42
70.00 ～ 71.99	28.00 ～ 29.99	3.84	4.51
65.00 ～ 69.99	30.00 ～ 34.99	3.97	4.66
60.00 ～ 64.99	35.00 ～ 39.99	4.10	4.82
50.00 ～ 59.99	40.00 ～ 49.99	4.21	4.95

3. 数据处理

各种组分的最终结果应保留一位小数，其和应为 100.0%，小于 0.05% 的微量组分在计算中应除外。如果其和是 99.9% 或 100.1%，那么从组分最大值（通常是净种子部分）增减 0.1%。如果修约值大于 0.1%，那么应检查计算有无差错。

例3-1 分析水稻种子的两份半试样，分析前第一份半试样重量 20.51 g，分析后净种子重量为 19.85 g，杂质为 0.430 0 g，其他植物种子为 0.200 0 g；第二份半试样分析前重量 20.10 g，分析后净种子重量为 19.12 g，杂质为 0.610 0 g，其他植物种子为 0.310 0 g，试求净度。

解：首先，检查分析期间的重量增失。

$$\frac{20.51-(19.85+0.430\,0+0.200\,0)}{20.51}\times 100\% = 0.15\% < 5\%$$

符合要求，没有偏离原始重量的 5%。

同样第二份试样也符合要求。

其次，计算各成分的重量百分率。

第一份半试样各组分百分率计算如下：

$$\text{净种子}(\%) = \frac{19.85}{20.48}\times 100\% = 96.92\%$$

$$\text{杂质}(\%) = \frac{0.430\,0}{20.48}\times 100\% = 2.10\%$$

$$\text{其他植物种子}(\%) = \frac{0.200\,0}{20.48}\times 100\% = 0.98\%$$

第二份半试样各组分百分率计算如下：

$$\text{净种子}(\%) = \frac{19.12}{20.04}\times 100\% = 95.41\%$$

$$\text{杂质}(\%) = \frac{0.610\,0}{20.04}\times 100\% = 3.04\%$$

$$\text{其他植物种子}(\%) = \frac{0.310\,0}{20.04}\times 100\% = 1.55\%$$

计算两份半试样各组分的平均百分率：

$$\text{净种子}(\%) = \frac{96.92+95.41}{2}\times 100\% = 96.17\%$$

$$\text{杂质}(\%) = \frac{2.10+3.04}{2}\times 100\% = 2.57\%$$

$$\text{其他植物种子}(\%) = \frac{0.98+1.55}{2}\quad 100\%\quad 1.27\%$$

再次，检验重复分析间的误差。

净种子：用平均百分率 96.17% 查表 3-2 中的 96.00% ～ 96.49% 半试样有稃壳栏，查得容许差距为 1.99%，而实际差距为：96.92%−95.41%=1.51%，未超过容许差距。

杂质：用平均百分率 2.57% 查表 3-2 中的 2.50% ～ 2.74% 半试样有稃壳栏，查得容许差距为 1.70%，而实际差距为：0.610 0%−0.430 0%=0.18%，未超过容许差距。

其他植物种子：用平均百分率 1.27% 查表 3-2 中的 1.25% ～ 1.49% 半试样有稃壳栏，查得容许差距为 1.26%，而实际差距为：0.310 0%−0.200 0%=0.11%，未超过容许差距。

由于净度分析的最后填报结果为加权平均值，不是算术平均值，所以最后结果为：

$$净种子(\%)=\frac{19.85+19.12}{20.48+20.04}\times100\%=96.17\%$$

$$杂质(\%)=\frac{0.430\,0+0.610\,0}{20.48+20.04}\times100\%=2.57\%$$

$$其他植物种子(\%)=\frac{0.200\,0+0.310\,0}{20.48+20.04}\times100\%=1.26\%$$

由上可知，水稻种子的净种子为 96.17%，杂质为 2.57%，其他植物种子为 1.26%。

净度分析数据修约，上述结果保留一位小数：净种子为 96.2%，杂质为 2.6%，其他植物种子为 1.3%。三项相加为 100.1%，最后修约填报结果为：净种子为 96.1%，杂质为 2.6%，其他植物种子为 1.3%。

例3-2 有两个不同检验员在同一检验室分别对两份水稻试验样品进行核对检查，其检测结果为：第一份净种子重量百分率为 98.6%，第二份为 94.9%。

解：先计算这两份试样结果的平均值：

$$\frac{98.6\%+94.9\%}{2}=96.75\%$$

用 96.75% 查表 3-3，查得容许误差为 1.80%。而两份试样间的差异为 98.6%−94.9%=3.7%，超过了 1.80% 的容许误差。

然后分析第二对试样，其净度分析结果为：第三份净种子重量百分率为 98.7%，第四份为 97.1%。先计算这两份试样结果的平均值：

$$\frac{98.7\%+97.1\%}{2}=97.9\%$$

用 97.9% 查表 3-3，查得容许误差为 1.47%。而两份试样间的差异为 98.7%−97.1%=1.6%，超过了 1.47% 的容许误差。

再分析第三对试样，其净度分析结果为：第五份净种子重量百分率为 98.4%，第六份为 98.9%。这两份试样结果的平均值为 98.65%。用 98.65% 查表 3-3，查得容许误差为 1.21%。而两份试样间的差异为 98.9%−98.4%=0.5%，未超过 1.21% 的容许误差。

最后的填报结果还要判断这三者有无可比性：第一对的两份试样间的差异为 3.7%，而二倍的容许误差为 3.6%，仍然超过，应去掉这一对；第二对的两份试样间的差异为 1.6%，而二倍的容许误差为 2.9%，差异没有超过容许误差，应保留；第三对的两份试样间的差异为 0.5%，而二倍的容许差异为 2.4%，应保留。

这样最后的填报结果将是第二对和第三对的加权平均值。

五、结果表示

净度分析的结果应保留一位小数，各种组分的百分率总和必须为 100%。组分小于 0.05% 的，填报为“微量”，如果一种成分的结果为零，则须填“−0.0−”。

当测定某一类杂质或某一种其他植物种子的重量百分率达到或超过 1% 时，应在结果报告单上注明该种类。

六、包衣种子的净度分析程序

包衣种子的净度分析可采用不脱去包衣材料的种子和脱去包衣材料的种子两种方法。

严格地讲，一般不对丸化种子、包膜种子和种子带内的种子进行净度分析。换言之，通常不采用脱去包衣材料的种子和在种子带上剥离种子进行净度分析，但是如果送验者提出要求或者是混合种子，则应脱去包衣材料，再进行净度分析。

（一）不脱去包衣材料的种子的净度分析

1. 试样的分取

试样重量见表 3-4 和表 3-5。用分样器分取一份不少于 2 500 粒种子的试样或两份这一重量一半的半试样，种子带为 100 粒。将试样或半试样称重，以 g 表示，小数位数应达到表 3-1 的要求。

表 3-4　丸化与包膜种子的样品大小（粒数）

项　目	送验样品不得少于	试验样品不得少于
净度分析	7 500	2 500
重量测定	7 500	净丸化种子
发芽试验	7 500	400
其他植物种子数目测定		
丸化种子	10 000	7 500
包膜种子	25 000	25 000
大小分级	10 000	2 000

表 3-5　种子带的样品大小（粒数）

项　目	送验样品不得少于	试验样品不得少于
种的鉴定	2 500	100
发芽试验	2 500	400
净度分析	2 500	2 500
其他植物种子数目测定	10 000	7 500

2. 试样的分离和称重

种子带不需要进行分离，而丸化种子或包膜种子称重后则须按下列标准分为净丸化种子（净包膜种子）、未丸化种子（未包膜种子）和杂质 3 种组分。

（1）净丸化种子（净包膜种子）的标准

①含有或不含有种子的完整丸化粒（包膜粒）；

②丸化（包膜）物质面积覆盖占种子表面一半以上的破损丸化粒（包膜粒），但明显不是送验者所述的植物种子或不含有种子的除外。

（2）未丸化（未包膜）种子的标准

①任何植物种的未丸化（未包膜）种子。

②可以看出其中含有一粒非送验者所述植物种的破损丸化（包膜）种子。

③可以看出其中含有送验者所述植物种，而它又未归于净丸化（包膜）种子中的破损丸化（包膜）种子。也就是说，丸化（包膜）物质面积覆盖占种子表面一半或一半以下的破损丸化粒（包膜粒）。

（3）杂质的标准

①已经脱落的丸化（包膜）物质；

②明显没有种子的丸化（包膜）碎块；
③净度分析中规定列为杂质的任何其他物质。
这3种组分分离后，分别称重。

3. 种子真实性的鉴定

为了核实丸化（包膜）种子中所含种子是否确实属于送验者所述的种，应从丸化（包膜）种子净度分析后的净丸化（净包膜）种子部分中取出100颗丸粒（包膜粒），用洗涤法或其他方法除去丸化（包膜）物质，然后测定每粒种子所属的种。同样，可从种子带中取出100粒种子，鉴定每粒供试种子的真实性。

4. 结果计算、表示和报告

计算与填报净丸化粒（净包膜粒）、未丸化粒（未包膜粒）和杂质的重量百分率，程序同净度分析的内容。

（二）脱去包衣材料和种子带上剥离种子的净度分析

1. 脱去包衣材料

除去包衣种子的包衣材料的方法是洗涤法。将不少于2 500颗丸化种子或包膜种子，置于细孔筛内，浸入水中振荡，使包衣材料沉于水中。筛孔大小规格为：上层1.0 mm，下层0.5 mm。丹麦种子检验站使用磁力搅拌器，美国采用pH值8～8.4的稀氢氧化钠溶液溶解，也能达到较好的效果。

当要求对从种子带上剥离的种子进行分析时，应小心地将试样的制带材料与纸带分开和剥去。如果种子带材料为水溶性，则可将其湿润，直至种子分离出来。当在种子带内的种子是丸化种子或包膜种子时，则按上述的洗涤法去掉丸化或包膜材料。

2. 种子干燥、称重

脱去包衣材料后或从种子带中取出湿润的种子放在滤纸上干燥过夜，再放入干燥箱内干燥，按“高水分预先烘干法”（见第九章种子水分测定）干燥成半干试样，然后称取干燥后的种子重量。

3. 分离、鉴定和称重

按净度分析中规定的标准进行净度分析，将种子试样分成净种子、其他植物种子和杂质3种组分，同时对样品中其他植物种子的种类进行鉴定。分离后分别对各种组分称重，计算各种组分的百分率。

4. 结果计算、表示和报告

计算与填报净种子、其他植物种子和杂质的重量百分率，程序同净度分析的内容。不考虑丸化、包膜材料和制带材料，只有在提出检测要求时，才考虑填报其百分率。

第四节 / 其他植物种子数目测定

一、测定方法

根据送验者的不同要求，其他植物种子数目的测定可采用完全检验、有限检验和简化检验三种方法。

1. 完全检验

试验样品不得小于 25 000 个种子单位的重量或表 2-2 所规定的重量。

借助放大镜、筛子和吹风机等器具，按规定逐粒进行分析鉴定，取出试样中所有的其他植物种子，并数出每种种子数。当发现有的种子不能准确确定所属种时，允许鉴定到属。

2. 有限检验

有限检验的检验方法同完全检验，但只限于从整个试验样品中找出送验者指定的其他植物的种子。如送验者只要求检验是否存在指定的某些种，则发现一粒或数粒种子即可。

3. 简化检验

如果送验者所指定的种难以鉴定，则可采用简化检验。简化检验是用规定试验样品重量的 1/5（最少量）对该种进行鉴定。简化检验的检验方法同完全检验。

二、结果计算

结果用实际测定的试样重量中所发现的种子数表示。但通常折算为样品单位重量（每千克）所含的种子数，以便比较，即：

$$其他植物种子含量（粒/kg）=\frac{其他植物种子数}{试验样品重量（g）}\times 1\,000$$

三、核查容许差距

当需要判断同一检验站或不同检验站对同一批种子的两个测定结果之间是否有明显差异时，可查其他植物种子计数的容许差距（表 3-6）。先根据两个测定结果计算出平均数，再按平均数从表中找出相应的容许差距。进行比较时，两个样品的重量须大体相等。

表 3-6　其他植物种子数目测定的容许差距

（5% 显著水平的两尾测定）

两次测定结果的平均值	容许差距	两次测定结果的平均值	容许差距
3	5	43 ～ 47	19
4	6	48 ～ 52	20
5 ～ 6	7	53 ～ 57	21
7 ～ 8	8	58 ～ 63	22
9 ～ 10	9	64 ～ 69	23
11 ～ 13	10	70 ～ 75	24
14 ～ 15	11	76 ～ 81	25
16 ～ 18	12	82 ～ 88	26
19 ～ 22	13	89 ～ 95	27
23 ～ 25	14	96 ～ 102	28
26 ～ 29	15	103 ～ 110	29
30 ～ 33	16	111 ～ 117	30
34 ～ 37	17	118 ～ 125	31
38 ～ 42	18	126 ～ 133	32

（续表）

两次测定结果的平均值	容 许 差 距	两次测定结果的平均值	容 许 差 距
134 ～ 142	33	301 ～ 313	49
143 ～ 151	34	314 ～ 326	50
152 ～ 160	35	327 ～ 339	51
161 ～ 169	36	340 ～ 353	52
170 ～ 178	37	354 ～ 366	53
179 ～ 188	38	367 ～ 380	54
189 ～ 198	39	381 ～ 394	55
199 ～ 209	40	395 ～ 409	56
210 ～ 219	41	410 ～ 424	57
220 ～ 230	42	425 ～ 439	58
231 ～ 241	43	440 ～ 454	59
242 ～ 252	44	455 ～ 469	60
253 ～ 264	45	470 ～ 485	61
265 ～ 276	46	486 ～ 501	62
277 ～ 288	47	502 ～ 518	63
289 ～ 300	48	519 ～ 534	64

四、结果报告

进行其他植物种子数目测定时，将测定种子的实际重量、该重量中找到的各个种的种子数、学名填写在结果报告单上，并注明采用完全检验、有限检验或简化检验。

例3-3 在 1 000 g 试样的种子中发现野燕麦 66 粒，而另一份 1 000 g 试样的种子中发现野燕麦 50 粒，试问这两次测定是否一致？

解：计算其他植物种子平均粒数为（66+50）/2=58，查表 3-6 得容许误差为 22，而两份试样间的差异为 66-50=16，因此这两份测定结果是可比的。最后填报的检测结果为：在 2 000 g 总重量样品中，有 116 粒野燕麦种子（注意最后填报不用平均值）。

五、包衣种子其他植物种子数目测定程序

1. 试验样品

供其他植物种子数目测定的试验样品数量不少于表 3-4 和表 3-5 的规定，丸化种子或包膜种子可将试验样品分成两个半试样。

2. 除去包衣材料

用第三节所述的洗涤法除去包衣材料或制带物质，但种子不一定要干燥。

3. 分析鉴定

从试样中找出所有其他植物种子，或者按送验者的要求找出某些指定种的种子。

4. 结果计算、表示、报告

测定结果用供检丸化种子或包膜种子的实际重量和大致粒数中所发现的属于所述每个种或类型的种子数，供检种子带长度中所发现种子粒数表示。同时，还须计算每单位重量、单

位长度（即每千克、每米）粒数。

当有必要判定同一检验站或不同检验站的两个测定结果是否存在显著差异时，可查其他植物种子数目测定的容许差距表（表3-6）。但在比较时，两个样品的重量须大体相同。

实训 种子净度测定

一、原理

净度分析是将试验样品分为净种子、其他植物种子和杂质3种组分，并测定净种子的百分率，同时测定其他植物种子的种类及含量。这就可从净种子的百分率中了解种子批的利用价值，并根据其他植物种子的种类和含量，决定种子批的取舍和危害。因此，净度分析是种子检验的重要项目之一，为确定种子质量指标提供了依据。

二、目的要求

识别净种子、其他植物种子和杂质，掌握种子净度的分析技术，并练习其他植物种子数目的测定方法和结果计算。

三、材料与用具

1. 材料

送验样品1份。

2. 用具

检验桌、分样器、分样板、套筛、感量0.1 g的台秤、感量0.01 g的天平、感量0.001 g的天平或相应的电子天平、小碟或小盘、镊子、括板、放大镜、木盘、小毛刷、电动筛选机、净度分析工作台等。

四、方法和步骤

1. 送验样品的称重和重型混杂物的检查

①将送验样品倒在台秤上称重，得出送验样品重量M。

②将送验样品倒在光滑的木盘中，挑出重型混杂物，在天平上称重，得出重型混杂物的重量m，分别称出重型混杂物中其他植物种子的重量m_1和杂质的重量m_2。m_1与m_2重量之和应等于m。

2. 试验样品的分取

①先将送验样品混匀，再用分样器分取试验样品一份或半试样两份，试样或半试样的重量见表2-2。

②用天平称出试样或半试样的重量（按规定留取小数位数）。

3. 试样的分离和分析

①选用筛孔适当的两层套筛，要求小孔筛的孔径小于所分析的种子，而大孔筛的孔径大于所分析的种子。使用时将小孔筛套在大孔筛的下面，再把筛底盒套在小孔筛的下面，倒入

（半）试样并加盖，置于电动筛选机上或手工筛动 2 min。

②筛理后将各层筛及底盒中的分离物分别倒在净度分析桌上进行分析鉴定，区分出净种子、其他植物种子、杂质，并分别放入小碟内。

4. 各类种子分出组分称重

将每份（半）试样的净种子、其他植物种子、杂质分别称重，其称量精确度与试样称重相同。其中，其他植物种子还应分种类计数。

5. 结果计算

①核查各组分的重量之和与样品原来的重量之差是否超过 5%。

②计算净种子的百分率（P）、其他植物种子的百分率（OS）及杂质的百分率（I）。

若为全试样则各种组分的百分率应计算到一位小数；若为半试样则各种组分的百分率计算到两位小数。

③求出两份（半）试样间三种组分的各平均百分率及重复间相应百分率差值，并核对容许差距。

④含重型混杂物样品的最后换算结果的计算。

⑤百分率的修约。若原百分率取两位小数，现可经四舍五入保留一位。各组分的百分率相加应为 100.0%，如为 99.9% 或 100.1%，则在最大的百分率上增减 0.1%。如果此修约值大于 0.1%，则应该检查计算上有无差错。

6. 其他植物种子数目的测定

①将取出（半）试样后剩余的送验样品按要求取出相应的数量或全部倒在检验桌上或样品盘内，逐粒进行观察，找出所有的其他植物种子或指定种的种子并计出每个种的种子数，再加上（半）试样中相应的种子数。

②结果计算：可直接用找出的种子粒数表示，也可折算为每单位试样重量，通常用每千克内所含种子数来表示，即：

其他植物种子含量（粒数 /kg）=（其他植物种子粒数 / 送验样品的重量（g））×1 000

五、结果报告

净度分析的最后结果精确到一位小数。如果一种组分的百分率低于 0.05%，则填为“微量”；如果一种组分结果为零，则须填报“–0.0–”。

将测定结果记载于表 3-7、3-8、3-9 中。

表 3-7 净度分析结果记载表

重型混杂物检查：M（送验样品）=g，m（重型混杂物）=g；m_1=g，m_2=g

		净种子	其他植物种子	杂质	重量合计	样品原重	重量差值百分率
第一份	重量 /g						
（半）试样	百分率 /%						
第二份	重量 /g						
（半）试样	百分率 /%						
百分率样间差值							
平均百分率 /%							

表 3-8　其他植物种子数目测定记载表

其他植物种子测定	其他植物种子种类和数目							
试样重量 /g	名称	粒数	名称	粒数	名称	粒数	名称	粒数
净度（半）试样Ⅰ中								
净度（半）试样Ⅱ中								
剩余部分中								
合计								
或折成每千克粒数								

表 3-9　净度分析结果报告单

样品编号

作物名称：　　　　　　　　学名：

成　分	净 种 子	其他植物种子	杂　质
百分率 /%			
其他植物种子名称 及数目或每千克含量 （注明学名）			
备　注			

六、思考题

1. 请谈谈种子净度分析中重型混杂物、净种子、其他植物种子、杂质的特征。
2. 其他植物种子的准确定义是什么？

第四章 种子发芽试验

Chapter Four

种子发芽率的高低是衡量种子质量的重要指标之一。正确测定种子发芽率，可以测定出种子批的最大发芽潜力，据此可比较不同种子批的质量，也可估测田间播种价值，从而为种子营销以及农业生产提供可靠的科学依据。发芽试验通常是在实验室条件下进行的，这是因为在田间条件下试验，其结果没有可靠的重演性，不能令人满意，但在实验室的可控制并且适宜的标准化条件下，发芽结果最为良好，其结果更加准确可靠。

本章主要介绍我国《农作物种子检验规程》中的种子发芽试验的标准方法。通过学习应理解发芽试验的目的和意义；能规范操作试验设备和用品；掌握主要作物种子标准发芽技术规定、发芽方法、幼苗鉴定标准和结果计算；掌握包衣种子发芽试验技术。

第一节 / 发芽试验概述

一、发芽试验的目的和意义

发芽试验的目的是测定种子批的最大发芽潜力，据此可比较不同种子批的质量，也可估测田间播种价值。

种子发芽试验对种子经营和农业生产具有极为重要的意义。种子收购入库时做好发芽试验，可掌握种子的质量状况，正确地进行种子分级和定价；种子贮藏期间做好发芽试验，可掌握贮藏期间种子发芽力的变化情况，方便及时改进贮藏条件，确保种子安全贮藏；调种前做好发芽试验，可防止盲目调运发芽力低的种子，节约人力和财力；播种前做好发芽试验，可以选用发芽力高的种子播种，保证齐苗、壮苗和种植密度，节约用种，确保播种成功。承担种子质量监督职责的农业行政主管部门实施种子质量监督抽查时，做好发芽试验，对保证农业生产的安全用种有重要意义。此外，种子发芽率也是计算种子用价的重要指标，做好发芽试验，可正确计算种子用价和实际的播种量。

二、发芽力的含义和表示

种子发芽力（Germinability）是指种子在适宜条件下发芽并长成正常植株的能力，通常用种子发芽势和种子发芽率表示。

种子发芽势（Energy of Germination）是指种子发芽初期（规定日期内）正常发芽种子数占供试种子数的百分率。种子发芽势高，则表示种子活力强，发芽整齐，出苗一致，增产潜力大。

种子发芽率（Percentage Germination）是指在发芽试验终期（规定日期内）全部正常发芽种子数占供试种子数的百分率。种子发芽率高，则表示有生活力种子多，播种后出苗数多。

三、发芽的概念和有关术语

1. 发芽（Germination）

在实验室内幼苗出现和生长达到一定阶段，幼苗的主要构造表明在田间的适宜条件下其能进一步生长成为正常的植株。

2. 发芽率（Percentage Germination）

在规定的条件和时间内长成的正常幼苗数占供检种子数的百分率。

3. 正常幼苗（Normal Seedling）

生长在良好土壤，适宜水分、温度和光照条件下，能够继续生长发育成为正常植株的幼苗。

4. 不正常幼苗（Abnormal Seedling）

生长在良好土壤，适宜水分、温度和光照条件下，不能继续生长发育成为正常植株的幼苗。

5. 复胚种子单位（Multigerm Seed Unit）

能够产生一株以上幼苗的种子单位，如伞形科未分离的分果、甜菜的种球等。

6. 未发芽的种子（Ungerminated Seed）

在规定的条件下，试验末期仍不能发芽的种子，包括硬实、新鲜不发芽种子、死种子（通常变软、变色、发霉并没有幼苗生长的迹象）和其他类型种子（如空的、无胚或虫蛀的种子）。

7. 硬实（Hard Seed）

指那些种皮不透水的种子，如某些棉花种子，豆科的苜蓿、紫云英种子等。

8. 新鲜不发芽种子（Fresh Ungerminated Seed）

由生理休眠所引起，试验期间保持清洁和一定硬度，有生长成正常幼苗潜力的种子。

9. 胚（Embryo）

在种子中的幼小植株个体，通常主要由胚根、胚轴、胚芽和子叶或盾片等组成。

10. 子叶（Cotyledon）

胚和幼苗的第一片叶或第一对叶。

11. 盾片（Scutellum）

在禾本科某些属中特有的变态子叶，是从胚乳中吸收养分输送到胚部的一种盾形构造。

12. 胚根（Radicle）

在子叶或盾片节下面胚轴尖端的部分，种子发芽时伸长，长出初生根或种子根。

13. 胚芽（Plumule）

在子叶节或盾片节上面胚轴的顶端部分，它是植株正常生长发育的分生组织。

14. 胚轴（Caulicle）

胚中连接胚芽和胚根的部分。

15. 芽鞘（Coleoptile）

有些单子叶植物（如禾本科）中，胚或幼苗中包裹着初生叶和顶端分生组织的管状保护构造。

16. 幼苗（Seedling）

从种子中的胚发育生长而成的幼龄植株。

17. 幼苗的主要构造（The Essential Seedling Structure）

因种而异，由根系、幼苗中轴（上胚轴、下胚轴或中胚轴）、顶芽、子叶和芽鞘等构造组成。

18. 初生根（Primary Root）

由胚根发育而来的幼苗主根。

19. 次生根（Secondary Root）

除初生根外的其他根。

20. 不定根（Adventitious Root）

除根部以外其他任何部位生长的根（如着生在茎上的根）。

21. 种子根（Seminal Root）

在禾谷类植物中，由初生根和胚中轴上长出的数条次生根所形成的幼苗根系。

22. 上胚轴（Epicoty）

子叶以上至第一片真叶或一对真叶以下的部分苗轴。

23. 中胚轴（Mesocotyl）

在禾本科一些高度分化的属中，盾片着生点至胚芽之间的部分苗轴。

24. 下胚轴（Hypocotyl）

初生根以上至子叶着生点以下的部分苗轴。

25. 中轴（Axis）

指幼苗的中心构造。双子叶植物包括顶芽、上胚轴、下胚轴和初生根；单子叶植物包括顶芽、中胚轴和初生根。

26. 初生叶（Primary Leaf）

在子叶后所出现的第一片叶或第一对叶。

27. 鳞叶（Scale Leaf）

通常紧缩在轴上（如石刁柏、豌豆属）的一种退化叶片。

28. 苗端（Shoot Apex）

幼苗茎顶端轴的主要生长点，通常由几片叶和顶芽组成。

29. 顶芽（Terminal Bud）

由数片分化程度不同的叶片所包裹着的幼苗顶端。

30. 残缺根（Stunted Root）

不管根的长度如何，缺少根尖或根尖有缺陷的根。

31. 粗短根（Stubby Root）

虽根尖完整，但根缩短呈棒状，是幼苗中毒症状所特有的根。

32. 停滞根（Retarded Root）

通常具有完整根尖，但异常短小而细弱，与幼苗的其他构造相比失去均衡。

33. 扭曲构造（Twisted Structure）

沿着幼苗伸长的主轴、下胚轴、芽鞘等幼苗构造发生扭曲状。包括轻度扭曲（Loosely Twisted）和严重扭曲（Tightly Twisted）。

34. 环状构造（Looped Structure）

改变了原来的直线形，下胚轴、芽鞘等幼苗构造完全形成环状或圆圈形。

35. 腐烂（Decay）

由于微生物的存在而引起的有机组织溃烂。

36. 变色（Discolouration）

颜色改变或褪色。

37. 向地性（Geotropism）

植物生长对重力的反应，包括向地下生长的正向地性（Positive Geotropism）生长和向上生长的负向地性（Negative Geotropism）生长。

38. 感染（Infection）

病原菌侵入活体（如幼苗主要构造）并蔓延，引起病症和腐烂，包括初生感染（Primary Infection）（种子本身携带病原菌）和次生感染（Secondary Infection）（其他种子或幼苗病菌蔓延而被感染）。

39. 50% 规则（50% Rule）

如果整个子叶组织或初生叶有一半或一半以上的面积具有功能，则这种幼苗可列为正常幼苗；如果一半以上的组织不具备功能，如发生缺失、坏死、变色或腐烂，则为不正常幼苗。当从子叶着生点到下胚轴有损伤和腐烂的迹象时，不能采用 50% 规则。在鉴定有缺陷的初生叶时可以应用 50% 规则，但初生叶形状正常，只是叶片面积较小时则不能应用 50% 规则。

第二节 / 发芽试验设备和用品

为了取得正确的发芽试验结果，必须选用各种先进和标准的发芽设备，包括发芽箱（Germinating Box）、发芽室（Germinating Room）、数种设备（Seed Counting Apparatus）、发芽床（Germination Medium）、发芽容器（Germination Container）以及其他用品和化学试剂等，以满足种子发芽的各种条件，保证测得正确的发芽力。

一、发芽箱和发芽室

发芽箱是提供种子发芽所需温度、湿度、水分、光照等条件，或者具有自动变温功能的设备。发芽箱可分为两类：一类是干型，只控制温度不控制湿度，其中又可分为恒温和变温两种；另一类是湿型，既控制温度又控制湿度。我国目前常用的发芽箱多数属于干型，如光照变温发芽箱。

对发芽箱的基本要求是保温良好，光照满足，通气良好，调节简便，控制准确，箱内不同部位温差小。在选用发芽箱时，应考虑以下因素：

①控温可靠、准确、稳定，箱内上、下各部位温度均匀一致；
②制冷制热能力强，变温转换要能在 1 h 内完成；
③光照强度至少达到 750 ～ 1 250 lx（勒克斯）；
④装配有风扇，通气良好；
⑤操作简便等。

发芽室可以认为是一种改进的大型发芽箱，其构造原理与发芽箱相似，只不过是容量扩大，在其四周置有发芽架。发芽室跟发芽箱一样，也有干型和湿型，干型发芽室放置的培养皿需加盖保湿。

1. 电热恒温发芽箱

电热恒温发芽箱是一类目前使用最普遍的发芽箱，包括电热恒温箱、电热恒温培养箱、电热恒温两用箱（即发芽和干燥两用箱）等。这类发芽箱主要由保温部分、加热部分和控温部分组成，这是所有发芽箱都须具备的基本结构。保温部分即为箱身，目前多由具有隔热材料的夹层金属皮构成；加热部分多为电热丝；温度控制部分目前多采用电接点水银导电表和继电器进行温度自动调控。此类发芽箱的使用十分方便，只要旋转磁性螺帽，将温度计中的温度指示块调节到发芽所需温度即可。

2. 变温发芽箱

目前我国已开发几种变温发芽箱，它们都有一个保温良好的箱身，箱的下部设有加热系统，箱的上部设有制冷系统，根据发芽技术要求，可以升温、降温或变温。箱身后部装有鼓风机，使箱温保持一致。箱内中间配有数层发芽网架，在箱的内壁装有日光灯，供给发芽的光照。其特点是采用微电脑可自动调节和控制所需变温和光照条件；可控制变温的时间和温度转换，即在高温（30 ℃）时段保持 8 h，低温（20 ℃）时段保持 16 h；高温和低温可根据发芽温度在开始时调节好，当不需用变温时，也可采用单路控制，以保持恒温。该箱控制温度范围为 5 ～ 50 ℃，是一种功能较为完备的发芽箱。

3. 光照发芽箱

光照发芽箱具有加温、供水和光照多种功能。我国生产的萌芽牌光照发芽箱，其基本结构与国际通用的耶可勃逊发芽装置相同，箱身为一个恒温水槽，其上配有玻璃盖用以保温保湿，在水槽中下部装有一套浸入式电力加热器，恒温控制由水银温度导电表和继电器来完成，水槽上面设有一块开有 32 个圆孔的金属板，每一孔上可放发芽器。

4. 人工气候箱

目前我国已设计和生产了几种类型的人工气候箱。这种气候箱装备有制冷、加热、加湿、光照和风扇等系统，采用微电脑控制技术，具有自动快速变温、变光和调湿功能，能完全满足各种作物种子发芽所需的条件，可按种子发芽技术规定任意设置，并具有自动时差纠正、超欠温报警和延迟启动保护等功能。这是一类较先进的种子发芽箱。

5. 发芽室

目前我国已在上海、山东、浙江、江西、甘肃等省市种子检验室或种子公司中装备了智能人工气候室。其每间面积 12 ～ 15 m^2，墙壁和天花板装上保温隔热材料，室内装有冷暖风机、除湿机、通风换气扇、臭氧发生器、紫外消毒灯等设备，并装备有自动加湿、控温、自动进水系统的种子发芽车。智能人工气候室采用微电脑控制技术，具有自动控温、变温、控光、变光、时间程序控制设备、自动时差纠正、超欠温报警、启动延时保护、过载过流、缺相断电保护等功能，并且室内也具有除湿通风、照明、臭氧和紫外清毒等功能，特别是室内配置的发芽车，采用独立的超声波加湿器，能按种子发芽的需要调节控制适宜的湿度，更适合纸巾卷和开口容器的发芽和幼苗培育。这是目前国内最先进的种子发芽室。

二、数种设备

为合理置床和提高工作效率，可以使用数种设备。常用的数种器有活动数种板、真空数种器和电子自动数粒仪等。必须注意的是，使用数种设备应确保置床的种子是随机选取的。

图 4-1　活动数种板

1. 活动数种板

活动数种板主要适用于大粒种子，如大豆、玉米、菜豆和脱绒棉子等种子的数种和置床。数种板由两块开孔薄板和框架构成，如图 4-1 所示。其中薄板开孔的孔径大小要适于欲数种子的种类，其孔径应能通过 1 粒最大的种子，而小于 2 粒最小种子直径之和，恰好每孔能通过 1 粒种子，确保数种数目的准确性。数种板的面积与发芽床大小相近。数种板一般上板能活动，下板固定。当上板和下板孔洞错开时，种子留在上板上；当拉动上板，把两板孔洞对齐时，则种子落下置床，十分方便。

操作时，先选择适合的数种板型号，左手平拿数种板，右手将足够多的种子倒在数种板上，稍加提动，使每孔落有种子，然后将数种板稍加倾斜，倒去多余种子，再核查一下，补缺除多。当每孔恰好有 1 粒种子时，移至发芽床上方，稍加移动上板，使上板孔与下板孔对齐，种子就落在发芽床的适当位置，达到数种和置床的目的。

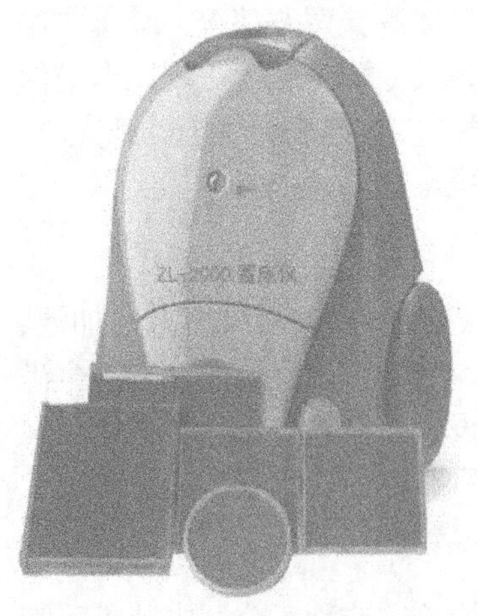

图 4-2　真空数种器

2. 真空数种器

真空数种器是世界各国种子实验室广泛应用的数种设备，通常由数种头、气流阀门、调压阀、真空泵和连接皮管等部分组成，如图 4-2 所示。数种头有圆形、方形和长方形，其数种头面积大小刚好与所用的培养皿或发芽盒的形状和大小相适应。其面板设有 100 或 50 个数种孔，孔径大小也与种子类型相适应。真空数种器主要适用于小、中粒种子，如水稻、小麦种子的数种和置床。

操作时，在未产生真空前，将种子均匀撒在数种头上，然后接通真空泵，倒去多余种子，并进行核对，使全部孔都放满种子，并使每个孔中只有 1 粒种子，然后将数种头倒转放在发芽床上，再解除真空，使种子按一定位置落在发芽床上。应避免将数种头直接嵌入种子，防止有选择地选取重量较轻的种子。

3. 电子自动数粒仪

电子自动数粒仪是目前种子数粒的有效工具，可用于千粒重测定、发芽计数和播种粒数等。一般电子自动数粒仪都由电磁振动螺旋送种器、光电计数电路、自动控制及电源供给等主要部分组成。SLY-A 电脑数粒仪如图 4-3 所示。其工作原理是：将欲数的种子倒入电磁振动螺旋送种器内，开启电源后由 6 V 稳压电源供电的光电系统的光源透过小孔而照射到光导管上，此时光导管呈低电阻。当启动电磁振动螺旋送种器后，种子便沿着螺旋转道运动，最后依次通过送种嘴落入光电系统的下种通道（光导管），掉入盛接容器内。在其下落过程中，每一粒种子都在光导管上产生一个投影，使光导管立即在此瞬间呈高电阻，于是在光电计数电路上形成一个电脉冲，经放大和整形后去触发计数电路，自动计数通过的种子粒数。当数至预定粒数后，自动控制电路动作切断电磁振动送种器电源，使其停止送种，并发出相应的指示信号鸣叫声，这样便完成了一次自动数粒工作，并显示出种子粒数。

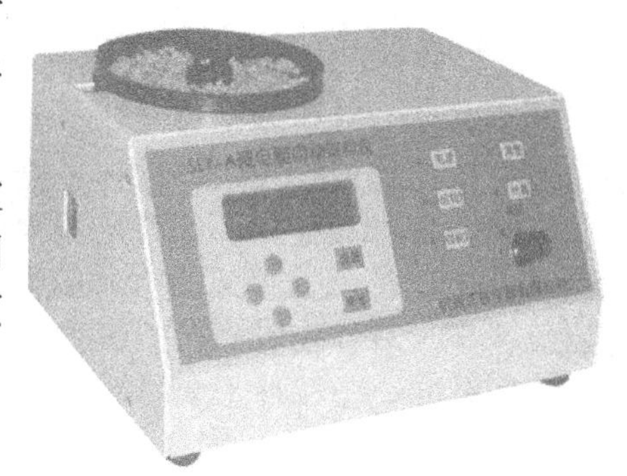

图 4-3　SLY-A 电脑数粒仪

不同的数粒仪，其使用方法有些差别。

SLY-A 型数粒仪的使用方法如下。

① 接通 220 V 交流电源，打开电源开关，电源指示灯即亮，荧光屏数码管显示为“0000”。如不在“0000”时，按“清零”按钮使之为“0000”。

② 根据数粒需要，将“数粒选择”拨至所需粒数。如拨“1 000”或“100”。

③ 按所数种子大小规格，选择对应的送种盘，并将送种盘嘴对准规定的通道口（中、小），再将“颗粒选择”开关拨至对应位置，将盛接器对准相应的出口处。

④ 将欲数种子样品倒入送种盘内，打开“振荡”开关，种子开始在送种盘中旋转，沿轨道运行，每粒种子都通过光导管并计数，在荧光屏上显示出来。根据种子运行速度，及时调整好振荡调节旋钮，使数粒速度适中：种子下落速度太快，影响数粒的正确度；种子运行速度太慢，又会影响数粒的效率。因此，最好在数粒之前先将种子运行速度调好。当数粒至预置粒数后，电磁振荡送种器自动停止送种，蜂鸣器发出讯响，即可取出盛接器中的种子。若设有延时装置，30 min 后又自动开机数粒。

⑤ 在下一次数粒时，只要按一下“清零”按钮，即可继续数第二份。

⑥ 当需数另一种种子时，先松开送种紧固螺母，单独拿出送种盘，然后更换送种盘型号并快速清理。

使用电子自动数粒仪应注意以下两点。①数粒样品。因为混入种子样品的其他杂质也会在光导管中形成投影而计数，因此数粒样品应粒粒皆种子，除去杂质。②控制或调节好数种盘的轨道宽度。因为按照正确的数粒要求种子排成一行，依次落下，落下 1 粒会产生一个投影，计数 1 粒。如轨道宽度大，2 粒或 2 粒以上种子并行，如下落时，重力加速度不能将它们分开，那几粒种子同时下落，在光导管上只产生一个投影，错误记数为 1 粒种子，那么会出现数粒不准的错误。

三、发芽床和发芽容器

（一）发芽床

发芽床是供发芽测定的容器，由供给种子发芽水分和支撑幼苗生长的介质和盛放介质的发芽器皿构成。《农作物种子检验规程》规定的发芽床主要有纸床、沙床以及土壤发芽床等。各种发芽床都应满足保水性好、通气性良、无毒质、无病菌和具有一定强度的基本要求。湿润发芽床的水质应纯净、无毒无害，pH 值为 6.0 ～ 7.5。各种作物适宜的发芽床在《农作物种子检验规程》中作了规定：通常小粒种子选用纸床；大粒种子选用沙床或纸间；中粒种子选用纸床、沙床均可。

1. 纸床

（1）纸床的要求

纸是种子发芽试验中应用最多的一类发芽床。供发芽床用的纸有专用发芽纸、滤纸和褶折纸等。一般来说，纸床应满足以下要求。

① 吸水良好。吸水良好的纸，吸水要快（可将纸条下端浸入水中，2 min 内水上升 30 mm 或以上的纸为好），而且持水力也要大。发芽试验期间应具有足够的保水能力，以保证对种子不断供应水分。

② 无毒质。纸张必须无酸碱、染料、油墨及其他对发芽有害的化学物质。纸张的 pH 值应在 6.0 ～ 7.5 的范围内。检查纸张有无毒质的方法是：利用梯牧草、红顶草、弯叶画眉草、紫羊茅和独行菜等种子发芽时对纸中有毒物质敏感的特性，将品质不明和品质合格的纸进行发芽比较试验，依据幼苗根的生长情况进行鉴定。在规定的第一次计数时应提前观察根部症状，若根缩短（有时出现根尖变色，根从纸上翘起，根毛成束）或（禾本科）幼苗的芽鞘扁平缩短等症状，则表示该纸含有有毒物质，不宜用作发芽床。

③ 无病菌。因为纸上带有真菌或细菌会导致发芽试验因病菌滋长而影响种子发芽，因此，所用纸张必须清洁干净，无病菌污染。

④ 纸质韧性好。纸张应具有多孔性和通气性，并具有一定强度，以免吸水时糊化和破碎，并保证在操作时不会撕破和发芽时种子幼根不致穿入纸内，以便对幼根的正常生长作出正确的鉴定。

（2）纸床的种类和用法

①纸上（简称 TP）。纸上是指种子放在一层或多层纸上发芽，可采用下列 3 种方法：（a）在培养皿里垫上两层发芽纸，充分吸湿，沥去多余水分，种子直接置放在湿润的发芽纸上，用培养皿盖盖好或用塑料袋罩好，放在发芽箱或发芽室内进行发芽试验；（b）数种置床于湿润的发芽纸上，并将其直接放在湿型发芽箱的盘上，发芽箱内的相对湿度尽可能接近饱和；（c）放在雅可勃逊发芽器上，这种发芽器配有放置发芽纸的发芽盘。

②纸间（简称 BP）。纸间是指种子放在两层纸中间发芽，可采用下列 2 种方法：（a）在培养皿里把种子均匀地置放在湿润的发芽纸上，另外用一层发芽纸松松地盖在种子上；（b）采用纸卷，把种子均匀地置放在湿润的发芽纸上，再用一张同样大小的发芽纸覆盖在种子上，底部折起 2 cm，然后卷成纸卷，两端用橡皮筋扎住，竖放在培养皿或塑料筒里，套上透明塑料袋保湿，放在规定条件下发芽。有些种子可用短纸卷，直接放在塑料袋内包好放在发芽箱内发芽。

③ 褶裥纸（简称 PP）。把种子放在类似手风琴的具有 50 个褶裥的纸条内，通常每个褶裥放 2 粒种子，或者具有 10 个褶裥，每褶裥放 5 粒种子。将褶裥纸条放在盒内或直接放在

湿型发芽箱内，并可用一张纸条盖在褶裥纸上面。《农作物种子检验规程》规定使用 TP 或 BP 进行发芽的，可用这种方法代替。

2. 沙床

（1）沙床的要求

沙床应取用无任何化学药物污染的细沙或清水沙为材料，沙粒大小均匀，其直径为 0.05 ～ 0.80 mm，无毒无菌无种子，持水力强，pH 值为 6.0 ～ 7.5。使用前必须进行洗涤和高温消毒。化学药品处理过的种子样品发芽所用的沙子，不再重复使用。在使用前还须作如下处理。①洗涤。拣去较大的石子和杂物后用清水洗涤矿床，以除去污染和有毒物质。②消毒。将洗过的湿沙放在铁盘内摊薄，在高温（约 130 ℃）下烘干约 2 h，以杀死病菌和沙内的其他种子。③过筛。取孔径为 0.8 mm 和 0.05 mm 的圆孔筛 2 个，将烘干的沙子过筛，取出二层筛之间的沙粒，即直径为 0.05 ～ 0.8 mm 的沙粒作为发芽床。这种大小的沙粒既具有足够的持水力，又能保持一定的孔隙，有利于发芽床的通气。如上文所述，沙的 pH 值应在 6.0 ～ 7.5 范围内。为了检查沙床是否含有毒质，也可采用纸床毒质检查方法进行测定。

（2）沙床的种类和用法

沙床的具体使用方法包括沙上和沙中。使用时，先将沙加水拌匀，调配至 60% ～ 80% 的含水量（一般以手握成团、一触即散为宜）。

① 沙上（简称 TS）。适用于小、中粒种子。将拌好的湿沙装入培养盒中至 2 ～ 3 cm 厚，再将种子压入沙表层，即沙上发芽。

② 沙中（简称 S）。适用于中、大粒种子。将拌好的湿沙装入培养盒中至 2 ～ 4 cm 厚，整平，播上种子，覆盖 1 ～ 2 cm 厚度（厚度取决于种子的大小）的松散湿沙，以防种子翘根。

当由于纸床污染，对已有病菌的种子样品鉴定困难时，可用沙床替代纸床。有时为了研究目的和证实有疑问的幼苗鉴定，也可采用沙床。

3. 土壤床

土壤作为发芽床，其土质必须良好不结块，并无大的颗粒，如果土质黏重应加入适量的沙。土壤中应基本上不含混入的种子、细菌、真菌、线虫或有毒物质。使用前应进行高温消毒。使用时应先调节到适宜水分，然后再播种，并覆上疏松土层。

除了《农作物种子检验规程》规定使用土壤床外，当纸床或沙床上的幼苗出现中毒症状，对幼苗鉴定发生怀疑时，或为了比较或研究目的时，也可采用土壤床。

（二）发芽容器

发芽试验中，发芽床还需用一定的容器安放。容器要求容易清洗和消毒，一般需配有盖。如玻璃培养皿、发芽皿、发芽盘等。根据 GB/T 3543.4—1995《农作物种子检验规程　发芽试验》的要求，发芽试验种子应置床培养至幼苗主要构造能清楚鉴定的阶段，以便鉴定正常幼苗和不正常幼苗，因此，要求发芽容器透明、保湿、无毒，具有一定的种子发芽和发育的空间，确保一定的氧气供应，并且使用前要清洗和消毒。根据上述要求，我国已引进并研制成系列透明塑料发芽盒，可适用各类不同大小种子发芽需要。其中方形透明塑料盒（12 cm×12 cm×5 cm）适用于纸床，以进行小粒和中粒 100 粒重复的发芽试验；另一种长方形透明塑料盒（18 cm×12 cm×9 cm）适用于沙床，以进行大粒种子 50 粒重复的发芽试验。其他几种组合发芽盒同样适用于各种种子的发芽，并配有高盖，可满足 10 ～ 16 cm 高幼苗的培养要求。

四、其他用品和化学试剂

其他用品如喷水器，用于发芽试验中喷水加湿。化学试剂如硝酸（HNO_3）、硝酸钾（KNO_3）、赤霉酸（GA_3）、双氧水（H_2O_2）等，用于破除种子休眠处理以及作为杀菌剂用于易发霉种子样品的消毒杀菌。

第三节 / 发芽条件及其调控

种子发芽需要有水分、温度、氧气和光照等条件。不同作物由于起源和进化的生态环境不同，其发芽所需条件也有所差异。根据种子发芽的生理特性，控制不同作物的种子最适宜的发芽条件，对促进种子发芽和幼苗良好生长发育，从而获得准确可靠的发芽试验的结果是非常重要的。

一、水分

水分是种子发芽的关键性因素。种子必须吸取足够的水分才能使内部的酶或植物激素活化，促进贮藏物质的转化，加强呼吸作用，增加能量供给，促进细胞的生长，从而促进种子的萌发。

不同作物的种子对水分的需求有差异。有些种子，如烟草、西瓜、大豆、大麦、棉花、菠菜等种子对水分较敏感，水分一多，则发芽差，甚至不发芽。而水稻、玉米等种子对水分不太敏感。

需要根据发芽床和种子特性决定发芽床的加水量。如纸床，吸足水分后，沥去多余水即可；沙床加水量为其饱和含水量的 60% ～ 80%（禾谷类等中小粒种子为 60%，豆类等大粒种子为 80%）；用土壤作发芽床，加水至手握土黏成团，手指轻轻一压就碎为宜。

发芽期间发芽床必须始终保持湿润，并注意保持试验各重复次数间的水分和湿度的一致性。

二、温度

各种作物种子发芽通常有最低、最适合和最高 3 种温度。温度过低使种子生理作用延缓；温度过高会使种子生理活动受到抑制而影响发芽，产生畸形苗。只有在最适宜温度下，种子才能正常、良好地发芽。

农作物种子发芽应按表 4-1 规定的温度进行，发芽器、发芽箱、发芽室的温度在发芽期间应尽可能一致。表 4-1 规定的温度为最高限度，有光照时，应注意不应超过此限度。

仪器的温度变幅不应超过 ±1 ℃。变温的目的是模拟种子发芽的自然环境，一般来说，变温有利于种子渗入氧气，促进酶活化，加速发芽。新收获的休眠种子对发芽温度要求特别严格，必须选用表 4-1 中几种恒温中的较低温度或变温。如洋葱种子发芽温度有 20 ℃、15 ℃，则应选用 15 ℃发芽；又如西瓜种子，规定温度有 20 ～ 30 ℃、30 ℃、25 ℃，则应选用 20 ～ 30 ℃或 25 ℃恒温。陈种子也以选用其中的变温或较低恒温发芽为好。

当规定用变温时，通常应保持低温 16 h 及高温 8 h。对非休眠种子，可以在 3 h 内完成变温。如果是休眠种子，应在 1 h 或更短时间内完成急剧变温或将试验移至另一个设定低温的发芽箱内。

表 4-1　农作物种子的发芽技术规定

种（变种）名	学名	发芽床	温度 /℃	初次计数天数 /d	末次计数天数 /d	附加说明，包括破除休眠的建议
1. 洋葱	*Allium cepa* L.	TP；BP；S	20；15	6	12	预先冷冻
2. 葱	*Allium fistulosum* L.	TP；BP；S	20；15	6	12	预先冷冻
3. 韭葱	*Alium porrum* L.	TP；BP；S	20；15	6	14	预先冷冻
4. 细香葱	*Allium schoenoprasum* L.	TP；BP；S	20；15	6	14	预先冷冻
5. 韭菜	*Allium tuberosum* Rottl. ex Spreng.	TP	20～30；20	6	14	预先冷冻
6. 苋菜	*Amaranthus tricolor* L.	TP	20～30；20	4～5	14	预先冷冻；KNO_3
7. 芹菜	*Apium graveolens* L.	TP	15～25；20；15	10	21	预先冷冻
8. 根芹菜	*Apium graveolens* L.var. *rapaceum* DC	TP	15～25；20；15	10	21	预先冷冻
9. 花生	*Arachis hypogaea* L.	BP；S	20～30；25	5	10	去壳；预先加温（40 ℃）
10. 牛蒡	*Arctium lappa* L.	TP；BP	20～30；20	14	35	预先冷冻；四唑染色
11. 石刁柏	*Asparagus officinalis* L.	TP；BP；S	20～30；25	10	28	
12. 紫云英	*Astragalus sinicus* L.	TP；BP	20	6	12	机械去皮
13. 裸燕麦（莜麦）	*Avena nuda* L.	BP；S	20	5	10	
14. 普通燕麦	*Avena satiiva* L.	BP；S	20	5	10	预先加温（30～35 ℃）；预先冷冻；GA_3
15. 落葵	*Basella spp*. L.	TP；BP	30	10	28	预先洗涤；机械去皮
16. 冬瓜	*Benincasa hispida* (Thub.) Cogn.	TP；BP	20～30；30	7	14	
17. 节瓜	*Benincasa hispida* Cogn. Var. *chieh-qua* How.	TP；BP	20～30；30	7	14	
18. 甜菜	*Beta vulgaris* L.	TP；BP；S	20～30；15～25；20	4	14	预先洗涤（复胚 2 h，单胚 4 h），再在 25 ℃下干燥后发芽
19. 叶甜菜	*Beta vulgaris* var.*cicla* L.	TP；BP；S	20～30；15～25；20	4	14	
20. 根甜菜	*Beta vulgaris* var.*rapacea* Koch	TP；BP；S	20～30；15～25；20	4	14	
21. 白菜型油菜	*Brassica campestris* L.	TP	15～25；20	5	7	预先冷冻
22. 不结球白菜（包括白菜、乌塌菜、紫菜薹、薹菜、菜薹）	*Brassica campestris* L.*ssp. chinensis* (L.) Makino.	TP	15～25；20	5	7	预先冷冻
23. 芥菜型油菜	*Brassica juncea* Czern.et Coss.	TP	15～25；20	5	7	预先冷冻；KNO_3
24. 根用芥菜	*Brassica juncea* Coss.var. megarrhiza Tsen et Lee	TP	15～25；20	5	7	预先冷冻；GA_3
25. 叶用芥菜	*Brassica juncea* Coss.var. *foliosa* Bailey	TP	15～25；20	5	7	预先冷冻；GA_3；KNO_3
26. 茎用芥菜	*Brassica juncea* Coss.var. *tsatsai* Mao	TP	15～25；20	5	7	预先冷冻；GA_3；KNO_3
27. 甘蓝型油菜	*Brassica napus* L.ssp. pekinensis (Lour.) Olsson	TP	15～25;20	5	7	预先冷冻
28. 芥蓝	*Brassica oleracea* L. var. *alboglabra* Bailey	TP	15～25；20	5	7	预先冷冻；KNO_3

（续表）

种（变种）名	学名	发芽床	温度 /℃	初次计数天数 /d	末次计数天数 /d	附加说明，包括破除休眠的建议
29. 结球甘蓝	*Brassica oleracea* L. var. *capitata* L.	TP	15～25；20	5	10	预先冷冻；KNO_3
30. 球茎甘蓝（苤蓝）	*Brassica oleracea* L. var. *caulorapa* DC.	TP	15～25；20	5	10	预先冷冻；KNO_3
31. 花椰菜	*Brassica oleracea* L. var. *botrytis* L.	TP	15～25；20	5	10	预先冷冻；KNO_3
32. 抱子甘蓝	*Brassica oleracea* L. var. *gemmifera* Zenk.	TP	15～25；20	5	10	预先冷冻；KNO_3
33. 青花菜	*Brassica oleracea* L.var. *italica* Plench	TP	15～25；20	5	10	预先冷冻；KNO_3
34. 结球白菜	*Brassica campestris* L. ssp. *pekinensis* (Lour.) Olsson	TP	15～25；20	5	7	预先冷冻；GA_3
35. 芜菁	*Brassica rapa* L.	TP	15～25；20	5	7	预先冷冻
36. 芜菁甘蓝	*Brassica napobrassica* Mill.	TP	15～25；20	5	14	预先冷冻；KNO_3
37. 木豆	*Cajanus cajan* (L.) Millsp.	BP；S	20～30；25	4	10	
38. 大刀豆	*Canavalia gladiata* (Jacq.) DC	BP；S	20	5	8	
39. 大麻	*Cannabis sativa* L.	TP；BP	20～30；20	3	7	
40. 辣椒	*Capsicum frutescens* L.	TP；BP；S	20～30；30	7	14	KNO_3
41. 甜椒	*Capsicum frutescens* var. *grossum*	TP；BP；S	20～30；30	7	14	KNO_3
42. 红花	*Carthamus tinctorius* L.	TP；BP；S	20～30；25	4	14	
43. 茼蒿	*Chrysanthemum coronarium* var. *spatisum*	TP；BP	20～30；15	4～7	21	预先加温（40 ℃，4～6 h）；预先冷冻；光照
44. 西瓜	*Citrullus lanatus* (Thunb.) Matsum. et Nakai	BP；S	20～30；30；25	5	14	
45. 薏苡	*Coix lacryna-jobi* L.	BP	20～30	7～10	21	
46. 圆果黄麻	*Corchorus capsularis* L.	TP；BP	30	3	5	
47. 长果黄麻	*Corchorus olitorius* L.	TP；BP	30	3	5	
48. 芫荽	*Coriandrum sativum* L.	TP；BP	20～30；20	7	21	
49. 柽麻	*Crotalaria juncea* L.	BP；S	20～30	4	10	
50. 甜瓜	*Cucumis melo* L.	BP；S	20～30；25	4	8	
51. 越瓜	*Cucumis melo* L.var. *conomon* Makino	BP；S	20～30；25	4	8	
52. 菜瓜	*Cucumis melo* L.var. *flexuosus* Naud.	BP；S	20～30；25	4	8	
53. 黄瓜	*Cucumis sativus* L.	TP；BP；S	20～30；25	4	8	
54. 笋瓜（印度南瓜）	*Cucurbita maxima* Duch. ex Lam	BP；S	20～30；25	4	8	
55. 南瓜（中国南瓜）	*Cucurbita moschata* (Duchesne) Duchesne ex Poiret	BP；S	20～30；25	4	8	
56. 西葫芦（美洲南瓜）	*Cucurbita pepo* L.	BP；S	20～30；25	4	8	
57. 瓜尔豆	*Cyamopsis tetragonoloba* (L.) Taubert	BP	20～30	5	14	
58. 胡萝卜	*Daucus carota* L.	TP；BP	20～30；20	7	14	

（续表）

种（变种）名	学名	发芽床	温度 /℃	初次计数天数 /d	末次计数天数 /d	附加说明，包括破除休眠的建议
59. 扁豆	*Dolichos lablab* L.	BP；S	20～30；20；25	4	10	
60. 龙爪稷	*Eleusine coracana* (L.) Gaertn.	TP	20～30	4	8	KNO_3
61. 甜荞	*Fagopyrum esculentum* Moench	TP；BP	20～30；20	4	7	
62. 苦荞	*Fagopyrum tataricum* (L.) Gaertn.	TP；BP	20～30；20	4	7	
63. 茴香	*Foeniculum vulgare* Miller	TP；BP；TS	20～30；20	7	14	
64. 大豆	*Glycine max* (L.) Merr.	BP；S	20～30；20	5	8	
65. 棉花	*Gossypium* spp.	BP；S	20～30；30；25	4	12	
66. 向日葵	*Helianthus annuus* L.	BP；S	20～30；25；20	4	10	预先冷冻；预先加温
67. 红麻	*Hibiscus cannabinus* L.	BP；S	20～30；25	4	8	
68. 黄秋葵	*Hibiscus esculentus* L.	TP；BP；S	20～30	4	21	
69. 大麦	*Hordeum vulgare* L.	BP；S	20	4	7	预先加温(30～35 ℃)；预先冷冻；GA_3
70. 蕹菜	*Ipomoea aquatica* Forsskal	BP；S	30	4	10	
71. 莴苣	*Lactuca sativa* L.	TP；BP	20	4	7	
72. 瓠瓜	*Lagenaria siceraria* (Molina) Standley	BP；S	20～30	4	14	
73. 兵豆（小扁豆）	*Lens culinars* Medikus	BP；S	20	5	10	预先冷冻
74. 亚麻	*Linum usitatissimum* L.	TP；BP	20～30；20	3	7	预先冷冻
75. 棱角丝瓜	*Luffa acutangula* (L.) Roxb.	BP；S	30	4	14	
76. 普通丝瓜	*Luffa cylindrica* (L.) Roem.	BP；S	20～30；30	4	14	
77. 番茄	*Lycopersicon lycopersicum* (L.) Karsten	TP；BP；S	20～30；25	5	14	KNO_3
78. 金花菜	*Medicago polymorpha* L.	TP；BP	20	4	14	
79. 紫花苜蓿	*Medicago sativa* L.	TP；BP	20	4	10	预先冷冻
80. 白香草木樨	*Melilotus albus* Desr.	TP；BP	20	4	7	预先冷冻
81. 黄香草木樨	*Melilotus officinalis* (L.) Pallas	TP；BP	20	4	7	预先冷冻
82. 苦瓜	*Momordica charantia* L.	BP；S	20～30；30	4	14	
83. 豆瓣菜	*Nasturtium officinale* R. Br.	TP；BP	20～30	4	14	
84. 烟草	*Nicotiana tabacum* L.	TP	20～30	7	16	KNO_3
85. 罗勒	*Ocimum basilicum* L.	TP；BP	20～30；20	4	14	KNO_3
86. 稻	*Oryza sativa* L.	TP；BP；S	20～30；30	5	14	预先加温（50 ℃）；在水中或 HNO_3 中浸渍 24 h
87. 豆薯	*Pachyrhizus erous* (L.) Urban	BP；S	20～30；30	7	14	
88. 黍（糜子）	*Panicum muliaceum* L.	TP；BP	20～30；25	3	7	
89. 美洲防风	*Pastinaca sativa* L.	TP；BP	20～30	6	28	
90. 香芹	*Petroselinum crispum* (Miller) Nyman ex A.W.Hill	TP；BP	20～30	10	28	
91. 多花菜豆	*Phaseolus multiflorus* Willd.	BP；S	20～30；20	5	9	
92. 利马豆（莱豆）	*Phaseolus lunatus* L.	BP；S	20～30；25；20	5	9	

（续表）

种（变种）名	学名	发芽床	温度 /℃	初次计数天数 /d	末次计数天数 /d	附加说明，包括破除休眠的建议
93. 菜豆	*Phaseolus vulgaris* L.	BP；S	20～30；25；20	5	9	
94. 酸浆	*Physalis pubescens* L.	TP	20～30	7	28	KNO_3
95. 茴芹	*Pimpinella anisum* L.	TP；BP	20～30	7	21	
96. 豌豆	*Pisum sativum* L.	BP；S	20	5	8	
97. 马齿苋	*Portulaca oleracea* L.	TP；BP	20～30	5	14	预先冷冻
98. 四棱豆	*Psophocar pus tetragonolobus* (L.) DC.	BP；S	20～30；30	4	14	
99. 萝卜	*Raphanus sativus* L.	TP；BP；S	20～30；20	4	10	预先冷冻
100. 食用大黄	*Rheum rhaponticum* L.	TP；	20～30	7	21	
101. 蓖麻	*Ricinus communis* L.	BP；S	20～30	7	14	
102. 鸦葱	*Scorzonera his panica* L.	TP；BP；S	20～30；20	4	8	预先冷冻
103. 黑麦	*Secale cereale* L.	TP；BP；S	20	4	7	预先冷冻；GA_3
104. 佛手瓜	*Sechium edule* (Jacp.) Swartz	BP；S	20～30；20	5	10	
105. 芝麻	*Sesamum indicum* L.	TP	20～30	3	6	
106. 田菁	*Sesbania cannabina* (Retz.) Pers.	TP；BP	20～30；25	5	7	
107. 粟	*Setaria italica* (L.) Beauv.	TP;BP	20～30	4	10	
108. 茄子	*Solanum melongena* L.	TP；BP；S	20～30；30	7	14	
109. 高粱	*Sorghum bicolor* (L.) Moench	TP；BP	20～30；25	4	10	预先冷冻
110. 菠菜	*Spinacia oleracea* L.	TP；BP	15；10	7	21	预先冷冻
111. 黎豆	*Stizolobium* ssp.	BP；S	20～30；20	5	7	
112. 番杏	*Tetragonia tetragonioides* (Pallas) Kuntze	BP；S	20～30；20	7	35	除去果肉；预先洗涤
113. 婆罗门参	*Tragopogon porrifolius* L.	TP；BP	20	5	10	预先冷冻
114. 小黑麦	*X. Triticosecale* Wittm.	TP；BP；S	20	4	8	预先冷冻；GA_3
115. 小麦	*Triticum aestivum* L.	TP；BP；S	20	4	8	预先加温（30～35 ℃）；预先冷冻；GA_3
116. 蚕豆	*Vicia faba* L.	BP；S	20	4	14	预先冷冻
117. 箭舌豌豆	*Vicia sativa* L.	BP；S	20	5	14	预先冷冻
118. 毛叶苕子	*Vicia villosa* Roth	BP；S	20	5	14	预先冷冻
119. 赤豆	*Vigna angularis* (Willd) Ohwi & Ohashi	BP；S	20～30	4	10	
120. 绿豆	*Vigna radiata* (L.) Wilczek	BP；S	20～30；25	5	7	
121. 饭豆	*Vigna umbellata* (Thunb.) Ohwi & Ohashi	BP；S	20～30；25	5	7	
122. 长豇豆	*VignaunguiculataW.*ssp. *sesquipedalis* (L.) Verd.	BP；S	20～30；25	5	8	
123. 矮豇豆	*Vigna unguiculata* W.ssp. *unguiculata* (L.) Verd.	BP；S	20～30；25	5	8	
124. 玉米	*Zea mays* L.	BP；S	20～30；25；20	4	7	

注：表中符号代表：TP——纸上，BP——纸间，S——沙，TS——沙上。

三、氧气

氧气是种子发芽不可缺少的条件。种子吸水后，各种酶开始活化，需要进行有氧呼吸，促进生化代谢、物质转化，保证幼苗生长的能量供应。只有得到氧气的正常供应，种子才能正常发芽生长。

不同种类的作物种子对氧气的需要量和敏感性是有差异的。一般来说，旱生的大粒种子，如大豆、玉米、棉花、花生等种子对氧气的需求较多；而水生的小、中粒种子则对氧气的需求较少。幼苗的不同构造对氧气的需要量和敏感性也是有差异的。种子发芽时，胚根伸长对氧气需求比胚芽伸长更为敏感。如果发芽床上水分多、氧气少，则长芽；反之，水少氧多则宜于长根。

发芽时应使种子周围有足够的空气，注意通气，尤其是在纸卷和沙床中应注意：纸卷须相当疏松；用沙床和土壤试验时，覆盖种子的沙或土壤不要紧压。

发芽床上的水分和氧气是一对矛盾。应注意水分和通气的协调：防止水分过多，在种子周围形成水膜，阻隔氧气进入种胚而影响发芽；防止水分过少，导致幼苗的不均衡生长。所以，既要保持发芽床湿润，又要保持足够的氧气，发芽盒要经常开盖通气。

四、光照

按种子发芽时对光的反应不同可分为三类。

① 需光型种子。发芽时必须有红光或白炽光，促使光敏色素转变为活化型，如茼蒿等。特别是这类新收获的休眠种子发芽时，必须给予光照。

② 需暗型种子。这类种子必须在黑暗条件下其光敏色素才能达到萌发水平，如黑种草种子。

③ 对光不敏感型种子。在光照或黑暗条件下均能良好发芽，这类种子包括大多数大田作物和蔬菜种子。

表 4-1 中大多数种的种子可在光照或黑暗条件下发芽，但一般采用光照。即便是需暗型种子，也只是发芽初期必须黑暗，随着茎叶系统的形成，为其进一步生长发育提供能量和养分的光合作用也需要光。光照条件下培养发芽，利于抑制发芽过程中霉菌的生长繁殖，并有利于正常幼苗的鉴定，区分黄化和白化不正常幼苗。

需光型种子的光照强度为 750 ～ 1 250 lx（勒克斯），如在变温条件下发芽，光照应在 8 h 高温下进行。

第四节 / 发芽试验程序

一、选用发芽床和调节适合湿度

按表 4-1 农作物种子的发芽技术规定，选用其中最适宜的发芽床。每一作物种通常列出 2 ～ 3 种发芽床，如水稻。表 4-1 中规定了纸上（TP）、纸间（BP）和沙床（S）3 种发芽床。一般来说，小、中粒种子可用纸上（TP）发芽床；中粒种子可用纸间（纸卷，BP）发芽床；大粒种子或对水分敏感的小、中粒种子宜用沙床（S）发芽。一般非休眠种子可用纸上（TP）或纸间（BP）发芽床，但活力较低的种子，以用沙床（S）作发芽床的效果为好。

在选好发芽床后，按不同种类种子和发芽床的特性，调节到其适合湿度。

二、置床前破除休眠处理

按表 4-1 第 7 栏破除休眠的建议，用其破除休眠方法处理有休眠的种子。如花生果应先剥壳，预先加温处理；稻属种子经预先加温或硝酸浸种等处理，然后数种置床发芽。

三、数取试样、置床及贴放标签

1. 试样的来源和数量

除委托检验外，试验样品的来源必须是净种子，从充分混合的净种子中，用数种设备或手工随机数取，一般数量是 400 粒。净种子可以从净度分析后的净种子中随机数取，也可以从送验样品中直接随机数取。

一般小、中粒种子（如油菜、结球白菜、小麦、水稻等）以 100 粒为一重复，试验为 4 次重复；大粒种子（如玉米、大豆、棉花等）以 50 粒为一副重复，试验为 8 个副重复；特大粒的种子（如花生和蚕豆等）可以以 25 粒为一副重复，试验为 16 个副重复。

复胚种子单位可视为单粒种子进行试验，不需弄破（分开），但芫荽例外。

2. 置床的要求和方法

置床的要求是将数取的种子均匀地排在湿润的发芽床上，每粒种子之间应留有足够的间距，以种子直径的 1 ～ 5 倍为宜，以防止发霉种子的互相感染和保持足够的生长空间。每粒种子应良好地接触水分，使发芽条件一致。

置床方法最好采用适合的活动数种板和真空数种器，以提高功效和满足发芽要求。

3. 贴放标签

在发芽皿或其他容器底盘的侧面贴上或内侧放上标签，注明样品编号、品种名称、重复序号和置床日期等，然后盖好容器盖子或套一薄膜塑料袋。

四、置床后破除休眠处理

按表 4-1 第 7 栏说明，有些种类种子，如葱属、芸薹属等，应进行预先冷冻处理，然后移置规定条件发芽皿培养。

五、发芽培养和管理检查

1. 在规定条件下培养

按表 4-1 规定的发芽条件，选择适宜的温度，如洋葱为 20 ℃、15 ℃；芹菜为 15 ～ 25 ℃、20 ℃、15 ℃；稻属为 20 ～ 30 ℃、30 ℃等，虽然几种温度同样有效，但一般来说，新鲜的有休眠种子选用其中的变温或较低恒温发芽较为有利。

关于光照条件，对需光型种子如茼蒿种子发芽时必须光照促进发芽。除需暗型种子在发芽初期需放置黑暗条件下培养，其他种子发芽时，只要条件允许，最好在光照下培养。国际种子检验规程明确指出，对大多数种子，最好加光培养，有利于抑制发芽过程中霉菌的生长繁殖，并有利于正常幼苗鉴定，区分黄化和白化的不正常幼苗。

2. 检查管理

在种子发芽期间，要经常检查温度、水分和通气状况，以保持适宜的发芽条件。发芽床应始终保持湿润，切忌断水，也不能水分过多或过少。温度应保持在所需温度的±1 ℃范围内，防止因控温部件失灵、断电、电器损坏等意外事故造成的温度失控。如发现霉菌滋生，应及时取出并洗涤去霉。当发霉种子超过5%时，应更换发芽床，以免霉菌传播。如发现腐烂死亡种子，则应将其除去并记录。注意氧气的供应情况，避免因缺氧而使正常发芽受影响。

六、试验持续时间与幼苗鉴定和观察记数

1. 试验持续时间

每个种的试验持续时间详见表4-1。试验前或试验间用于破除休眠处理所需时间不作为发芽试验时间的一部分。如果样品在规定试验时间内只有几粒种子开始发芽，则试验时间可延长7 d，或延长规定时间的一半。根据试验情况，可增加计数的次数。反之，如果在规定试验时间结束前，样品已达到最高发芽率，则该试验可提前结束。

2. 幼苗鉴定和观察计数

每株幼苗都必须按幼苗鉴定的标准进行鉴定，鉴定要在主要构造已发育到一定时期进行。根据种的不同，试验中绝大部分幼苗应达到子叶从种皮中伸出（如莴苣属）、初生叶展开（如菜豆属）、叶片从胚芽鞘中伸出（如小麦属）。尽管一些种如胡萝卜属在试验末期，并非所有幼苗的子叶都从种皮中伸出，但至少在末次计数时，可以清楚地看到子叶基部的“颈”。

在初次计数时，把发育良好的正常幼苗从发芽床中拣出，对可疑的、损伤的、畸形的或不均衡的幼苗，通常留到末次计数。严重腐烂的幼苗或发霉的种子应从发芽床中除去，并随时增加计数。

末次计数时，按正常幼苗、不正常幼苗、新鲜不发芽种子、硬实和死种子分类计数和记录。

复胚种子单位作为单粒种子计数，试验结果用至少产生一个正常幼苗的种子单位的百分率表示。当送验者提出要求时，也可测定100个种子单位所产生的正常幼苗数，或产生一株、两株及两株以上正常幼苗的种子单位数。

七、破除休眠和重新试验

（一）破除休眠

种子休眠是指有生活力的种子，由于受到某些内在因素或外在条件的影响，而使种子不能发芽或发芽困难的自然现象。

当试验结束还存在硬实或新鲜不发芽种子时，可采用下列一种或几种方法（表4-1）进行处理重新试验。如预知或怀疑种子有休眠，这些处理方法也可用于初次试验。

1. 破除休眠的方法

①预先冷冻。试验前，将各重复种子放在湿润的发芽床上，在5～10 ℃条件下进行预冷处理，如麦类在5～10 ℃应处理3 d，然后在规定温度下进行发芽。

②硝酸处理。水稻休眠种子可用0.1 mol/L的硝酸溶液浸种16～24 h，然后置床发芽。

③硝酸钾处理。硝酸钾处理适用于禾谷类、茄科等许多种子。发芽开始时，发芽床可用0.2%（*m*/*v*）的硝酸钾溶液湿润。在试验期间，水分不足时可加水湿润。

④赤霉酸（GA_3）处理。燕麦、大麦、黑麦和小麦种子用0.05%（*m/v*）的GA_3溶液湿润发芽床。当休眠较浅时用0.02%（*m/v*）浓度，当休眠深时须用0.1%（*m/v*）浓度。芸薹属可用0.01%或0.02%（*m/v*）浓度的溶液。

⑤双氧水处理。可用于小麦、大麦和水稻休眠种子的处理。用29%（*v/v*）的浓双氧水处理时，小麦浸种5 min，大麦浸种10～20 min，水稻浸种2 h。用淡双氧水处理时，小麦用1%（*v/v*）浓度，大麦用1.5%（*v/v*）浓度，水稻用3%（*v/v*）浓度，均浸种24 h。用浓双氧水处理后，须马上用吸水纸吸去沾在种子上的双氧水，再置床发芽。

⑥去稃壳处理。水稻用出糙机脱去稃壳；有稃大麦剥去胚部稃壳（外稃）；菠菜剥去果皮或切破果皮；瓜类磕开种皮。

⑦加热干燥。将发芽试验的各重复种子放在通气良好的条件下干燥，种子摊成一薄层。各种作物种子加热干燥的温度和时间见表4-2。

表4-2　各种作物种子加热干燥的温度和时间

作物名称	温度/℃	时间/d
大麦、小麦	30～35	3～5
高粱	30	2
水稻	40	5～7
花生	40	14
大豆	30	0.5
向日葵	30	7
棉花	40	1
烟草	30～40	7～10
胡萝卜、芹菜、菠菜、洋葱、黄瓜、甜瓜、西瓜	30	3～5

2. 破除硬实的方法

①开水烫种。适用于棉花和豆类的硬实，发芽试验前用开水烫种2 min，再行发芽。

②机械损伤。小心地将种皮刺穿、削破、锉伤或用砂皮纸摩擦。豆科硬实可用针直接刺入子叶部分，也可用刀片切去部分子叶。

3. 除去抑制物质的方法

甜菜、菠菜等种子单位的果皮或种皮内有发芽抑制物质时，可把种子浸在温水或流水中预先洗涤，甜菜复胚种子洗涤2 h，遗传单胚种子洗涤4 h，菠菜种子洗涤1～2 h。然后将种子干燥，干燥时最高温度不得超过25 ℃。

（二）重新试验

当试验出现下列情况时，应重新试验。

①怀疑种子有休眠（有较多的新鲜不发芽种子）时，可采用破除休眠的方法进行试验，然后将得到的最佳结果填报，并应注明所用的方法。

②由于真菌或细菌的蔓延而使试验结果不一定可靠时，可采用沙床或土壤进行试验。如有必要，应增加种子之间的距离。

③当正确鉴定幼苗数有困难时，可采用表4-1中规定的一种或几种方法在沙床或土壤上进行重新试验。

④当发现实验条件、幼苗鉴定或计数有差错时，应采用同样的方法进行重新试验。

⑤当100粒种子重复间的差距超过表4-3所示的最大容许差距时，应采用同样的方法进行重新试验。如果第二次结果与第一次结果相一致，即其差异不超过表4-4所示的容许差距，则将两次试验的平均数填报在结果单上；如果第二次结果与第一次结果不相符合，其差异超过表4-4所示的容许差距，则采用同样的方法进行第三次试验，填报符合要求的结果平均数；若第三次试验仍得不到符合要求的结果，则应考虑是否人员操作（如是否使用数种设备不当，造成试样误差太大等）、发芽设备或其他方面存在重大问题，致使无法得到满意结果。

表4-3　同一发芽试验四次重复间的最大容许差距

（2.5%显著水平的两尾测定）

平均发芽率		最大容许差距
50%以上	50%以下	
99	2	5
98	3	6
97	4	7
96	5	8
95	6	9
93～94	7～8	10
91～92	9～10	11
89～90	11～12	12
87～88	13～14	13
84～86	15～17	14
81～83	18～20	15
78～80	21～23	16
73～77	24～28	17
67～72	29～34	18
56～66	35～45	19
51～55	46～50	20

表4-4　同一或不同实验室来自相同或不同送验样品间发芽试验的容许差距

（2.5%显著水平的两尾测定）

平均发芽率		最大容许差距
50%以上	50%以下	
98～99	2～3	2
95～97	4～6	3
91～94	7～10	4
85～90	11～16	5
77～84	17～24	6
60～76	25～41	7
51～59	42～50	8

八、结果的计算和表示

试验结果以粒数的百分率表示。当一个试验的4次重复（每个重复以100粒计，相邻的副重复合并成100粒的重复）的正常幼苗百分率都在最大容许差距内（表4-3），则其平均数表示发芽百分率，不正常幼苗、硬实、新鲜不发芽种子和死种子的百分率按4次重复平均数计算。平均数百分率修约到最近似的整数，修约0.5进入最大值中。正常幼苗、不正常幼苗和未发芽种子百分率的总和必须为100%，如果不是，则在不正常幼苗、硬实、新鲜不发芽种子和死种子中，找出其百分率中小数部分最大值者（如果小数部分相同，优先顺序依次为不正常幼苗、硬实、新鲜不发芽种子和死种子），修约此数至最大整数，直至各成分百分率总和为100%。

发芽试验容许误差应符合GB/T 3543.1和GB/T 3543.4的规定，即同一实验室的同一送验样品重复间的容许差距见表4-3；从同一种子批扦取的同一或不同送验样品，经同一或另一检验机构检验，比较两次结果是否一致，其容许差距见表4-5；从同一种子批扦取的第二个送验样品，经同一或另一个检验机构检验，所得结果较第一次差，其容许差距见表4-4；抽检、统检、仲裁检验、定期等与种子质量标准、合同、标签等规定值比较，容许差距见表4-6。为了便于理解和掌握，举例说明如下。

表4-5 同一或不同实验室不同送验样品间发芽试验的容许差距

（5%显著水平的一尾测定）

平均发芽率		最大容许差距
50%以上	50%以下	
99	2	2
97～98	3～4	3
94～95	5～7	4
91～93	8～10	5
87～90	11～14	6
82～86	15～19	7
76～81	20～25	8
70～75	26～31	9
60～69	32～41	10
51～59	42～50	11

表4-6 发芽试验与规定值比较的容许误差

（5%显著水平的一尾测定）

规定发芽率		容许差距
50%以上	50%以下	
99	2	1
96～98	3～5	2
92～95	6～9	3
87～91	10～14	4
80～86	15～21	5
71～79	22～30	6
58～70	31～43	7
51～57	44～50	8

例4-1 某一水稻杂交种发芽试验4次重复的发芽率分别为：97%、96%、98%、95%，其发芽试验条件为纸上，30℃恒温。

解：4次重复的结果平均值为（97%+96%+98%+95%）/4=96.5%，根据修约至最近似整数的原则，发芽率修约（0.5进为1计算）为97%。用97%查表4-3，查得重复间的最大容许差距为7%，而重复间的最大值98%与最小值95%之差为3%，在容许差距范围内，所以本试验结果是可靠的，发芽率的填报结果为97%。

例4-2 现测得一发芽试验4次重复的发芽率分别为：76%、65%、68%和57%，其发芽试验条件为纸上，20～30℃变温，并经硝酸钾处理。

解：4次重复的结果平均值为（76%+65%+68%+57%）/4=66.5%，根据进入最大值保留整数的修约原则，用67%查表4-3，查得容许误差为18%，而重复间的最大差异为：76%–57%=19%，超过了容许误差18%，所以必须进行重新试验。

第二次的发芽试验4次重复的发芽率分别为：70%、70%、68%和72%。4次重复的结果平均值为（70%+70%+68%+72%）/4=70%，用70%查表4-3，容许误差为18%，而重复间的最大差异为：72%–68%=4%，未超过容许误差18%。

现在再比较两次试验的一致性：（66.5%+70%）/2=68.25%，用68%查表4-4，其容许误差为7%，而两次试验间的差距为70%–66.5%=3.5%，未超过容许误差。因此，发芽率的最后填报结果为68%。

例4-3 发芽试验的第一次结果为：87%、72%、68%和85%，按上述例4-1计算超过容许误差；第二次发芽试验为：91%、84%、80%和93%，按上述例4-2计算仍超过容许误差；第三次为：93%、87%、89%和96%，这样最后填报符合要求的第二、第三次发芽试验结果为89%。

例4-4 有一批种子，种子销售者测定发芽率为87%，而种子消费者测定为80%，请问种子销售者的测定值可以接受吗？

解：先计算两者平均值为84%，用84%查表4-5，得容许误差为7%，而两者试验差距为7%，所以销售者的测定值可以接受。

例4-5 在例4-4中，如果第一次测定为80%，而第二次测定为88%，由于第二次测定好于第一次测定，就不必计算，得出第一次测定值可以接受。

九、结果报告

填报发芽结果时，须填报正常幼苗、不正常幼苗、新鲜不发芽种子、硬实和死种子的百分率。假如其中任何一项结果为零，则将符号“–0–”填入该格中。

由于《农作物种子检验规程》中规定发芽床和发芽温度是可供选择的，而发芽床和发芽温度对发芽结果有较大的影响，因此，发芽试验方法说明是发芽结果报告的有效组成部分。填报正常幼苗等百分率时，同时还须填报采用的发芽床种类和温度、发芽试验持续时间以及为促进发芽所采用的处理方法。

第五节/幼苗鉴定

一、幼苗鉴定的基础知识

1. 幼苗的发育过程

要了解幼苗的发育过程，首先要了解种子的构造。检验所称的“种子”实质上是“种子单位”，即真种子（由胚珠发育而来）或真种子加上其他构造（如子房及花器）的残留物。它主要由种胚、营养组织和种皮组成。种胚包括胚根、胚轴、胚芽、子叶和盾片（禾本科某些属中的变态子叶）4 个部分。在植物系统分类中，根据胚中子叶的数目，分为单子叶植物、双子叶植物和多子叶植物。胚中着生一片子叶的称为单子叶植物，胚中着生两片子叶的称为双子叶植物。林木种子的针叶树种类（如松科等）胚中着生多个子叶称为多子叶植物。

幼苗的所有主要构造都是由种胚在发育期间分化出来的组织衍生的。当种子萌发时，通常胚根首先突破种皮，向下生长形成幼苗的地下根系。根系一般由初生根和次生根组成，禾本科植物的某些属的根系为数条种子根。胚根伸出的同时，胚轴随之生长，胚芽露出土面，发育成幼苗的茎叶系统。子叶或随胚轴伸长而带出地面或留在土壤中的种皮里。禾本科植物的胚芽外，套有筒状胚芽鞘，胚芽鞘一经露出土表，在光的影响下，随即停止生长，真叶相继从胚芽鞘中伸出。伸长的胚轴即幼苗中轴，一般分为两个部分：初生根以上至子叶着生点以下的这一段苗轴为下胚轴；子叶以上至第一片真叶或一对真叶以下的这一段苗轴为上胚轴。而在禾本科植物中为中胚轴，即盾片着生点至胚芽之间这一段苗轴。

2. 幼苗的出土类型

种子发芽后根据子叶的位置，可分为子叶出土型和子叶留土型发芽。

①子叶出土型（Epigeal Germination）是由于下胚轴伸长而使子叶和幼梢伸出地面的一种发芽习性，例如单子叶植物的洋葱（图 4-4A），双子叶植物的菜豆（图 4-5A）、油菜（图 4-5B）、瓜类和棉花等。

这类种子发芽时，随着胚根突出种皮，下胚轴由于背地性迅速伸长，将子叶和胚芽一起带出地面，此时子叶变绿展开并形成幼苗的第一个光合作用器官，接着上胚轴和顶芽发育生长。

②子叶留土型（Hypogeal Germination）是子叶或变态子叶（盾片）留在土壤中的种皮内的一种发芽习性，例如单子叶植物的水稻、小麦（图 4-4B）、玉米（图 4-4C）等，双子叶植物的蚕豆、豌豆（图 4-5C）等。

这类种子发芽时，仅子叶以上的上胚轴或禾本科的胚芽鞘和中胚轴伸长，它们连同胚芽向上伸出地面，形成植株的茎叶系统，子叶或盾片留在土壤中的种皮内。与子叶出土型发芽相比，其首先进行光合作用的器官是初生叶或从胚芽中长出的第一片真叶。

3. 幼苗的主要构造

幼苗的主要构造因作物种类而有明显差异，但通常由下列的一些构造的特定组合所组成：①根系，主要是初生根和次生根，在禾本科某些属中为种子根；②幼苗中轴，包括下胚轴、上胚轴、顶芽，在禾本科某些属中为中胚轴；③子叶，具有特定的数目，有一至数个；④芽鞘，禾本科中所有属。

（1）单子叶植物幼苗的主要构造

单子叶植物子叶出土型幼苗的主要构造包括初生根、不定根和管状子叶等，例如葱属（图 4-4A）。单子叶植物子叶留土型幼苗的主要构造包括种子根、初生根、次生根、不定根、中胚轴、胚芽鞘、初生叶等，例如小麦属（图 4-4B）、玉米属（图 4-4C）、稻属等。

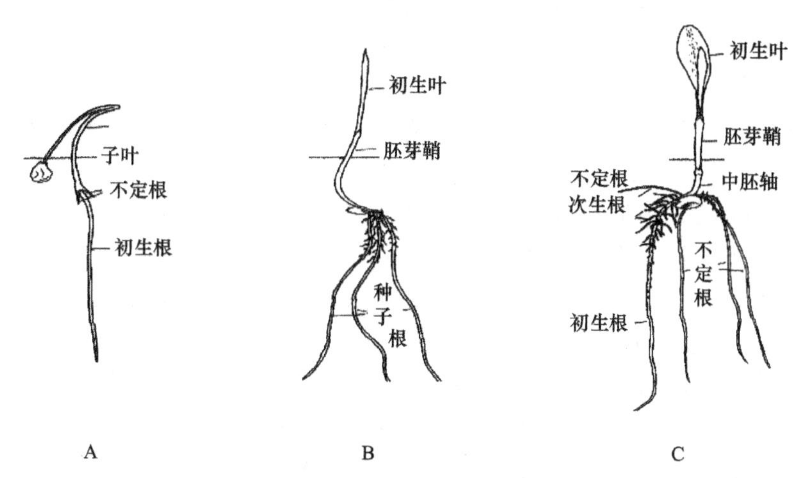

图 4-4　单子叶植物幼苗的主要构造

A. 葱属幼苗（子叶出土型） B. 小麦幼苗（子叶留土型） C. 玉米幼苗（子叶留土型）

（注：引自 ISTA Handbook For Seeding Evaluation，1979）

（2）双子叶植物幼苗的主要构造

双子叶植物子叶出土型幼苗的主要构造包括初生根、次生根、下胚轴或上胚轴、子叶、初生叶和顶芽等部分，例如菜豆属（图 4-5A）、芸薹属（图 4-5B）等。双子叶植物子叶留土型幼苗的主要构造包括初生根、次生根、子叶、上胚轴、鳞片、初生叶和顶芽等，例如豌豆属（图 4-5C）等。

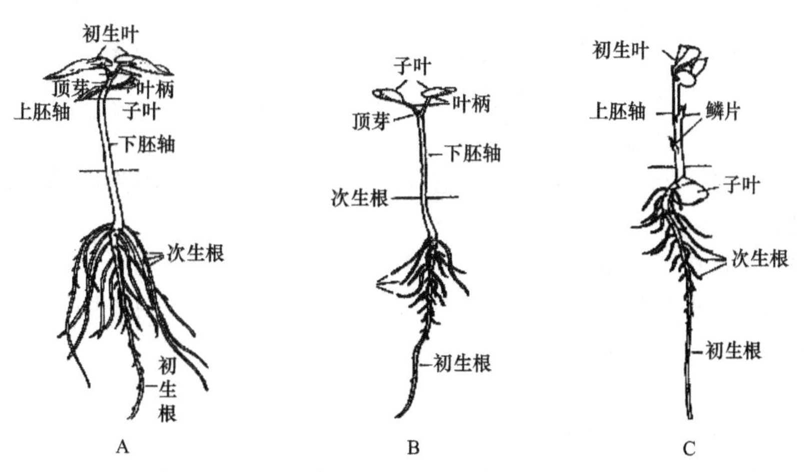

图 4-5　双子叶植物幼苗的主要构造

A. 菜豆幼苗（子叶出土型） B. 芸薹属幼苗（子叶出土型） C. 豌豆幼苗（子叶留土型）

（注：引自 ISTA Handbook For Seeding Evaluation，1979）

二、幼苗鉴定总则

正确鉴定幼苗是发芽试验中一个最重要的环节，全面掌握正常幼苗和不正常幼苗的鉴定标准，认真鉴别正常幼苗和不正常幼苗，对获得正确可靠的发芽试验结果是非常重要的。

1. 正常幼苗的鉴定标准

正常幼苗分为完整幼苗、带有轻微缺陷的幼苗和次生感染的幼苗三类。凡符合下列类型之一者即为正常幼苗。

（1）完整幼苗

幼苗主要构造生长良好、完全、匀称和健康。因种不同，应具有下列一些构造。

①发育良好的根系，其组成如下：

a. 细长的初生根，通常长满根毛，末端细尖；

b. 在规定试验时期内产生的次生根；

c. 在燕麦属、大麦属、黑麦属、小麦属和小黑麦属中，由数条种子根代替一条初生根。

②发育良好的幼苗中轴，其组成如下：

a. 出土型发芽的幼苗，应具有一个直立、细长并有伸长能力的下胚轴；

b. 留土型发芽的幼苗，应具有一个发育良好的上胚轴；

c. 在有些出土型发芽的一些属（如菜豆属、花生属）中，应同时具有伸长的上胚轴和下胚轴；

d. 在禾本科的一些属（如玉米属、高粱属）中，应具有伸长的中胚轴。

③具有特定数目的子叶：

a. 单子叶植物具有一片子叶，子叶可为绿色和呈圆管状（葱属），或变形而全部或部分遗留在种子内（如石刁柏、禾本科）；

b. 双子叶植物具有两片子叶，在出土型发芽的幼苗中，子叶为绿色，展开呈叶状；在留土型发芽的幼苗中，子叶为半球形和肉质状，并保留在种皮内。

④具有展开、绿色的初生叶：

a. 在互生叶幼苗中有一片初生叶，有时先生出少数鳞状叶，如豌豆属、石刁柏属、巢菜属；

b. 在对生叶幼苗中有两片初生叶，如菜豆属。

⑤具有一个顶芽或苗端。

⑥在禾本科植物中有一个发育良好、直立的芽鞘，其中包着一片绿叶延伸到顶端，最后从芽鞘中伸出。

（2）带有轻微缺陷的幼苗

幼苗主要构造出现某种轻微缺陷，但在其他方面能均衡生长，并与同一试验中的完整幼苗相当。有下列缺陷则为带有轻微缺陷的幼苗。

①初生根：

a. 初生根局部损伤，或生长稍迟缓；

b. 初生根有缺陷，但次生根发育良好，特别是豆科中一些大粒种子的属（如菜豆属、豌豆属、巢菜属、花生属、豇豆属和扁豆属）、禾本科中的一些属（如玉米属、高粱属和稻属）、葫芦科所有属（如甜瓜属、南瓜属和西瓜属）和锦葵科所有属（如棉属）；

c. 燕麦属、大麦属、黑麦属、小麦属和小黑麦属中有一条强壮的种子根。

②下胚轴、上胚轴或中胚轴局部损伤。

③子叶（采用“50% 规则”）：

a. 子叶局部损伤，但子叶组织总面积的一半或一半以上仍保持着正常的功能，并且幼苗顶端或其周围组织没有明显的损伤或腐烂；

b. 双子叶植物仅有一片正常子叶，但其幼苗顶端或其周围组织没有明显的损伤或腐烂。

④初生叶：

a. 初生叶局部损伤，但其组织总面积的一半或一半以上仍保持着正常的功能（采用“50% 规则”）；

b. 顶芽没有明显的损伤或腐烂，有一片正常的初生叶，如菜豆属；

c. 菜豆属的初生叶形状正常，且大于正常大小的 1/4；

d. 具有三片初生叶而不是两片，如菜豆属（采用“50% 规则”）。

⑤芽鞘：

a. 芽鞘局部损伤；

b. 芽鞘从顶端开裂，但其裂缝长度不超过芽鞘的 1/3；

c. 受内外稃或果皮的阻挡，芽鞘轻度扭曲或形成环状；

d. 芽鞘内的绿叶，没有延伸到芽鞘顶端，但至少要达到芽鞘的一半。

（3）次生感染的幼苗

幼苗的次生感染是由真菌或细菌感染引起的，并且感染会使幼苗主要构造发病和腐烂，但有证据表明病源不来自种子本身的幼苗。

2. 不正常幼苗的鉴定标准

不正常幼苗分为受损伤的幼苗、畸形或不匀称的幼苗和由初生感染引起的腐烂幼苗三类。

受损伤的幼苗：由机械处理、加热、干燥、冻害、化学处理、昆虫损害等外部因素引起，使幼苗构造残缺不全或受到严重损伤，以致不能均衡生长者。这类不正常幼苗类型主要有：子叶或幼苗中轴开裂并与其他幼苗构造分离；下胚轴、上胚轴或子叶横裂或纵裂；胚芽鞘损伤或顶部破裂；初生根开裂、残缺或缺失。

畸形或不匀称的幼苗：由于内部因素引起幼苗生理紊乱，幼苗生长细弱，或存在生理障碍，或主要构造畸形或不匀称者。这类不正常幼苗类型主要有：初生根停滞或细长；根负向地性生长；下胚轴、上胚轴或中胚轴粗短、环状、扭曲或螺旋形；子叶卷曲、变色或坏死；胚芽鞘短而畸形、开裂、环状、扭曲或螺旋形；缺失叶绿素（幼苗黄化或白化）；幼苗纤细；幼苗呈透明水肿状（玻璃体）。

腐烂幼苗：由初生感染（病源来自种子本身）引起，使幼苗主要构造发病和腐烂，并妨碍其正常生长者。

在实际应用过程中，由于不正常幼苗只占少数，而且只要能鉴别不正常幼苗就行。凡幼苗带有下列其中一种或一种以上的缺陷则列为不正常幼苗。

（1）根

①初生根残缺；短粗；停滞；缺失；破裂；从顶端开裂；缩缢；纤细；蜷缩在种皮内；负向地性生长；水肿状；由初生感染所引起的腐烂。

②种子根没有或仅有一条生长力弱的种子根。

（2）下胚轴、上胚轴或中胚轴

下胚轴、上胚轴或中胚轴缩短而变粗；深度横裂或破裂；纵向裂缝（开裂）；缺失；缩缢；严重扭曲；过度弯曲；形成环状或螺旋形；纤细；水肿状（玻璃体）；由初生感染所引起的腐烂。

（3）子叶（采用“50%规则”）

①除葱属外所有属的子叶缺陷：肿胀卷曲；畸形；断裂或其他损伤；分离或缺失；变色；坏死；水肿状；由初生感染所引起的腐烂。

②葱属子叶的特定缺陷：缩短而变粗；缩缢；过度弯曲；形成环状或螺旋形；无明显的“膝”；纤细。

（4）初生叶（采用“50%规则”）

初生叶畸形；损伤；缺失；变色；坏死；由初生感染所引起的腐烂；虽形状正常，但小于正常叶片大小的1/4。

（5）顶芽及周围组织

顶芽及周围组织畸形；损伤；缺失；由初生感染所引起的腐烂。

（6）胚芽鞘和第一片叶（禾本科）

①胚芽鞘畸形；损伤；缺失；顶端损伤或缺失；严重过度弯曲；形成环状或螺旋形；严重扭曲；裂缝长度超过从顶端量起的1/3；基部开裂；纤细；由初生感染所引起的腐烂。

②第一叶延伸长度不到胚芽鞘的一半；缺失；撕裂或其他畸形。

（7）整个幼苗

整个幼苗畸形；断裂；子叶比根先长出；两株幼苗连在一起；黄化或白化；纤细；水肿状；由初生感染所引起的腐烂。

为便于全面理解其含义，各种缺陷的不正常幼苗如图4-6至图4-12所示。

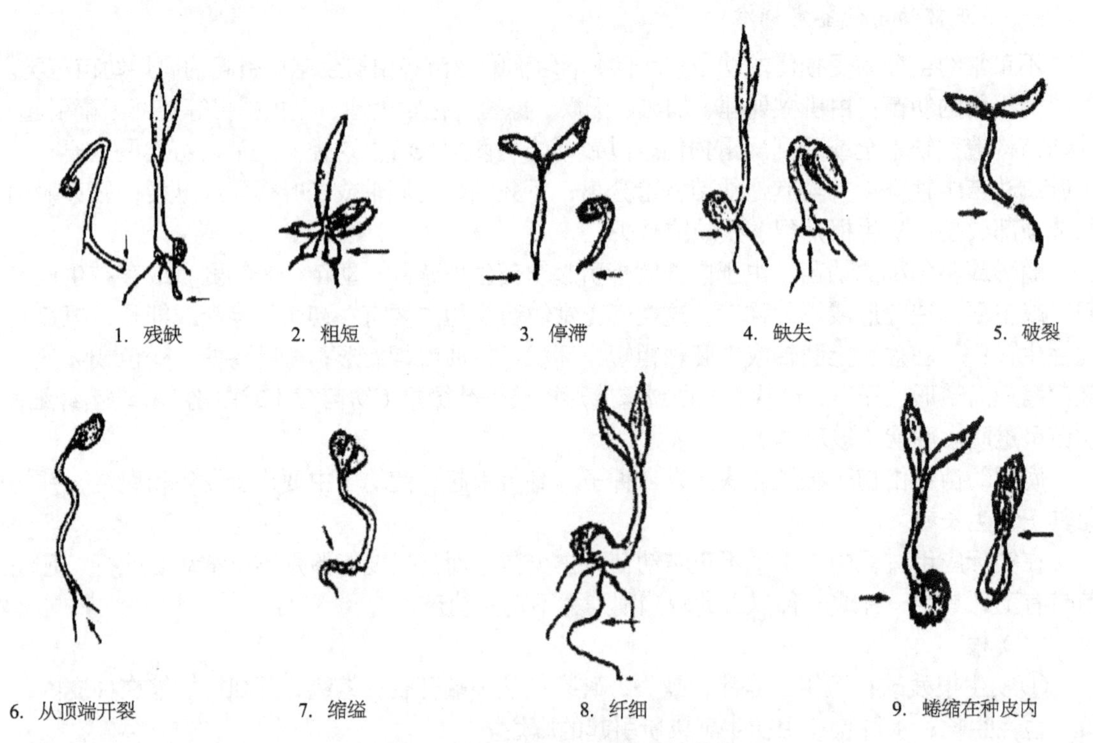

图4-6 初生根和种子根不正常幼苗类型

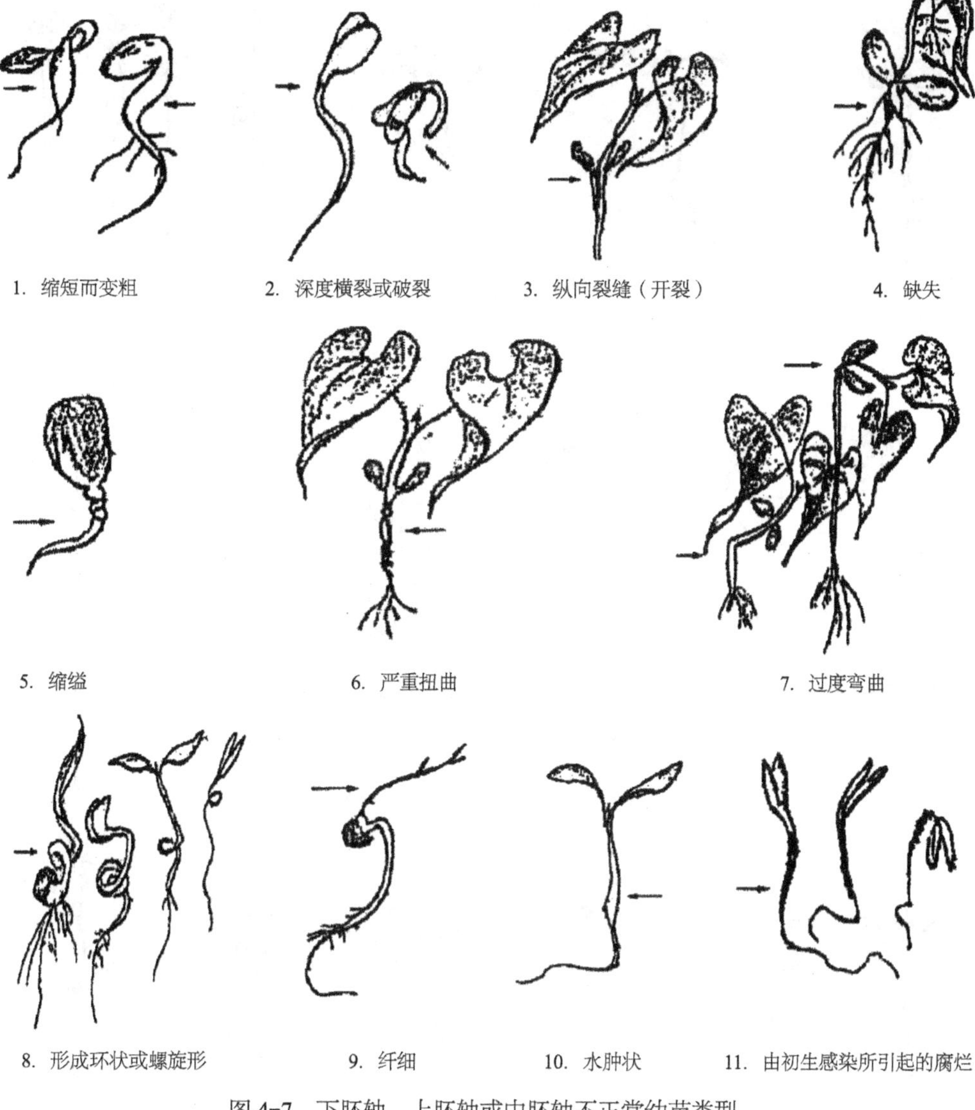

图 4-7 下胚轴、上胚轴或中胚轴不正常幼苗类型

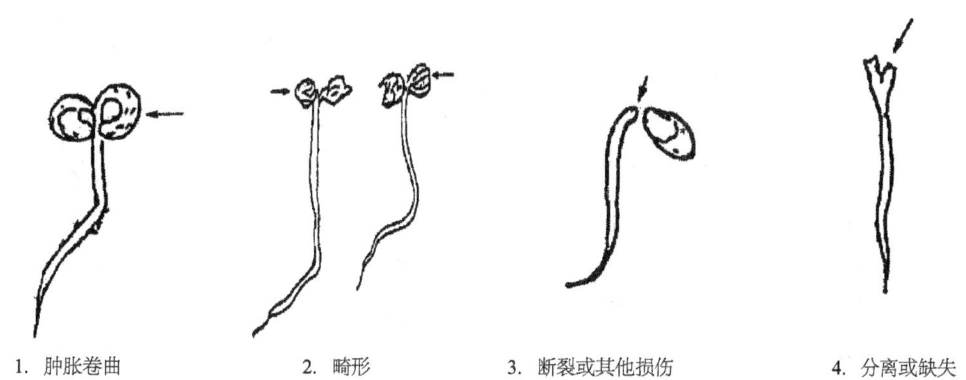

（a） 除葱属外所有属的子叶缺陷不正常幼苗类型（采用 50% 规则）

图 4-8 子叶不正常幼苗类型

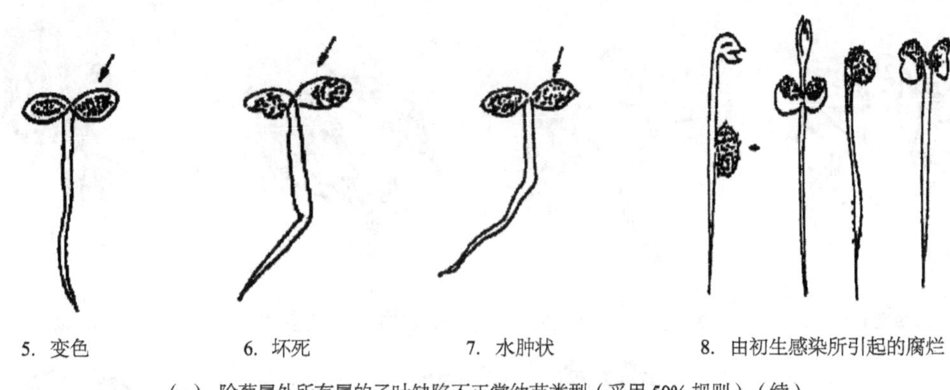

5. 变色　　6. 坏死　　7. 水肿状　　8. 由初生感染所引起的腐烂

（a） 除葱属外所有属的子叶缺陷不正常幼苗类型（采用 50% 规则）（续）

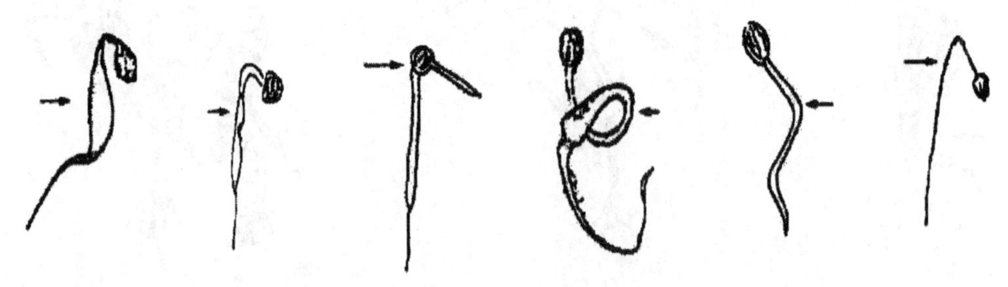

1. 缩短而变粗　　2. 缩缢　　3. 过度弯曲　　4. 形成环状或螺旋形　　5. 无明显“膝”　　6. 纤细

（b） 葱属子叶的特有缺陷不正常幼苗类型（采用 50% 规则）

图 4-8　子叶不正常幼苗类型

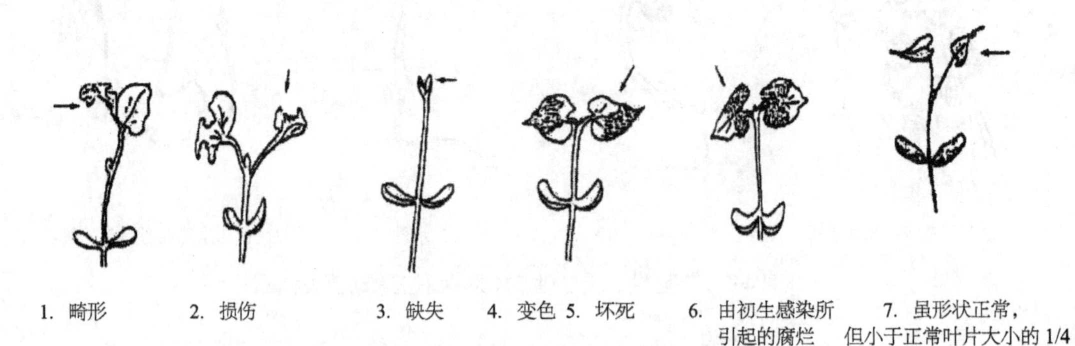

1. 畸形　　2. 损伤　　3. 缺失　　4. 变色　5. 坏死　　6. 由初生感染所引起的腐烂　　7. 虽形状正常，但小于正常叶片大小的 1/4

图 4-9　初生叶不正常幼苗类型（采用 50% 规则）

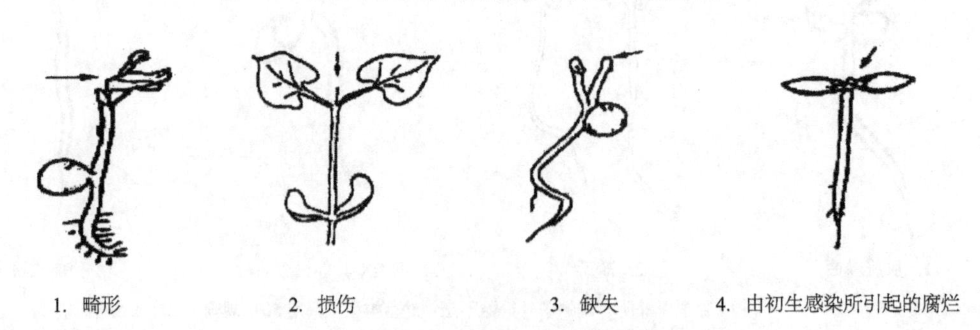

1. 畸形　　2. 损伤　　3. 缺失　　4. 由初生感染所引起的腐烂

图 4-10　顶芽及周围组织不正常幼苗类型

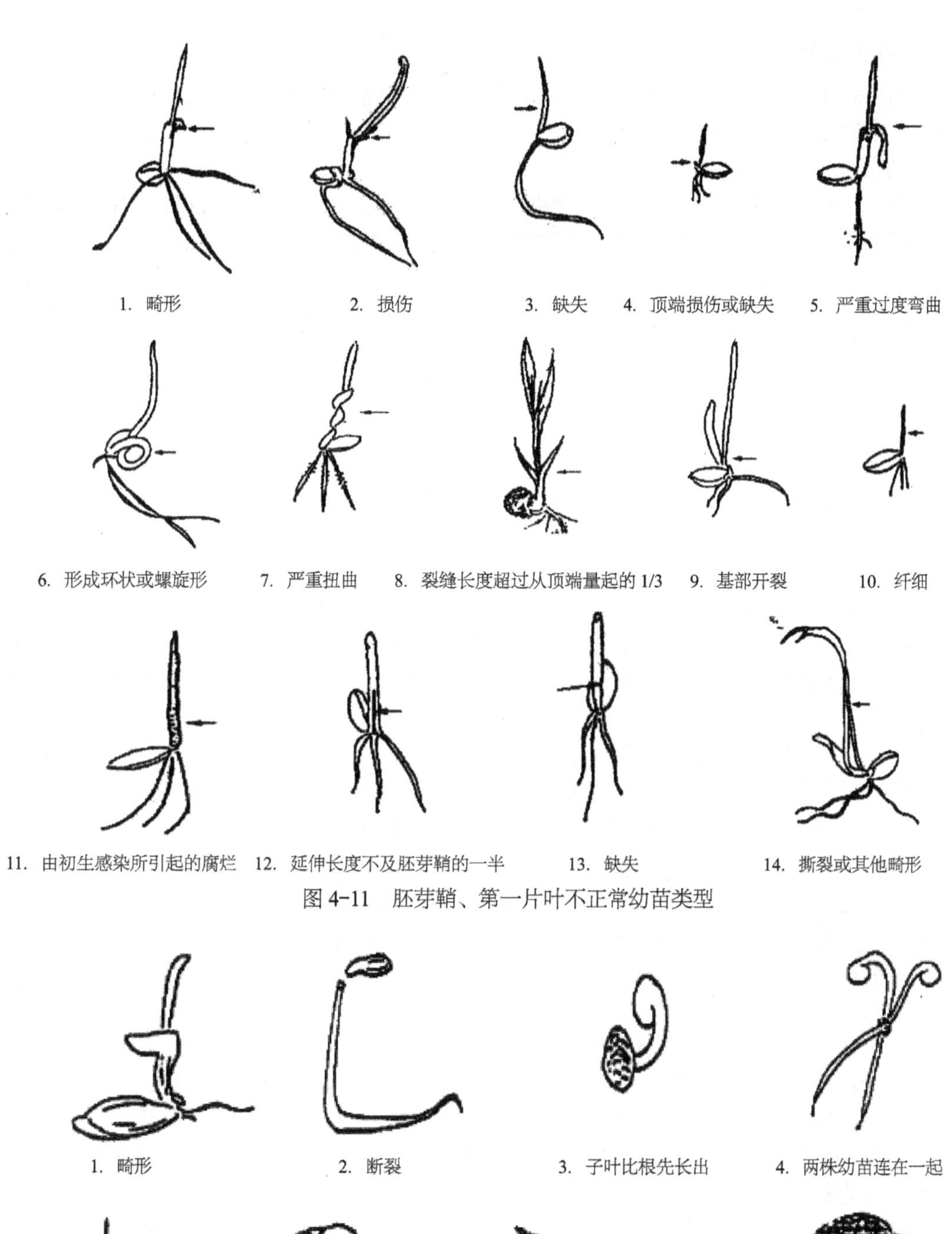

1. 畸形 2. 损伤 3. 缺失 4. 顶端损伤或缺失 5. 严重过度弯曲

6. 形成环状或螺旋形 7. 严重扭曲 8. 裂缝长度超过从顶端量起的 1/3 9. 基部开裂 10. 纤细

11. 由初生感染所引起的腐烂 12. 延伸长度不及胚芽鞘的一半 13. 缺失 14. 撕裂或其他畸形

图 4-11 胚芽鞘、第一片叶不正常幼苗类型

1. 畸形 2. 断裂 3. 子叶比根先长出 4. 两株幼苗连在一起

5. 黄化或白化 6. 纤细 7. 水肿状 8. 由初生感染所引起的腐烂

图 4-12 整株幼苗畸形类

3. 幼苗鉴定指南

ISTA 于 2003 年发布第 3 版《幼苗鉴定手册》，其明确了幼苗鉴定指南，作为判定正常幼苗与不正常幼苗标准的补充。

（1）幼苗鉴定时期指南

一般来说，当幼苗的所有主要构造还没有生长到一定程度，不能充分准确地进行鉴定时，幼苗就不能剔除。不言而喻，在试验中绝大部分幼苗（根据试验的幼苗种类而定）应该达到子叶从种皮中伸出（如葛芭属）；初生叶展开（如菜豆属），叶片从胚芽鞘中伸出（如小麦属）才可鉴定，然而一些出土型发芽的双子叶植物（如胡萝卜、豆科树类）在试验末期，并非所有幼苗的子叶都能从种皮中伸出，但至少在末次计数时，可以清楚地看到子叶基部"颈"。如果对子叶的状况持有怀疑时，应剥去种皮，检查子叶和顶芽。如果因子叶坏死或腐烂，不损伤幼苗就不能除去种皮，这类幼苗应列为不正常幼苗。

在计数过程中，充分发育良好的正常幼苗应从发芽床中除去（如首次计数），以免苗根相互缠绕或幼苗感病而腐烂。然而为了尽可能减少错误的鉴定，对可疑的、损伤、畸形不均衡的幼苗，通常到末次计数进行鉴定。另一方面，严重腐烂的幼苗或发霉的种子应从发芽床中清除，以免感染蔓延。

如果在正规的试验末期，有几株幼苗仍未能达到适宜的鉴定阶段，检验员以试验中的其他幼苗形态作为标准，并依据自己的知识和经验作出确切的估计。然而，如果相对而言有较多未发育完全幼苗的存在，这些可疑幼苗应保留，延长试验时间，并进行必要的观察来确定幼苗是否正常。

（2）子叶和初生叶的损伤（"采用 50% 规则"）

如果整个子叶和初生叶组织有一半或一半以上具有功能时，这种幼苗可列为正常幼苗。但一半以上的子叶组织不具备功能时，如残缺、坏死、变色或腐烂，则为不正常幼苗（以发芽试验中的完整幼苗作为标准进行对照判定）。

这项规则适用于初生叶组织其他缺陷的判定。如果顶芽周围组织或顶芽本身坏死或腐烂，则不适用"50% 规则"，这时不管子叶的状况。如果初生叶有自身正常的形状，只是叶片较小时，则不能应用"50% 规则"。

（3）子叶坏死的幼苗

子叶坏死是由种子生理劣变所引起的，不是由种传病害感染所引起，因此，子叶坏死在发芽床上不会相互感染。在莴苣种子发芽试验中经常发生的坏死症状有：子叶出现褐色斑点或成块的褐色，以致完全变色、坏死或腐烂；下胚轴缩短变粗、弯曲或呈水肿状。

子叶坏死仍按照"50% 规则"判定。如果坏死发生在顶芽周围或影响营养物质输运时，则判定为不正常幼苗，而不管坏死的面积。

（4）横裂和纵裂的幼苗

深度的横裂或破裂的组织，如果能在横裂或破裂处产生愈合组织并且不影响幼苗其他构造向另一方面生长的，可以判定为正常幼苗，即输导组织不受影响的愈合组织则为正常苗。在下胚轴或上胚轴可能产生不定根，如果输导组织正常，则可判定为正常幼苗；如果其严重受损而影响输导组织，则判定为不正常幼苗。

纵裂的深度直接影响结果的判定，依据横裂面的纵裂深度来判定：如果纵裂没有达到中柱，幼苗则为正常；如果纵裂达到中柱外层，已产生愈合组织，不影响上胚轴或下胚轴变形，则判定为正常幼苗；如果纵裂已达到或穿过中柱，不管是否产生愈合组织，都判定为不正常幼苗。

（5）环状或螺旋形的幼苗

环状的幼苗按照下列规则进行判定：开放U形为正常幼苗；闭合U形，初生根没有缺陷为正常幼苗，初生根有缺陷为不正常幼苗；完全环形为不正常幼苗。

螺旋形按照下列规则进行判定：轻度螺旋形的，小于3环的幼苗为正常幼苗；重度螺旋形的幼苗，为不正常幼苗。

（6）考虑次生根的幼苗

在豆科的一些属中，特别是大粒种子的某些属（如菜豆属、豌豆属、野豌豆属）、禾本科（如玉米）、葫芦科中所有属（如甜瓜属、南瓜属、西瓜属）和锦葵科（如棉属和木槿属），如果幼苗具有足够的发育良好的次生根，初生根受损或丢失也可以认为是正常幼苗。

（7）负向地性生长

有时幼苗的初生根会脱离培养介质向上生长，这样的根已经丧失了向地性。这种现象可能是不利的萌发条件导致的结果（如太湿或培养介质中存在有毒性物质），或者生理损伤导致的结果（如干燥剂、甘酞树脂应用于母体上）。

如果试验中有许多这样的幼苗，样品应该在混合土或土壤中重新做试验。如果在混合土或土壤试验中初生根呈现负向地性的幼苗根仍然向上生长，就必须将其划归为不正常的幼苗。在具有种子根的幼苗中，只要一个种子根向地生长，该幼苗就可以划归为正常苗。

（8）复胚种子单位的鉴定

类似种子结构含有一个以上真种子（如一些草类中的复粒种子单位，伞形花科中未分离的分果，甜菜属的种球，番木或柚木的果实）作为单粒种子进行试验，当至少有一个正常苗产生时就归为正常苗。

在大多数种的种子中孪生甚至三生都是可能的，但属于特别的或罕见的情况。如果孪生苗（或三生苗）中至少一株幼苗是正常的，它们就可以作为一个单位并划为正常苗。融合的孪生或三生苗是不正常的。

（9）产生大量双生苗的样品

当种子样品在纸质培养基中发芽，产生了大量的双生苗，很难做出鉴定时，就需要在沙上、混合土中或土壤中重新做试验检验初始鉴定。沙土、混合土和土壤是比纸更天然的培养基，它们能够给样品提供一个更可以信赖和更真实的鉴定条件。这是因为沙土、混合土和土壤在发芽试验中能够作为屏障阻止病原和腐生真菌快速传播；混合土和土壤能够吸收植物性毒素物质，如处理种子的化学剂和种子释放的天然物质；在混合土和土壤中，对幼苗的毒性效应（如短粗、停滞或迟育的初生根幼苗）能够部分地或完全地不显现，从而使幼苗正常生长。如果重新在混合土或土壤中做试验，植物毒性物质仍然存在，因此受到影响的幼苗就一定是不正常苗。如果有必要，可以让某些双生幼苗可以在混合土和土壤中继续生长，并对其进行较长时间的观察。

三、幼苗鉴定按属分类细则与农作物幼苗发育类型

1. 幼苗鉴定按属分类的细则

幼苗鉴定是要正确判定其在适宜的田间条件下，能否生长成正常植株的能力。因此，考虑幼苗鉴定的可靠性，在进行幼苗鉴定时，不仅要检查整株幼苗，而且特别要检查每株幼苗的每个主要构造是否正常。

由于各个种的不同属幼苗形态特征结构的差异和不同构造对鉴定正常幼苗的重要性，为了便于正常幼苗鉴定，ISTA《幼苗鉴定手册》将具有相似幼苗形态特征和发育特性的属归为一类。其具体归类依据如下。

（1）按植物种类分为两类

①农业及园艺（如洋葱、水稻、小麦、玉米、油菜、菜豆、豌豆等），用A表示；

②乔木及灌木（如松树和冬青等），用B表示。

（2）按子叶系统分类分为三类

①单子叶植物（如洋葱、小麦、玉米等），用1表示；

②双子叶植物（如油菜、菜豆、豌豆、西瓜、棉花等），用2表示；

③多子叶植物（如松树等），用3表示。

（3）按发育方式分为两类

①子叶出土型发芽植物（如洋葱、大豆、菜豆、甘蓝等），用1表示；

②子叶留土型发芽植物（如小麦、玉米、水稻、豌豆等），用2表示。

（4）按幼苗中轴特征分为四类

①上胚轴不伸长种类（如油菜、西瓜），用1表示；

②上胚轴伸长种类（如豌豆、大豆、菜豆等），用2表示；

③胚轴不伸长，苗端被胚芽鞘包裹着的种类（如水稻、小麦、玉米等），用3表示；

④块茎状下胚轴种类（如仙客来等），用4表示。

（5）按根系发育特征及其在幼苗鉴定的重要性分为三类

①必须具备初生根的种类（如甘蓝、洋葱等），用1表示；

②可考虑发育良好的次生根的种类（如水稻、玉米、棉花等），用2表示；

③具有相同种子根的种类（如小麦等），用3表示。

根据上述分类依据，就可按种、属编制正常幼苗的按属分组编码索引（表4-7）。而根据各属分组幼苗鉴定索引就可把握该属幼苗鉴定的关键要素，从而更好地正确鉴定幼苗。例如大豆，属大豆属，幼苗鉴定的分类编码为A2.1.2.2组，含义为农作物的双子叶植物，子叶出土发芽，幼苗上胚轴伸长。在幼苗鉴定时，考虑次生根的生长状况，如果初生根有缺陷，但次生根发育良好，也为正常幼苗。再如小麦，属小麦属，幼苗鉴定的分类编码为A1.2.3.3组，含义为农作物的单子叶植物，子叶留土发芽，幼苗胚轴不伸长，苗端被胚芽鞘包裹着。在幼苗鉴定时，考虑其种子根，若种子根有损伤，但至少有一条健壮的种子根，则为正常幼苗。

表4-7　农作物种幼苗鉴定按属分组编码索引

种（变种）名	所属属	所属组	代表属
1. 洋葱、葱、韭葱、细香葱、韭菜	葱属	A1.1.1.1	代表属
2. 苋菜	苋菜属	A2.1.1.1	
3. 芹菜、根芹菜	芹属	A2.1.1.1	
4. 花生	花生属	A2.1.2.2	代表属
5. 牛蒡	牛蒡属	A2.1.1.1	
6. 石刁柏	石刁柏属	A1.2.2.1	代表属

（续表）

种（变种）名	所属属	所属组	代表属
7. 裸燕麦（莜麦）、普通燕麦	燕麦属	A1.2.3.3	代表属
8. 冬瓜、节瓜	冬瓜属	A2.1.1.2	
9. 甜菜、叶甜菜、根甜菜	甜菜属	A2.1.1.1	代表属
10. 白菜型油菜、不结球白菜（包括白菜、乌塌菜、紫菜薹、薹菜、菜薹）芥菜型油菜、根用芥菜、叶用芥菜、茎用芥菜、甘蓝型油菜、芥蓝、结球甘蓝、球茎甘蓝（苤蓝）、花椰菜、抱子甘蓝、青花菜、结球白菜、芜菁、芜菁甘蓝	芸薹属	A2.1.1.1	代表属
11. 木豆	木豆属	A2.2.2.2	
12. 大麻	大麻属	A2.1.1.1	
13. 辣椒、甜椒	辣椒属	A2.1.1.1	
14. 茼蒿	茼蒿属	A2.1.1.1	
15. 西瓜	西瓜属	A2.1.1.2	
16. 圆果黄麻、长果黄麻	黄麻属	A2.1.1.1	
17. 芫荽	芫荽属	A2.1.1.1	
18. 怪麻	猪屎豆属	A2.1.1.1	代表属
19. 甜瓜、越瓜、菜瓜、黄瓜	甜瓜属	A2.1.1.2	
20. 笋瓜（印度南瓜）、南瓜（中国南瓜）、西葫芦（美洲南瓜）	南瓜属	A2.1.1.2	
21. 瓜尔豆	瓜尔豆属	A2.1.2.2	代表属
22. 胡萝卜	胡萝卜属	A2.1.1.1	
23. 扁豆	扁豆属	A2.1.2.2	
24. 甜荞、苦荞	荞麦属	A2.1.1.1	
25. 茴香	茴香属	A2.1.1.1	代表属
26. 大豆	大豆属	A2.1.1.1	代表属
27. 棉花	棉属	A2.1.1.2	代表属
28. 向日葵	向日葵属	A2.1.1.1	
29. 红麻、黄秋葵	木槿属	A2.1.1.2	代表属
30. 大麦	大麦属	A1.2.3.3	
31. 蕹菜	甘薯属	A2.1.1.1	代表属
32. 莴苣	莴苣属	A2.1.1.1	
33. 瓠瓜	葫芦属	A2.1.1.2	
34. 兵豆（小扁豆）	兵豆属	A2.2.2.2	
35. 亚麻	亚麻属	A2.1.1.1	
36. 棱角丝瓜、普通丝瓜	丝瓜属	A2.1.1.2	
37. 番茄	番茄属	A2.1.1.1	
38. 金花菜、紫花苜蓿	苜蓿属	A2.1.1.1	

（续表）

种（变种）名	所属属	所属组	代表属
39. 白香草木樨、黄香草木樨	草木樨属	A2.1.1.1	
40. 苦瓜	苦瓜属	A2.1.1.2	
41. 豆瓣菜	豆瓣菜属	A2.1.1.1	
42. 烟草	烟草属	A2.1.1.1	
43. 罗勒	罗勒属	A2.1.1.1	代表属
44. 稻	稻属	A1.2.3.2	代表属
45. 黍（糜子）	黍属	A1.2.3.1	
46. 美洲防风	欧防风属	A2.1.1.1	
47. 香芹	欧芹属	A2.1.1.1	代表属
48. 多花菜豆、利马豆（莱豆）、菜豆	菜豆属	A2.1.2.2	
49. 酸浆	酸浆属	A2.1.1.1	
50. 茴芹	茴芹属	A2.1.1.1	代表属
51. 豌豆	豌豆属	A2.2.2.2	
52. 马齿苋	马齿苋属	A2.1.1.1	
53. 萝卜	萝卜属	A2.1.1.1	
54. 食用大黄	大黄属	A2.1.1.1	
55. 蓖麻	蓖麻属	A2.1.1.1	
56. 鸦葱	鸦葱属	A2.1.1.1	
57. 黑麦	黑麦属	A1.2.3.3	
58. 芝麻	芝麻属	A2.1.1.1	
59. 粟	狗尾草属	A1.2.3.1	
60. 茄子	茄属	A2.1.1.1	代表属
61. 高粱	高粱属	A1.2.3.2	
62. 菠菜	菠菜属	A2.1.1.1	
63. 番杏	番杏属	A2.1.1.1	
64. 婆罗门参	婆罗门参属	A2.1.1.1	
65. 小黑麦	小黑麦属	A1.2.3.3	代表属
66. 小麦	小麦属	A1.2.3.3	代表属
67. 蚕豆、箭舌豌豆、毛叶苕子、巢菜属	蚕豆属	A2.2.2.2	
68. 赤豆、绿豆、饭豆、长豇豆、矮豇豆	豇豆属	A2.1.1.1	
69. 玉米	玉米属	A2.1.1.1	代表属

2. 农作物幼苗发育类型

根据幼苗鉴定按属分组编码方法，任何种、属都可以划分到这种属的幼苗形态特征和发育特性的组中。下面分别介绍 GB/T 3543.4—1995《农作物种子检验规程 发芽试验》所包括的农作物幼苗发育类型。

（1）单子叶植物

GB/T 3543.4—1995《农作物种子检验规程 发芽试验》包括的单子叶植物分属幼苗鉴定归属于 5 个组，其鉴定细则见表 4-8。

表 4-8　单子叶植物分属幼苗鉴定细则

所属组	代表属	发芽类型	不正常幼苗评定标准	主要特点
A1.2.3.2	稻属、玉米属、高粱属	留土型	根、中胚轴、胚芽鞘及第一片叶、整个幼苗	考虑初生根和次生根
A1.2.3.3	小麦属、大麦属、燕麦属	留土型	根、胚芽鞘及第一片叶、整个幼苗	考虑种子根
A1.2.3.1	黍属	留土型	根、中胚轴、胚芽鞘及第一片叶、整个幼苗	只考虑初生根
A1.2.2.1	石刁柏属	留土型	根、上胚轴、整个幼苗	上胚轴伸长，只考虑初生根
A1.1.1.1	葱属	留土型	根、胚轴、子叶、整个幼苗	只考虑初生根

注：不正常幼苗评定标准指：凡幼苗带有其中一种或一种以上的缺陷则列为不正常幼苗。

例如，稻属（如水稻）、玉米属（如玉米）均属于 A1.2.3.2 组，为子叶留土型发芽的单子叶植物，幼苗胚轴不伸长，苗端被胚芽鞘包裹着，第一片营养叶生长。变态的子叶部分即盾片留在种子内与胚乳相连。根系统由初生根和次生根组成，在幼苗鉴定时，如初生根有缺陷，可考虑次生根的生长状况。

（2）双子叶植物

GB/T 3543.4—1995《农作物种子检验规程　发芽试验》包括的双子叶植物分属幼苗鉴定归属于 4 个组，其鉴定细则见表 4-9。

表 4-9　双子叶植物分属幼苗鉴定细则

所属组	代表属	发芽类型	不正常幼苗评定标准	主要特点
A2.1.1.1	甘蓝属	出土型	根、胚轴、子叶、整个幼苗	只考虑初生根，下胚轴伸长
A2.1.1.2	甜瓜属、棉属	出土型	根、胚轴、子叶、顶芽及周围组织、整个幼苗	可考虑次生根，下胚轴伸长
A2.1.2.2	花生属、菜豆属、大豆属	出土型	根、胚轴、子叶、初生叶、顶芽及周围组织、整个幼苗	可考虑次生根，上下胚轴伸长
A2.2.2.2	巢菜属、豌豆属	留土型	根、胚轴、子叶、初生叶、顶芽及周围组织、整个幼苗	可考虑次生根，下胚轴伸长

注：不正常幼苗评定标准指：凡幼苗带有其中一种或一种以上的缺陷则列为不正常幼苗。

例如，棉属（如棉花）、甜瓜属（如西瓜）均属于 A2.1.1.2 组，为子叶出土型发芽的双子叶植物。幼苗中轴由一条伸长的下胚轴和两片子叶组成，在试验期间上胚轴不伸长，子叶间的顶芽不明显。根系由具有根毛的初生根和次生根组成，在幼苗鉴定时，如初生根有缺陷，可考虑次生根的生长状况。

第六节 / 包衣种子发芽试验

包衣种子进行发芽试验，不仅可测定包衣种子批的最大发芽力，而且可检查包衣加工过程对种子是否有有害的影响。包衣种子的发芽试验可用不脱去包衣材料的净丸化（净包膜）

种子和脱去包衣材料的净种子两种方法进行。如同净度分析一样，后者只在特殊情况下，即应送验者要求或为了核实（或比较）丸化或包膜种子内的净种子发芽能力时才使用。后者与非包衣种子检验程序完全相同，在除去包衣材料时不应影响发芽率。

不脱去包衣材料的净丸化（净包膜）种子发芽试验程序如下所述。

一、数取试样

除委托检验外，包衣种子发芽试验的试样是从经净度分析后的净丸化（净包膜）种子中分取，先将其充分混合，随机数取400粒，分4个重复，每个重复100粒。

种子带的发芽试验须在带上进行，不必从制带物质中取下种子。试验样品由随机取得的带片组成，重复4次，每重复至少含100粒种子。

二、置床培养

发芽床、发芽温度、光照条件和特殊处理依据GB/T 3543.4—1995《农作物种子检验规程 发芽试验》的规定。

当发芽结果不能令人满意时，发芽床最好采用沙床，有时也可用土壤。丸化种子应采用皱褶纸作为发芽床，种子带必须采用纸间的发芽方法。

供水情况依据包衣材料和种子种类而不同。如果包衣材料黏附在子叶上，可在计数时用水小心喷洗幼苗。

三、幼苗的计数与鉴定

试验时间可能比本章第四节发芽试验程序所规定的时间要长，因此延长试验时间是必要的。但发芽缓慢可能表明试验条件是不适宜的，这时需要做一个脱去包衣材料的种子发芽试验作为对照。幼苗异常情况可能由丸化或包膜材料引起，当发生怀疑时用土壤进行重新试验。

正常幼苗与不正常幼苗的鉴定标准仍按本章第五节的规定进行。一颗丸粒或包膜粒，如果至少能产生送验者所叙述种的一株正常幼苗，即认为具有发芽能力；如果不是送验者所叙述的种，即使长成正常幼苗，也不能包括在发芽率内。

复粒种子构造可能在丸化种子中发生，或者在一颗丸粒中发现一粒以上种子。在此种情况下，应把这些颗粒作为单粒种子试验，用至少产生一株正常幼苗的构造或丸粒百分率表示。对产生两株或两株以上的丸粒，要分别计算其颗粒并记录。

在试验中，发现新鲜不发芽种子或其他休眠种子时，可采用本章第四节破除休眠的方法处理，重新试验。如果出现幼苗异常情况，可能是由于丸化物质所引起的。当有这种怀疑时，则需用土壤发芽床重新试验。

四、结果计算、表示与报告

其结果以粒数的百分率表示。进行种子带发芽试验时，要测定种子带总长度（或面积），记录正常幼苗总数，计算每米（或每平方米）的正常幼苗数。

结果报告按本章第四节的规定填报。

实训 种子发芽试验技术

一、原理

种子在适宜的水分、氧气、温度等条件下经过一段时间后，就可以萌发。在最适宜的条件下和规定天数内，长成正常幼苗的种子数与供试种子数的百分比即为发芽率。种子发芽率高，则表示有生活力的种子多，播种后通常出苗数也多。由于在实验室内可以控制适宜的标准化条件，使发芽最为良好，结果准确可靠，重演性好。因此，发芽试验通常是在实验室条件下进行的。

二、目的和要求

①掌握主要禾谷类和葱类单子叶植物种子（如水稻、小麦、玉米、洋葱等种子）的标准发芽技术规定、发芽方法、幼苗鉴定标准和结果的计算方法。

②掌握主要豆类和蔬菜种子的发芽技术规定、发芽方法、幼苗鉴定标准和结果计算方法。

三、材料和器具

1. 实验种子

水稻、小麦、玉米和洋葱等单子叶植物种子；辣椒、甘蓝、西瓜和大豆等双子叶植物种子。

2. 用具

方形透明塑料发芽盒、长方形透明塑料发芽盒、9 cm 玻璃培养皿、发芽纸、消毒砂等。

四、方法和步骤

1. 水稻种子发芽方法

水稻种子发芽技术规定为 TP.BP.S，20 ～ 30 ℃，30 ℃第 5 天 / 第 14 天，新收获的休眠种子需预先加热 50 ℃ 3 ～ 5 d，或在 0.1 mol/L 的 HNO_3 浸种 24 h。本试验用方形透明塑料培养皿，垫入两层预先浸湿的发芽纸，用方形数种头数种，每皿播入 100 粒种子，4 次重复，放入规定温度和光下培养。第 5 天计数正常发芽种子数，第 10 天计数正常发芽种子数，第 14 天计数正常发芽种子数、不正常发芽种子数和死种子数。

2. 玉米种子发芽方法

玉米种子发芽技术规定为 BP.S，20 ～ 30 ℃，25 ℃，第 4 天 / 第 7 天。采用沙床，将消毒沙调节到适宜的湿度，装入长方形塑料培养皿内，厚度 2 ～ 3 cm，然后用活动数种板插入 50 粒种子，再盖上 1.5 ～ 2 cm 湿砂，盖好盖子，放入规定温度和光下培养。第 4 天计数正常幼苗，第 7 天计数正常幼苗、不正常幼苗和死种子数。

注：水稻和玉米属于子叶留土型发芽的单子叶植物。幼苗鉴定标准属于同一组（ISTA《幼苗鉴定手册》Al.2.3.2 组），具体如下。

（1）正常幼苗（幼苗的全部主要构造均应正常）

根系：初生根完整或带有轻微缺陷，如褪色，有坏死斑点，开裂已愈合。若初生根有缺陷，需次生根正常，并有足够的数目。

幼芽：中胚轴完整或带有轻微缺陷，如褪色、有坏死斑点，破裂已愈合，稍有弯曲。

芽鞘：完整或带有轻微缺陷，如褪色，有坏死斑点，稍有弯曲，顶端开裂少于 1/3 或等于 1/3。

叶片：完整，近芽鞘顶端伸出，至少达一半长度；或有轻微缺陷，如褪色，有坏死斑点，轻微损伤。

（2）不正常幼苗（幼苗有一个或数个主要构造有缺陷，或正常发育受影响）

根系：初生根有缺陷或无功能或次生根缺失，如发育不良、停滞、障碍、缺失、破裂、从顶端开裂、收缩、纤细、负向生长、玻璃状，由初次感染引起的腐烂。

幼芽：中胚轴有缺陷，如破裂、形成环状、螺旋形、严重卷曲，由初次感染引起的腐烂。

芽鞘：有缺陷，如畸形、破裂、顶端损伤、缺失、形成环状或螺旋形、严重卷曲、从顶端开裂并通过总长度的 1/3、基部开裂、纤细，由初次感染引起的腐烂。

叶片：有缺陷，叶片不到芽鞘长度的一半，缺失、弯曲及其他畸形。

幼苗：一个或数个主要构造有缺陷，或正常发育受影响，或整株有如下缺陷：畸形、黄化或白化、纤细、玻璃状、两株连生在一起，由初次感染引起的腐烂。先长芽鞘，而后长根。

3. *小麦种子发芽方法*

小麦种子发芽技术规定为 TP.BP.S，20 ℃，第 4 天 / 第 8 天；预先加热 30 ～ 35 ℃，预先冷冻 5 ～ 10 ℃ 3 ～ 7 d，500 ppmGA_3。

采用纸卷发芽，先将发芽纸巾（36 cm×28 cm）预湿并拧干，用两层垫平铺在工作台上，编号，然后播上 100 粒种子，再覆盖上一层湿纸巾，左边折起 2 cm 宽，卷成松的纸巾卷，垂直竖在透明塑料盒中，重复 4 次，套上透明塑料袋，在 20 ℃条件下发芽（如新收获的有休眠种子，须在 5 ～ 10 ℃条件下预先冷冻处理 5 天后，预先冷冻处理时间不计发芽时间）。至第 4 天计数正常幼苗种子数，第 8 天计数正常幼苗、不正常幼苗和死种子数。

注：小麦和大麦均为子叶留土型发芽的单子叶植物，幼苗鉴定标准同属于一组（ISTA《幼苗鉴定手册》A1.2.3.3 组），具体如下。

（1）正常幼苗（幼苗的全部主要构造均应正常）

根系：至少有两条种子根完整或一条强壮的种子根，或仅有轻微缺陷，如褪色、有坏死斑点。

幼芽：中胚轴完整，或仅有轻微缺陷，如褪色、有坏死斑点。

芽鞘：完整，或仅有轻微缺陷，如褪色、有坏死斑点、稍有弯曲、从顶端开裂少于 1/3 或等于 1/3。

叶片：完整，从芽鞘顶端长出，至少达其长度的 1/2，或褪色、有坏死斑点、稍有损伤等轻微的缺陷。

（2）不正常幼苗（幼苗有一个或数个主要构造不正常，或发育受阻，幼苗有缺陷，如畸形、两株苗连在一起、黄化或白化、纤细、玻璃状，由初次感染引起的腐烂等）

根系：种子根有缺陷或无功能，如发育不良、停滞、仅有一条细弱种子根、破裂、收缩、纤细、负向生长、玻璃状，由初次感染引起的腐烂。

幼芽：中胚轴有缺陷，如破裂，由初次感染引起的腐烂。

芽鞘：有缺陷，如畸形、由植物中毒引起的缩短、变粗、破损、残缺、形成环状、螺旋形、严重弯曲、卷曲、从顶端开裂大于其总长的 1/3、基部开裂、纤细，由初次感染引起的腐烂。

叶片：有缺陷，如长度不到芽鞘的一半，无叶、碎裂或其他畸形等。

4. *洋葱种子发芽方法*

洋葱种子发芽技术规定为 TP.BP.20 ℃，15 ℃，第 6 天、第 12 天，新收获的休眠种子须预先冷冻 5 ℃ 3 d。

采用 9 cm 玻璃培养皿，纸床，将预先浸透的发芽纸两层放入培养皿内，用真空数种器数种置床，每皿 100 粒种子，重复 4 次，在 20 ℃条件下发芽，第 6 天计数正常发芽种子数，第 9 天计数正常发芽种子数，第 12 天计数正常发芽种子数、不正常发芽种子数和死种子数。

注：葱类包括洋葱属、葱属、细香葱属等，属于子叶出土型发芽的单子叶植物（ISTA《幼苗鉴定手册》Al.1.1.1 组），幼苗鉴定标准相同，具体如下。

（1）正常幼苗（幼苗的全部主要构造均应正常）

根系：初生根完整或仅有轻微缺陷，如褪色、有坏死斑点。

幼芽：子叶完整，带有一个向上的“膝”，或仅有轻微缺陷，如褪色、有坏死斑点。

（2）不正常幼苗（幼苗有一个或几个主要构造不正常，或正常发育受阻或缺陷，如畸形、破碎、两株苗连生在一起、黄化或白化、纤细、玻璃状，由初次感染引起的腐烂等）

根系：初生根有缺陷，如发育迟缓、残缺、停滞、破裂、从顶端开裂、收缩、纤细、负向生长、玻璃状，由初次感染引起的腐烂。

幼芽：子叶有缺陷，如缩短、变粗、破裂、收缩、弯曲、形成环形、螺旋形、无“膝”、纤细、玻璃状，由初次感染引起的腐烂。

5. *辣椒种子发芽方法*

辣椒种子发芽技术规定为 TP.BP.S，20 ～ 30 ℃，第 7 天 / 第 14 天，新收获有休眠种子须用质量分数 0.2% 的 KNO_3 湿润发芽床。

采用 9 cm 玻璃培养皿，纸床，将两层经质量分数 0.2% 的 $KN0_3$ 浸透的发芽纸放入培养皿，利用真空数种器数种置床，每皿 100 粒种子，重复 4 次，在 20 ～ 30 ℃条件下变温发芽。第 7 天计数正常发芽种子数，第 10 天计数正常发芽种子数，第 14 天计数正常发芽种子数、不正常发芽种子数和死种子数。

注：辣椒属于子叶出土型发芽的双子叶植物，其幼苗鉴定与甜菜属，胡萝卜属和莴苣属相同（ISTA《幼苗鉴定手册》A 2.1.1.1 组），具体如下。

（1）正常幼苗（幼苗的全部主要构造均应正常）

根系：初生根完整或仅有轻微缺陷，如变色、带有枯斑、或有浅度裂缝。

茎轴系统：下胚轴完整或仅有轻微缺陷，如变色、有枯斑、有轻微的损伤或裂缝或有松散扭曲。

子叶：完整或仅有轻微缺陷，如无功能子叶部分少于 50%，或有 3 片初生叶，顶芽完整。

幼苗：所有主要构造正常。

（2）不正常幼苗（幼苗有一个或多个主要构造畸形，或因整个幼苗有缺陷而停止正常生长，如变形、折断，先长子叶后长根、两株幼苗粘连在一起、黄化或白化、极度细弱、水肿状，由于初次感染而引起的腐烂）

根系：初生根有缺陷，如生长受阻、残缺、发育不良、破损、从根尖有裂口、萎缩、很纤细、缩陷在种皮内、负向生长、水肿状，初次感染引起的腐烂。如果初生根有缺陷，即使产生了次生根，仍为不正常幼苗。

茎轴系统：下胚轴有缺陷，如缩短变粗、缺失、深度破损、有裂缝、裂口穿透胚轴、过度弯曲或形成环状、极度扭曲或形成螺旋状、极度纤细、水肿状，由初生感染引起的腐烂。

子叶：有缺陷，有 50% 以上组织没有正常功能，如肿胀性卷曲、畸形、分离或缺失、变色或坏死、水肿状，由初次感染而引起的腐烂。

顶芽或周围组织：有缺陷。

6. *甘蓝种子发芽方法*

甘蓝种子发芽技术规定为 TP.20 ～ 30 ℃，20 ℃，第 5 天 / 第 10 天计数，新收获有休眠种子须在5℃条件下预先冷冻3～5 d，或用质量分数0.2%的KNO_3溶液湿润发芽床。

采用9 cm玻璃培养皿，纸床，每皿垫入两层浸湿的发芽纸，用真空数种器数种置床，放入20～30 ℃或20 ℃条件下培养。每5天计数正常发芽种子，第10天计数正常幼苗、不正常幼苗和死种子数。

注：甘蓝幼苗鉴定标准为芸薹属一组（ISTA《幼苗鉴定手册》A2.1.1.1组），具体如下。

（1）正常幼苗（幼苗全部主要构造均应正常）

根系：初生根完整或带有轻微缺陷，如褪色、有坏死斑点、破裂不深且已愈合。

幼芽：下胚轴完整或仅有轻微缺陷，如褪色、有坏死斑点、破裂斑点且有愈合、稍有弯曲。

子叶：完整或仅有轻微缺陷，无功能组织少于50%，有三片初生叶。

顶芽：完整。

（2）不正常幼苗（幼苗有一个或几个主要构造不正常，正常发育受阻，或整个幼苗有缺陷，如畸形、破碎、先长子叶后长根、两株连在一起、黄化或白化、纤细、玻璃状，由初次感染引起的腐烂等）

根系：初生根有缺陷，如发育迟缓、短小、破损、从顶端撕裂、收缩、纤细、蜷缩在种皮里、负向生长、玻璃状，由初次感染引起的腐烂，即使有次生根存在，也应分为不正常幼苗。

幼芽：下胚轴有缺陷，如缩短、变粗、残缺、深度破裂、中心撕裂、收缩、变曲、形成环状、严重弯曲、形成螺旋形、纤细、玻璃状，由初次感染引起的腐烂。

子叶：其缺陷已扩展到无功能组织50%以上，如肿胀、卷曲或其他畸形、损伤、分离、残缺、褪色、有坏死斑点、玻璃状，由初次感染引起的腐烂。

顶芽或周围组织：有缺陷。

7. *西瓜种子发芽方法*

西瓜种子发芽技术规定为BP.S，20～30 ℃，25 ℃，第5天/第14天计数，要求低湿。

采用纸巾卷发芽，先将纸巾卷浸湿、拧干，再用干纸吸去多余水分，达到低湿的要求，两层平铺在工作台上，编号，摆平整，用长方形真空数种头数取50粒种子置床，盖上一层湿发芽纸，左边折2 cm，卷成松的纸卷，垂直竖在透明塑料盒中套上透明塑料袋，放在25 ℃光下发芽。第5天打开纸卷计数正常发芽种子数，并记录；未发芽种子卷回继续发芽，第10天再检查一次，至第14天打开纸卷，计数正常幼苗、不正常幼苗和死种子数。

注：西瓜幼苗属子叶出土型发芽的双子叶植物（ISTA《幼苗鉴定手册》A2.1.1.2组，包括在瓜类和棉属之中），其幼苗鉴定标准具体如下。

（1）正常幼苗（幼苗全部主要构造均应正常）

根系：初生根完整或带有轻微缺陷，如褪色、有坏死斑点、破裂不深且已愈合。如果初生根有缺陷，需次生根发育正常，且有足够的数目。

幼芽：下胚轴完整或仅有轻微缺陷，如褪色、有坏死斑点、破裂不深且已愈合，稍有弯曲。

子叶：完整或仅有轻微缺陷，有功能组织大于50%，有三片初生叶。

顶芽：完整。

（2）不正常幼苗（幼苗一个或数个主要构造不正常或正常发育受阻，整个幼苗有缺陷，如畸形、破碎、先长子叶后长根、两株苗连生在一起、黄化或白化、纤细、玻璃状，由初次感染引起的腐烂等）

根系：初生根有缺陷和无功能次生根或残缺，如发育不良、停滞、残缺、破裂、从顶端开裂、收缩、卷曲、纤细、蜷缩在种皮里、负向生长、玻璃状，由初次感染引起的腐烂。

幼芽：下胚轴有缺陷，如缩短、变粗残缺、深度开裂、中心撕裂、收缩、卷曲、形成环状、紧密卷曲或螺旋形、纤细、玻璃状，由初次感染引起的腐烂。

子叶：有缺陷，无功能组织已扩展到 50% 以上，如肿胀、卷曲、畸形、分离、残缺、褪色、有坏死组织、玻璃状，由初次感染引起的腐烂。

顶芽或其周围组织损伤或腐烂。

8. 大豆种子发芽方法

大豆种子发芽技术规定为 BP.S，20 ～ 30 ℃，25 ℃，第 5 天 / 第 8 天计数。

采用长方形透明塑料盒，沙床发芽，将砂高温消毒（130 ℃，2 h），筛取 0.05 ～ 0.8 mm 大小砂，调到适宜水分（饱和含水量 80%），装入塑料盒内，厚度 2 ～ 3 cm，用活动数种板播上 50 粒种子，覆盖上 1.5 ～ 2.0 cm 的湿砂，放入 25℃光下发芽。第 5 天计数正常发芽种子数，并记录；第 8 天计数正常幼苗、不正常幼苗和死种子数。

注：大豆幼苗属于子叶出土型发芽的双子叶植物（ISTA《幼苗鉴定手册》A2.1.2.2 组，与花生属、菜豆属相同）。其幼苗鉴定标准具体如下。

（1）正常幼苗（幼苗全部主要构造均应正常）

根系：初生根完整或带有轻微的缺陷，如褪色或有坏死斑点、破裂不深且已愈合。如果初生根有缺陷，需次生根发育良好。

幼芽：上胚轴和下胚轴完整或带有轻微缺陷，无功能组织小于 50%，有三片初生叶。

子叶：完整或仍有轻微的缺陷，如无功能面积小于 50%，有三片初生叶。

初生叶：完整或仅带轻微缺陷，如无功能组织小于 50%，有三片初生叶。

（2）不正常幼苗（幼苗有一个或几个主要构造不正常，或正常发育受阻、畸形、破裂、先长子叶后长根、两株苗连生在一起、黄化或白化、纤细、玻璃状，由初次感染引起的腐烂等）

根系：初生根有缺陷和无功能，如发育不良、停滞、破裂、顶端开裂、收缩、卷曲、纤细、蜷缩在种皮里、负向生长、玻璃状，由初次感染引起的腐烂。

幼芽：下胚轴或上胚轴均有缺陷，如缩短、变粗、深度破裂、中心撕裂、收缩、弯曲、形成环状、严重卷曲、螺旋状、纤细、玻璃状，由初次感染引起的腐烂。

子叶：有缺陷，无功能面积已超过 50%。如畸形、损伤、分离、残缺、褪色、有坏死点，由初次感染引起的腐烂。

初生叶：有缺陷，无功能面积已扩散 50% 以上。如卷曲、畸形、损伤、分离、残缺、褪色，坏死、其面积小于正常面积的 1/4，由初次感染引起的腐烂。

顶芽：有缺陷或残缺。

五、结果计算和报告

1. 结果计算

试验结果以粒数的百分率表示。当一个试验的 4 次重复（每个重复以 100 粒计，相邻的副重复合并成 100 粒的重复）正常幼苗百分率都在最大容许差距内（表 4-1）时，则其平均数表示发芽百分率。不正常幼苗、硬实、新鲜不发芽种子和死种子的百分率按四次重复平均数计算。正常幼苗、不正常幼苗和未发芽种子百分率的总和必须为 100%。正常幼苗百分率修约到最近似的整数，修约 0.5 进入最大值中；计算其余成分百分率的整数，并获得其总和。如果总和为 100%，修约结束；如果总和不是 100%，修约继续。在不正常幼苗、硬实、新鲜不发芽种子和死种子中，首先找出其百分率中小数部分最大值者，修约进入最大整数；其次计算其余成分百分率的整数，并获得其总和。如果总和为 100%，修约到此结束；如果总和不是 100%，重复此程序。如果小数部分相同，优先次序分别为不正常幼苗、硬实、新鲜不发芽种子和死种子。

当100粒种子重复间的差距超过表4-1规定的最大容许差距时，应采用同样的方法进行重新试验。如果第二次结果与第一次结果相一致，即其差异不超过表4-1中所示的容许差距，则将两次试验的平均数填报在结果单上。如果第二次结果与第一次结果不相符合，其差异超过表4-2所示的容许差距，则采用同样的方法进行第三次试验，填报符合要求结果平均数。

2. 结果报告

填报发芽结果时，须填报正常幼苗、不正常幼苗、硬实、新鲜不发芽种子和死种子的百分率。假如其中任何一项结果为零，则将符号“–0–”填入该格中。同时还须填报采用的发芽床和温度、试验持续时间以及为促进发芽所采用的处理方法。将测定结果记录于表4-9中。

表4-9 种子发芽试验记录表

<table>
<tr><td colspan="3">试验编号</td><td colspan="9"></td><td colspan="4">置床日期</td><td colspan="6">年 月 日</td></tr>
<tr><td colspan="2">作物名称</td><td colspan="4"></td><td colspan="4">品种名称</td><td colspan="4"></td><td colspan="5">每重复置床种子数</td><td colspan="3"></td></tr>
<tr><td></td><td></td><td colspan="20">重复</td></tr>
<tr><td></td><td></td><td colspan="5">Ⅰ</td><td colspan="5">Ⅱ</td><td colspan="5">Ⅲ</td><td colspan="5">Ⅳ</td></tr>
<tr><td>日期</td><td>天数</td><td>正</td><td>硬</td><td>新</td><td>不</td><td>死</td><td>正</td><td>硬</td><td>新</td><td>不</td><td>死</td><td>正</td><td>硬</td><td>新</td><td>不</td><td>死</td><td>正</td><td>硬</td><td>新</td><td>不</td><td>死</td></tr>
<tr><td></td><td></td><td></td><td></td><td></td><td></td><td></td><td></td><td></td><td></td><td></td><td></td><td></td><td></td><td></td><td></td><td></td><td></td><td></td><td></td><td></td><td></td></tr>
<tr><td colspan="2">合计</td><td></td><td></td><td></td><td></td><td></td><td></td><td></td><td></td><td></td><td></td><td></td><td></td><td></td><td></td><td></td><td></td><td></td><td></td><td></td><td></td></tr>
<tr><td colspan="3" rowspan="6"></td><td>正</td><td colspan="7">正常幼苗 %</td><td colspan="11" rowspan="6">附加说明：</td></tr>
<tr><td>硬</td><td colspan="7">硬实种子 %</td></tr>
<tr><td>新</td><td colspan="7">新鲜未发芽 %</td></tr>
<tr><td>不</td><td colspan="7">不正常幼苗 %</td></tr>
<tr><td>死</td><td colspan="7">死种子 %</td></tr>
<tr><td colspan="8">合计</td></tr>
</table>

试验人：

六、思考题

1. 种子发芽试验对种子经营和农业生产有何重要意义？
2. 在发芽试验中有几种发芽床？
3. 发芽试验包括哪些程序？
4. 发芽试验时如何进行幼苗鉴定？
5. 发芽试验时对不正常的种子如何处理？
6. 谈谈如何做好发芽试验。

第五章
Chapter Five
种子生活力测定

第一节 / 种子生活力的概念和测定意义

一、种子生活力（Seed Viability）概念

种子生活力指种子发芽的潜在能力或种胚所具有的生命力。

用标准发芽试验无法准确测出处于休眠状态的种子的发芽能力，且发芽试验需要的时间较长，而种子生活力测定可以在 1 ～ 2 天内测出其发芽的潜在能力，因此种子生活力测定可以作为发芽试验的补充，在种子贸易、调运等时间较紧迫的情况下应用。

二、种子生活力的测定意义

种子生活力测定在农业生产上具有重要的意义。

① 测定休眠种子的生活力。许多植物种子因存在休眠，暂时不能萌发，尤其是新收获的和野生性较强的种子，必须进行生活力测定，才能了解种子的发芽潜力，以便合理利用种子。播种前对发芽率低而生活力高的种子，应进行适当处理。种子检验时，若发芽试验末期有新鲜不发芽种子或硬实种子，应接着进行生活力测定，以正确评定种子品质。

② 快速预测种子的发芽力。休眠种子可借助于各种处理措施打破休眠，然后进行发芽试验，但所需时间较长，而种子贸易中，有时因时间紧迫，不可能采用标准发芽试验来测定发芽力，因为发芽试验所需时间更长，如小麦需 8 d，水稻需 14 d，某些蔬菜和牧草种子需 2 ～ 3 周，而多数林木种子则需要更长的时间。在这种情况下，可用生物化学速测法测定种子生活力作为参考。

种子生活力测定方法有 10 多种，根据其测定原理可大致分为四类：生物化学法，如四唑测定法、溴麝香草酚蓝法、甲烯蓝法、中性红法和二硝基苯法等；组织化学法，如靛蓝染色法、红墨水染色法和软 X 射线造影法等；荧光分析法；离体胚测定法。

本章主要介绍四唑测定法、离体胚测定法、染料染色法和软 X 射线造影法。正式列入《国际种子检验规程》和我国《农作物种子检验规程》的生活力测定方法是生物化学（四唑）染色法，因此，本章将重点介绍四唑染色法。

第二节 / 种子生活力四唑染色测定

一、四唑测定的发展简史

四唑测定于 1942 年由德国 Socaled Hoheneim 学校的 G. Lakon（莱康）教授（1882—1959）发明，第二次世界大战期间传入美国。随着世界四唑测定技术的发展，ISTA（国际种子检验协会）于 1950 年成立四唑测定技术委员会，致力于世界四唑测定技术的发展。1953 年爱尔兰都伯林 ISTA 世界大会第一次把四唑测定列入《国际种子检验规程》，并规定 7 个属和 1 个种的林木种子可应用该法测定生活力。

二、四唑测定的特点

1. 原理可靠

根据种子本身的生化反应和胚的主要构造依据四唑盐类染色情况来判断种子生活力强弱，能较好地表明种子内在的特性。

2. 结果准确

如能正确应用四唑测定方法，四唑测定结果与标准发芽率一般不会超过 1% ～ 2%。

3. 不受休眠限制

利用种子内部存在的还原反应显色来判断种子的死活。因此，可直接测定休眠或非休眠种子的生活力。

4. 方法简便

测定所需仪器设备和物品较少。种子样品经预处理、样品准备、染色、鉴定等简单步骤就可取得结果。

5. 省时快速

从目前国际范围看，如果使用 Vitascope 种子生活力测定仪，则一般禾谷类种子测定仅需 20 ～ 30 min，其他常规四唑测定也只需 6 ～ 24 h，就能获得结果。同发芽试验时间相比，这是很快的。

6. 成本低廉

由于四唑测定所需仪器和物品少且方法简便，所以每个样品测定所花成本很低，一般只需要几角钱。

总之，四唑测定是目前世界公认的最有发展前途的种子生活力测定方法之一。

三、四唑测定的适用范围

根据 1996 年《国际种子检验规程》规定，四唑测定在快速测定种子生活力方面的适用范围如下：

①测定休眠种子的发芽潜力；

②测定收获后要马上播种种子的潜在发芽潜力；

③测定发芽缓慢种子的发芽潜力；

④测定发芽末期未发芽种子的生活力；

⑤测定种子收获期间或加工损伤（如热伤、机械损伤、虫蛀、化学伤害等）种子的生活力，并按染色局部解剖图形查明损伤原因；

⑥解决发芽试验中遇到的问题，查明不正常幼苗产生的原因和杀菌剂处理或种子包衣等的伤害；

⑦查明种子贮藏期间劣变衰老程度，按染色图形分级，评定种子活力水平；

⑧时间紧迫，调种时需快速测定种子生活力。

四、四唑测定应用的化学试剂

1. 四氮唑

四氮唑全称为 2，3，5- 氯化（或溴化）三苯基四氮唑，简称为四唑或红四唑。英文名为 2，3，5-Triphenyl TetrazoliumChloride（or Bromide），缩写为 TTC（TTB）或 TZ。分子式为 $C_{19}H_{15}N_4Cl$，分子量为 334.8，为白色或淡黄色的粉剂，溶点 243 ℃，当达到约 245 ℃时就会分解，易溶于水，具有微毒。遇到直射光线会被还原成粉红色，因此，该试剂需用棕色瓶装盛，并用黑纸在外面包装。已配好的四唑溶液也应装入棕色玻璃瓶里，存放在暗处。在进行种子染色时，也需将其放在暗处和弱光处。

四唑是一种目前全世界普遍采用的四唑盐类。通常将四唑测定称为 TTC 测定（TTC Test），美国称为 TZ 测定（TZ Test）。

目前国际和我国通常采用的四唑药剂是 2，3，5- 氯化三苯基四氮唑或 2，3，5- 溴化三苯基四氮唑。一般建议使用 0.1% ～ 1.0% 的四唑盐的水溶液。所配好的四唑溶液应保存在棕色瓶里，一般可保持数个月的有效期。如存放在冰箱里，则可保存更长的时间。已用过的四唑溶液，应倒掉，不能再用。切开的种子可用 0.1% ～ 0.5% 的四唑溶液，整个胚、整粒种子以及被斜切、模切或穿刺的种子需用 1.0% 的四唑溶液。

四唑溶液的 pH 要求在 6.5 ～ 7.5 范围之内，若溶液的 pH 不在此范围时，建议采用磷酸缓冲液来配制。其配制方法为称取 1 g 四唑粉剂溶解于 100 ml 磷酸缓冲液中，即配成 1.0%（或 0.1%）的四唑溶液。当用酸度计测定时，若四唑溶液的 pH 达不到要求，则可用 NaOH 或 $NaHCO_3$ 稀溶液加以调节。配好的四唑溶液应保存在棕色瓶中，一般有效期为几个月，如存放在冰箱，则有效期更长。已用过的四唑溶液不能再用。

2. 磷酸缓冲液

在四唑测定时，要求四唑水溶液的 pH 在 6 ～ 7 范围之内。当四唑溶液的 pH 不在这一范围时，建议采用磷酸缓冲液来配制。

磷酸缓冲液的配制方法有以下两种。

①ISTA 规程法。先准备两种溶液：溶液 I—— 在 1 000 mL 蒸馏水中溶解 9.078 g KH_2PO_4；溶液Ⅱ—— 在 1 000 ml 蒸馏水中溶解 9.472 g Na_2HPO_4 或 11.876 g $Na_2HPO_4 \cdot 2H_2O$。然后取溶液 I 2 份和溶液 II3 份混合即成。

②AOSA 规程法。在 1 000 ml 蒸馏水中溶解 5.45 g NaH_2PO_4 和 3.79 g Na_2HPO_4。

3. 乳酸苯酚透明液

采用乳酸苯酚透明液会使小粒豆类和牧草种子经四唑染色后使种皮、稃壳或胚乳变为透明，透过这些部分清楚地观察其胚主要构造的染色情况。其配法为：20 ml 乳酸 +20 ml 苯酚 +40 ml 甘油 +20 ml 蒸馏水。

4. 过氧化氢溶液

用于某些牧草种子（如黑麦草、早熟禾、羊茅和鸭茅等）的预湿浸种，以加快吸胀和促进酶的活化。一般应用 0.3% 的 H_2O_2 溶液。

5. 杀菌剂和抗生素

用微量的杀真菌剂和（或）抗生素加入四溶液或染色样品中，以延缓衰弱种子的劣变进程。可应用 0.5% 的青霉素等抗生素。

6. 胶液硬化剂

有些种子浸种后，种皮表面出现胶黏物质而变得非常光滑，难以进行样品准备，可用 $AlK(SO_4)_2 \cdot 12H_2O$，K_2SO_4，$Al_2(SO_4)_3$ 等硬化剂处理。如将种子浸在 1% ～ 2% 的 $AlK(SO_4)_2 \cdot 12H_2O$ 溶液中 5 min，可有效地减少胶黏物质。

五、四唑测定的原理

种子有无生活力主要取决于胚和（或）胚乳（或配子体）坏死组织的部位和面积的大小，而不一定在于颜色的深浅。颜色的差异主要是将健全的、衰弱的和死亡的组织判别出来。根据以上理由和所用指示剂，把这种测定称为“局部解剖图形的四唑测定”（Topographical Tetrazolium Test）。这就是说，四唑测定是根据种子胚和活营养组织局部解剖染色部位及颜色状况，鉴定种子胚的死亡部分，并查明种子死亡原因的一种测定方法。

在种子组织活细胞内脱氢酶的作用下，无色的氯化三苯基四氮唑接受活种子代谢过程中呼吸链上的氢，在活细胞里变成还原态的红色、稳定、不扩散的三苯基甲臜（Triphenyl Formazam）。

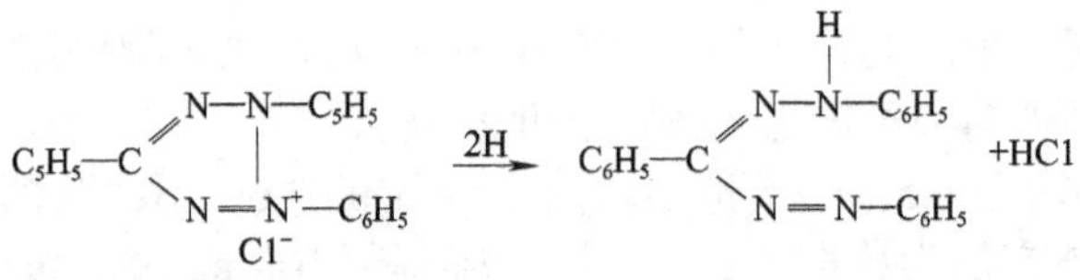

$$C_5H_5{-}C\begin{cases}=N{-}N{-}C_5H_5\\ -N{=}N^{+}{-}C_6H_5\ (Cl^{-})\end{cases} \xrightarrow{2H} C_6H_5{-}C\begin{cases}=N{-}N(H){-}C_6H_5\\ -N{=}N{-}C_6H_5\end{cases} + HCl$$

2，3，5-氯化三苯基四氮唑（无色）　　三苯基甲臜（红色）

依据四唑染成的颜色和部位，即可区分种子红色的有生活力部分和无色的死亡部分。一般来说，单子叶植物种子的胚和糊粉层、双子叶植物种子的胚和部分双子叶植物的胚乳、裸子植物种子的胚和配子体等属于活组织，其中含有脱氢酶，四唑渗入后能染成红色，而种皮和禾谷类胚乳等为死组织，不能染色。除完全染色的有生活力种子和完全不染色的无生活力种子外，还可能出现一些部分染色的种子。

四唑染色是一酶促反应，因此反应不仅受酶活性的影响，还受底物浓度、反应温度、pH等因素的影响。该酶促反应的适宜pH为6.1～7，高于或者低于此pH反应不能正常进行，也就无法测定种子活力的高低。因此，对于游离酸含量高的四唑试剂应当用缓冲液配制。反应速率随温度的不同而变化，温度每升高10 ℃反应速率提高1倍，譬如20 ℃时需要反应时间4 h，30 ℃则需要2 h，但反应最高温度不能超过45 ℃，染色时底物的浓度要一致。种子预措时，采用的方法应根据种子的化学组成和种子结构确定。

六、四唑测定的程序

（一）试验样品的来源数取

试验样品来源必须是净种子。净种子可以从净度分析后的净种子中随机数取，也可以从送验样品中直接随机数取。一般随机数取100粒种子，2～4个重复或少于100粒的若干副重复。

如果是测定发芽末期休眠种子的生活力，则可单用试验末期的休眠种子。

委托检验可以直接从经充分混合的种子样品中随机数取种子。

（二）染色前的种子准备

在正式测定前，对所测种子样品需经过预处理（预措预湿），其主要目的是使种子加快和充分吸湿，软化种皮，方便样品准备和促进活组织酶系统的活化，以提高染色的均匀度与鉴定的可靠性和正确性。因为种子吸湿后，使得切开、针挑种皮或扯开营养组织变得容易，而干种子则操作困难，切开时容易破且切面存在破碎粉块，并且由于活细胞内的酶系统尚未活化，染色效果不良。

预措是指在种子预湿前除去种子的外部附属物和在种子非要害部位弄破种皮。如水稻种子需脱去内外稃壳，豆科硬实种子刺破种皮等。但需注意，预措不能损伤种子内部胚的主要构造。绝大多数种子不须进行预措处理，但有一些种子在预湿前要进行预措处理。

预湿是四唑染色测定的必要步骤。预湿方法目前常用的有以下 3 种方法。

（1）缓慢润湿

缓慢润湿是按种子发芽试验所采用方法，将种子放在纸床上或纸巾间，让其缓慢吸湿。该法适用于那些直接浸在水中容易破裂和损伤的种子，以及已经劣变的种子或过分干燥的种子。

缓慢润湿可采用下面两种方法：

①纸卷或纸间预湿，如大豆、菜豆、豌豆等种子，可卷在湿纸巾里，再放入塑料盒里预湿一夜；

②纸床上预湿，对于小粒豆类种子，可将种子撒在湿润的吸水纸上，再放入长方形塑料盒内，在 15 ℃下过一夜。

（2）水中浸渍

水中浸渍是将种子完全浸入水中，种子吸水快、均匀，并可缩短预湿时间。该法适用于种子直接浸入水中不会造成组织破裂损伤，并不会影响鉴定结果的种子种类，包括水稻、小麦、大麦、燕麦、黑麦草、黑麦、玉米等，如表 5-1 所示。浸种温度一般采用 20 ～ 30 ℃或 30 ℃水温。

（3）过氧化氢（H_2O_2）溶液浸种

美国俄勒冈州立大学种子实验室为了加快种子吸胀和促进酶的活化，以及缩短预湿时间，像黑麦草、早熟禾、羊茅、鸭茅等禾本科小粒牧草种子，采用 0.3% 浓度的过氧化氢溶液浸种预湿方法。一般在 25 ～ 30 ℃下浸种 1 h 或 20 ℃浸种一夜。

（三）染色前的样品准备

为了使四唑溶液快速和充分渗入种子的全部活组织，加快染色反应和正确鉴定胚的主要构造，大多数种子在染色前必须采用适当的方法使胚的主要构造和（或）活的营养组织暴露出来。主要构造是指分生组织和对发育成正常幼苗所必需的全部构造。

种皮渗水性良好的豆类种子，在四唑溶液里染色时，就能随着四唑溶液的渗入而吸胀，并在染色后剥去种皮就可正确鉴定，这类种子不须样品准备。许多植物的种类在染色前需将其胚的主要构造和活的营养组织暴露出来，以利于四唑溶液渗透，便于正确鉴定。可采用下列处理技术刺穿、切开种子或剥去种皮。处理后的种子应保持湿润，直到每个重复都完成为止。

①刺穿：对经过预湿的种子或硬实种子，可利用解剖针或解剖刀，刺穿种子的非主要部位。

②纵切：所有禾谷类和禾本科牧草种子，像羊茅属大小种子或较大的种子，通过胚中轴的中部纵向切开，约达胚乳长度的 3/4；无胚乳而具有直立胚的双子叶植物种子，通过子叶略离中轴的一半纵切，而不伤及胚中轴部分；胚被活的组织包围着的种子，可沿着胚的旁边进行纵切。

③横切：用解剖刀、刀片、弯曲剪子或其他适当的方法，沿种子非主要组织横向切断。

禾本科牧草种子，紧靠胚的上部横切，并将有胚的一端浸入四唑溶液。对于具有直立胚和无胚乳的双子叶植物种子，从子叶末端部分横向切除 1/3 或 2/5。对于针叶树类种子，横向切去两端一小部分，以保证能打开胚腔，但不能伤及胚太重。

④横剖：横剖可替代横切，是切开但不切断的一种处理方法。适用于小粒禾本科牧草种子（如剪股颖属、梯牧草属和早熟禾属）。

⑤胚分离：胚分离可用于大麦、黑麦和小麦。用解剖针在盾片的上部稍偏中心处刺穿胚乳，然后略略扭动，使胚乳纵裂，挑出带有盾片的胚，随即移入四唑溶液。

⑥剥去种皮：当切开方法不适合时，必须剥去全部种皮以及其他被覆组织。具有坚硬被覆物的种子，如坚果和核果等，可将种子或预湿后的种子劈开或敲裂，但要注意避免胚部受伤。坚韧的种皮可在预湿后，用解剖刀或解剖针小心地将其撕开剥掉。

一些常见作物种子的准备如图 5-1 所示。

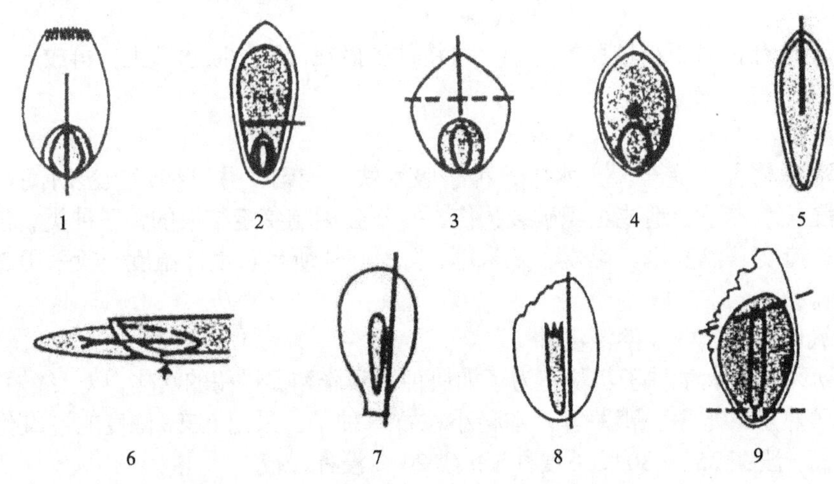

图 5-1　一些常见作物种子的准备示意图

1—禾谷类和禾本科牧草种子通过胚和约在胚乳 3/4 处纵切；
2—燕麦属（Avena）和禾本科牧草种子靠近胚部横切；
3—禾本科牧草种子通过胚乳末端部分横切和纵切；
4—禾本科牧草种子刺穿胚乳；
5—通过子叶末端一半纵切，如莴苣属（Lactuca）和菊科（Asteraceae）中的其他属；
6—纵切面表明似上述第⑤种方式进行纵切时的解剖刀部位；
7—沿胚的旁边纵切（伞形科（Apiaceae）中的种和其他具有直立胚的种）；
8—针叶树种子沿胚旁边纵切；
9—在两端横切，打开胚腔，并切去小部分胚乳（配子体组织）。

（四）四唑染色

四唑溶液必须完全淹没种子，溶液不能直接露光，因为光线可能使四唑盐类还原而降低其浓度，影响染色效果。

按表 5-1 的要求，将经过样品准备或不须准备的规定数量种子分别放入四唑溶液里染色。小粒种子可用直径 6 cm 的培养皿；大、中粒种子可用 9 cm 培养皿或更大的容器；特别细小的种子可包在滤纸内，分别放入容器里。然后加入适宜浓度的四唑溶液，移置一定温度的恒温箱内进行染色反应。

表 5-1　农作物种子四唑染色技术规定

种（变种）名	学名	预湿方式	预湿时间 /h	染色前的准备	溶液浓度 /%	35℃染色时间 /h	鉴定前的处理	有生活力种子允许不染色、较弱或坏死的最大面积	备注
小麦 大麦 黑麦	*Triticumaestivum* L. *Hordeum vulgare* L. *Secale cereale* L	纸间或水中	30 ℃恒温水浸种 3 ~ 4 h，或纸间 12 h	a. 纵切胚和 3/4 胚乳； b. 分离带盾片的胚	0.1	0.5 ~ 1	a. 观察切面 b. 观察胚和盾片	a. 盾片上下任一端 1/3 不染色； b. 胚根大部分不染色，但不定根原始体必须染色	盾片中央有不染色组织，表明受到热损伤
普通燕麦 裸燕麦	*Auena sativa* L. *Avena nuda* L.	纸间或水中	同上	a. 除运河稃壳，纵切胚和 3/4 胚乳； b. 在胚部附近横切	0.1	同上			
玉米	*Zea mays* L.	纸间或水中	同上	a. 除运河稃壳，纵切胚和 3/4 胚乳； b. 在胚部附近横切	0.1	同上	a. 观察切面 b. 沿胚纵切	同上	同上
黍粟	*Panicum miliaceum* L. Setaria italica Beauv.	纸间或水中	同上	纵切胚和大部分胚乳	0.1	同上	切开或撕开，使胚露出	胚根；盾片上下任一端 1/3 不染色	同上
高粱	*Sorghum bicolor* (L.) Moench	纸间或水中	同上	纵切胚和大部分胚乳	0.1	同上	观察切面	a. 胚根顶端 2/3 不染色； b. 盾片上下任一端 1/3 不染色	
水稻	*Oryza* L.	纸间或水中	12	纵切胚和 3/4 胚乳	0.1	同上	观察切面	胚根顶端 2/3 不染色	必要时可除运河内外稃
棉花	*Gossypium* spp.	纸间	12	a. 纵切 1/2 种子； b. 切运河部分种皮； c. 运河掉胚乳遣迹	0.5	2 ~ 3	纵切	a. 胚根顶端 1/3 不染色； b. 子叶表面有小范围的坏死或子叶顶端 1/3 不染色	有硬实应划破种皮
甜荞 苦荞	*Fagopyrum esculentum* Moench *Fagopyrum tataricum* (L.) Gaertn.	纸间	6 ~ 8	无须准备	1.0	3 ~ 4	切开或除运河种皮，掰手子叶，露出胚芽	a. 胚根顶端 1/3 不染色； b. 子叶表面有小范围的坏死	

续表

种（变种）名	学名	预湿方式	预湿时间 /h	染色前的准备	溶液浓度 /%	35℃染色时间 /h	鉴定前的处理	有生活力种子允许不染色、较弱或坏死的最大面积	备注
菜豆 豌豆 绿豆 花生 大豆 豇豆 扁豆 蚕豆	*Phaseolus vulgaris* L. Pisum sativum L. *Vigna radiata* (L.) Wilczek *Arachis hypogaea* L. *Glycine mac* (L.) Merr. *Vigna unguiculata* Walp. *Dolichos lablab* L. *Vicia faba* L.	纸间	6～8	无须准备	1.0	3～4	切开或除运河种皮，掰开子叶，露出胚芽	a. 胚根顶端不染色，花生为 1/3，蚕豆为 2/3，其他种为 1/2； b. 子叶顶端不杂花，花生为 1/4，蚕豆为 1/3，其他为 1/2； c. 除蚕豆外，胚芽顶部不染色 1/4	
南瓜 丝瓜 黄瓜 西瓜 冬瓜 苦瓜 甜瓜 瓠瓜	*Cucurbita moschata* *Duchesne* ex Poiinet *Luffa* spp. *Cucumis sativus* L. *Citrullus* lanatus *Masum*.et Nakai *Benincase hispida* Cogn. *Momordica charantia* L. *Cucumis melo* L. *Lagenaria siceraria* Stand.	纸间或水中	在 20～30 ℃水中浸 6～8 h 或纸间 24 h	a. 纵切 1/2 种子； b. 剥去种皮； c. 西瓜用干燥布或纸揩擦，除运河表面黏液	1.0	2～3 h，但甜瓜 1～2 h	除去种皮和内膜	a. 胚根顶端不染色 1/2； b. 子叶顶端不染色 1/2	
白菜型油菜 不结球白菜 结球白菜 甘蓝型油菜 甘蓝 花椰菜 萝卜 芥菜	*Brassica campestri* L. *Brassica campestris* L.ssp.*chinensis* (L.) Makino *Brassica campestri* L.ssp.*pekinensis* (Lour.) Olsson *Brassica napus* L. *Brassica oleracea* var.capitata L. *Brassica oleracea* L.var.botruytis L. *Raphanus sativus* L. *Brassica juncea* Coss.	纸间或水中	30℃温水中浸种 3～4 h 或纸间 5～6 h	a. 剥去种皮； b. 切去部分种皮	1.0	2～4	a. 纵切种子使胚中轴露出。 b. 切运河部分种皮使胚中轴露出	a. 胚根顶端 1/3 不染色； b. 子叶顶端有部分坏死	
葱属（洋葱、韭菜、葱、韭葱、细香葱）	*Allium* spp.	纸间	12	a. 沿扁平面纵切，但不完全切开，基部相连； b. 切去子叶两端，但不损伤胚根及子叶	0.2	0.5～1.5	a. 扭开切口，露出胚。 b. 切运河一薄层胚乳，使胚露出	a. 种胚和胚乳完全染色； b. 不与胚相连的胚乳有少量不染色	

续表

种（变种）名	学名	预湿方式	预湿时间 /h	染色前的准备	溶液浓度 /%	35℃染色时间 /h	鉴定前的处理	有生活力种子允许不染色、较弱或坏死的最大面积	备注
辣椒 甜椒 茄子 番茄	*Capsicum frutescens* L. *Capsicum frutescens* var. *grossum* *Solanum melongena* L. *Lycopersicon lycopersium* (L.) Karsten	纸间水中	在 20 ～ 30 ℃水中 3 ～ 4 h，或纸间 12 h	a. 在种子中心刺破种皮和胚乳； b. 切去种子末端，包括一小部分子叶	0.2	0.5 ～ 1.5	a. 撕开胚乳，使胚露出； b. 纵切种子使胚露出	胚和胚乳全部染色	
芫荽 芹菜 胡萝卜 茴香	*Coriandrum sativum* L. *Apium graveolens* L. *Daucus carota* L. *Foeniculum vulgare* Mill.	水中	在 20 ～ 30 ℃水中 3 h	a. 纵切种子一半，并撕开胚乳，使胚露出； b. 切去种子末端 1/4 或 1/3	0.1 ～ 0.5	6 ～ 24	a. 进一步撕开切口，使胚露出； b. 纵切种子露出胚和胚乳	胚和胚乳全部染色	
苜蓿属 草木樨属 紫云英	*Medicago* ssp. *Melilotus* ssp. *Astragalus sinicus* L.	水中	22	无须准备	0.5 ～ 1.0	6 ～ 24	除运河种皮使胚露出	a. 胚根顶端 1/3 不染色； b. 子叶顶端 1/3，如在表面可 1/2 不染色	
莴苣 茼蒿	*Lactuca sativa* L. *Chrysanthemum coronarium* var.*spatisum*	水中	在 30 ℃水中浸 2 ～ 4 h	a. 纵切种子上半部（非胚根端）； b. 切去种子末端包括一部分子叶	0.2	2 ～ 3	a. 切运河种皮子叶使胚露出； b. 切开种子末端轻轻挤压，使胚露出	a. 胚根顶端 1/3 不染色； b. 子叶顶端 1/3 表面不染色，或 1/3 弥漫不染色	
向日葵	*Helianthus annuus* L.	水中	3 ～ 4	纵切种子上半部或除去果壳	1.0	3 ～ 4	除去果壳	a. 胚根顶端 1/3 不染色； b. 子叶顶端表面 1/2 不染色	
甜菜	*Beta vulgaris* L.	水中	18	a. 除去盖着种胚的帽状物； b. 沿胚与胚乳之界线切开	0.1 ～ 0.5	扯开切口使胚露出			
菠菜	*Spinacia oleracea* L.	水中	3 ～ 4	a. 在胚与胚乳之边界刺破种皮； b. 在胚根与子叶之间横切	0.5 ～ 1.5	a. 纵切种子，使胚露出 b. 掰开切口，使胚露出			

在染色过程中，有时还需注意以下问题。

1. 染色温度与时间

染色时间因种子种类、样品准备方法、种子本身生活力的强弱、四唑溶液浓度、pH 值和温度等因素的不同而有差异，其中温度的影响最大。染色时间可按需要在 20 ～ 45 ℃温度范围内加以适当选择，一般选择 35 ℃。种子的健壮、衰弱和死亡不同的组织，其染色的快慢也是不同的。一般来说，衰弱组织四唑溶液渗入较快，染色也较快；健壮组织酶活性较强，染色较明显。

如果规定的染色时间已到，但样品的染色仍不够充分，这时可适当延长染色时间，以便证实染色不够充分是由于四唑溶液渗入缓慢所引起，还是由于种子本身的缺陷所引起的。

2. 暂停染色

有时因为没有时间按时进行鉴定，那么可在可能接受的时间范围内，将正在进行染色的样品移到低温或冰冻条件下，以延缓或中止染色反应进程，这时任需将种子样品保持在原来的染色溶液里。对于已达到染色时间的样品应保持在清水中或湿润条件下，对于在 1 h 内要鉴定的染色样品，最好先倒去染色溶液，冲洗后保持在低温清水中或湿润状态下，以及弱光或黑暗条件下，以待鉴定。

3. 染色失调

在适宜的染色时间内，染色溶液变为混浊，并出现泡沫或粉红色的沉淀，这可能是由于以下一种或几种原因引起的：①在测定样品中含有死亡、衰弱、热伤、冻害或机械损伤的种子；②测定样品的胚和营养组织在预湿前已在水中或四唑溶液里浸过；③染色溶液温度过高而引起种子组织（特别是衰弱组织）的严重变劣，导致外溢物增加和微生物的活动。

（五）鉴定前处理

为了确保鉴定结果的正确性，还应将已染色的种子样品进行适当的处理，进一步使胚的主要构造和活的营养组织明显地暴露出来，以便观察鉴定。

1. 直接观察

适用于染色前已进行了样品准备的整个胚、摘出的胚中轴、纵切或横切的胚等样品。因为这些种子胚的主要构造已暴露在外面，所以不必附加处理，就可直接观察鉴定。

2. 轻压出胚

适用于样品准备时仅切去种子的一部分，胚的大部分仍留在营养组织内的样品。在鉴定前用解剖针在种子上轻压，使胚向切口滑出。

3. 扯开营养组织

适用于样品准备时仅撕去种皮或仅切去部分营养组织的样品。需扯去遮盖住胚的营养组织或去掉切口表面的营养组织，使胚的主要构造完全暴露出来。

4. 切去一层营养组织

适用于样品准备时仅切去或切开种子上半粒或基部的种子样品。需在适当的位置切去一层适宜厚度的营养组织，以便观察胚和活营养组织染色情况。

5. 下胚中轴纵切

适用于样品未经准备的种子，如有些豆类种子。

6. 沿种子中线纵切

适用于样品准备时，仅除去种子外面构造或仅切去基部的种子，如五加科等种子。

7. 剥去半透明的种皮或种子组织

适用于样品未经准备或仅切去基部的种子，如大豆、豌豆等种子。

8. 切去切面碎片或掰开子叶

适用于切得不好或有些双子叶豆科种子。

9. 剥去种皮和残余营养组织

适用于样品准备时仅切去种子一部分的样品，如红花种子。

10. 乳酸苯酚透明液的应用

在四唑染色达到适宜时间后，小粒种子用载玻片挡住培养皿的一边，留一条狭缝，沥出四唑溶液。注意不能溜出种子。对于更细小的种子（如小糠草）等，则可借助管口比种子小的吸管吸去四唑溶液。然后用厚型吸水纸片吸干残余的溶液，并把种子集中在培养皿的凹陷处，再加入 2 ～ 4 滴乳酸苯酚透明液，适当摇晃，使其与种子良好接触，马上移入 38 ℃恒温箱保持 30 ～ 60 min，经清水漂洗后直接观察。

（六）观察鉴定

四唑测定样品经染色和处理后，进行正确的观察鉴定是非常重要的。测定结果的可靠性取决于检验人员对染色组织和部位的正确识别、工作经验和判断能力等综合运用能力。观察鉴定的主要目的是区别有生活力和无生活力种子。

一般鉴定原则是，凡是胚的主要构造及有关活的营养组织能够染成有光泽的鲜红色，且组织状态正常的，为有生活力种子。凡是胚的主要构造局部不染色或染成异常的颜色，并且活的营养组织不染色部分超过允许范围，以及组织软化的，为不正常种子。凡是完全不染色或染成无光泽的淡红色或灰白色，且组织已软腐、异常、虫蛀、损伤、腐烂的为死种子。不正常种子和死种子均作为无生活力种子。此外，胚或其他主要构造明显发育不正常的种子，不论染色或不染色，均应作为无生活力的种子。仔细的鉴定工作还可以鉴别出不同类型的有生活力或无生活力的种子。部分植物种子的鉴定标准见表 5-1。玉米和小麦种子四唑染色鉴定标准的实例如图 5-2 和图 5-3 所示。

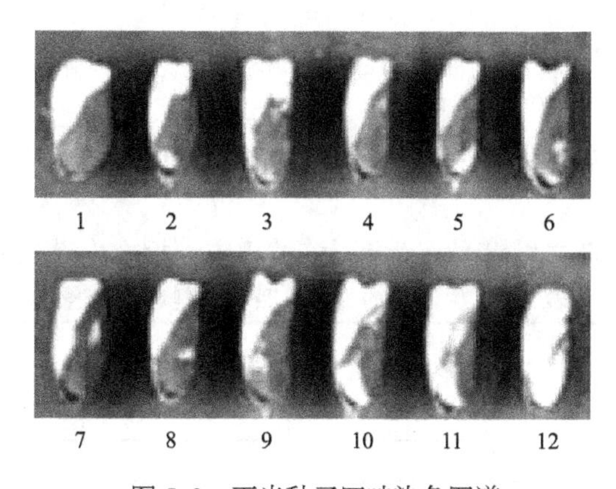

图 5-2　玉米种子四唑染色图谱

1—有生活力，胚全染成深红色；2—有生活力，仅盾片两端少部不染色；3—有生活力，仅盾片先端及胚芽鞘先端及少部不染色；4—有生活力，胚芽鞘先端不染色；5—有生活力，胚芽鞘先端及胚根顶端 2/3 以下不染色，种子根区染色；6—无生活力，胚根大部不染色，已波及种子根区；7—无生活力，胚芽全部不染色；8—无生活力，胚轴不染色；9—无生活力，盾片与胚轴连接处不染色；10—无生活力，盾片两端不染色部分已超过 1/2；11—无生活力，盾片 1/2 以上不染色；12—无生活力，胚全部不染色

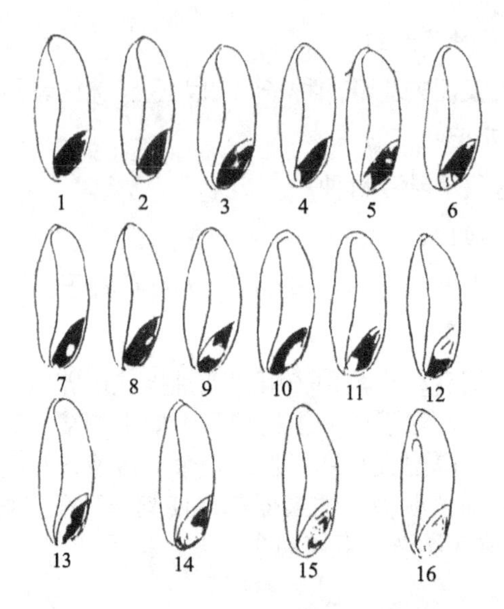

图 5-3　小麦种子四唑测定结果的鉴定标准

注：图中黑色部分表示染成红色，有生活力的组织；白色部分表示不染色的死组织

1—有发芽力，整个胚染成鲜红色；2—5 有发芽力，盾片末端不染色；6—有发芽力，胚根尖端及胚根鞘不染色；7—无发芽力，胚根 3/4 以上不染色；8—无发芽力，胚芽不染色；9—无发芽力，盾片中部和盾片节不染色；10—无发芽力，胚轴不染色；11—无发芽力，盾片末端和胚芽尖端不染色；12—无发芽力，胚的上半部不染色；13—无发芽力，盾片不染色；14—无发芽力，盾片、胚根和胚根鞘不染色；15—无发芽力，染成模糊的淡红色；16—无发芽力，整个胚不染色

鉴定时，可借助于放大器具进行观察。大、中粒种子可直接用肉眼或 5 ～ 7 倍放大镜进行观察鉴定，小粒种子最好利用 10 ～ 100 倍体视显微镜进行仔细观察鉴定。鉴定时注意判断种子预措时胚部切偏和切面粗糙对观测结果的影响。

（七）结果计算与报告

按生活力的生化（四唑）测定记载表（表 5-2）记录各个重复中有生活力的种子数。计算各个重复中有生活力的种子数时，重复间最大容许差距不得超过表 5-3 的规定，平均百分率计算到最近似的整数，如果超过最大容许差距应重做。

在种子检验结果报告单中“其他测定项目”栏中要填报“四唑测定有生活力的种子所占百分率（%）”。

对豆类、棉籽和蕹菜等需增填“试验中发现的硬实百分率”，硬实百分率应包括在所填报有生活力种子的百分率中。

若是测定发芽试验末期未发芽种子生活力，结果应填报在发芽试验结果报告的相应栏中。

表 5-2　生活力的生化（四唑）测定记载表

样品编号		作物名称		品种名称	
重复 记载	Ⅰ	Ⅱ	Ⅲ	Ⅳ	平均百分率
检测粒数					
有生活力粒数					
无生活力粒数					
硬实粒数					
附加说明					

检验员：　　　　　　　　　　　　　　　　　　　　校核员：

表 5-3　生活力测定重复间最大容许误差

（2.5% 显著水平的两尾测定）

平均生活力 /%		重复间容许最大差距			平均生活力 /%		重复间容许最大差距		
50% 以上	50% 以下	4 次重复	3 次重复	2 次重复	50% 以上	50% 以下	4 次重复	3 次重复	2 次重复
99	2	5	–	–	81～83	18～20	15	14	12
98	3	6	5	–	78～80	21～23	16	15	13
97	4	7	6	6	76～77	24～25	17	16	13
96	5	8	7	6	73～75	26～28	17	16	14
95	6	9	8	7	71～72	29～30	18	16	14
93～94	7～8	10	9	8	69～70	31～32	18	17	14
91～92	9～10	11	10	9	67～68	33～34	18	17	15
90	11	12	11	9	64～66	35～37	19	17	15
89	12	12	11	10	56～63	38～45	19	18	15
88	13	13	12	10	55	46	20	18	15
87	14	13	12	11	51～54	47～50	20	18	16
84～86	15～17	14	13	11					

第三节 / 种子生活力的其他测定方法

一、离体胚测定法

（一）概述

自 1904 年 Hänning. E 成功地培养了胡萝卜和辣根菜的离体胚以来，离体胚组织的培养已有百年的历史。该技术在植物育种中主要用于解决远缘杂种败育、种子休眠期过长以及快速繁殖等问题。Tukey 于 1944 年研究桃种子时发现，未通过后熟种子和已通过后熟种子的胚在离体培养下生长速率一致，因此，认为胚胎培养法可用于快速测定这类种子的生活力。目前，离体胚培养法已被广泛应用于木本植物种子的生活力测定中。离体胚测定的目的是，快速测定某些发芽缓慢或休眠期较长的植物种的种子生活力。

1996 版《国际种子检验规程》规定，离体胚测定只适用于下列已规定具体方法的植物种：

①槭属（*Acer* spp.）（复叶槭（*A. negundo*）和鸡爪槭（*A. palmatum*）除外）；

②卫矛属（*Euonymus* spp.）；

③梣属（*Fraxinus* spp.）；

④苹果属（*Mulus* spp.）和梨属（*Pyrus* spp.）；

⑤加州山松（*Pinus monticola*）、扫帚松（*P. Peuce*）和北美乔松（*P. strobus*）；

⑥瑞士石松（P. cemtbra），大果松（I'. coulteri），巴尔干松（*P. heldreichii*），黑材松（P. jefreyi）、红松（P. koraiensis）和日本五针松（*P. parviflora*）；

⑦李属（*Prunus.spp.*）. 欧洲甜樱桃（*P. avium*）、比西氏樱桃（*P. bessey*）、黄果酸樱桃（*P. maheleb*）、稠李（*P. padus*）、柳栋野黑樱（P. serotina）、美国稠李（*P. virginiana*）、杏（*P. armeniaca*）和桃（*P. persica*）等；

⑧花楸属（*Sorbus* spp.）；

⑨椴属（*Tilia* spp.）。

对于原先已发过芽的种子和发过芽又失水干燥的种子，不适合采用此法。

（二）原理

将离体胚在规定的条件下培养 5 ～ 14 d。有生活力的胚仍然保持坚硬新鲜的状态，或者吸水膨胀、子叶展开转绿，或者胚根和侧根伸长、并且长出上胚轴和第 1 叶。而无生活力的胚，则呈现腐烂的症状。

（三）测定方法

1. 试验样品

试验样品常用 400 粒种子。由于在胚分离过程中可能有损伤的种胚，所以至少应从经净度分析后的净种子中随机取 425 ～ 450 粒种子。根据胚的大小和放置容器的容量设定重复次数（如 4×100 或 8×50）。

2. 浸种前处理

某些需要机械划破或化学腐蚀种皮的植物种子，必须在浸种前进行适当处理。一些果实外部的坚硬果皮也需去除。

3. 清水浸种

按种子吸水速率不同，将种子放在自来水中浸泡 24 ～ 96 h。水温保持在 25 ℃以下，每天换水 2 次，以延缓真菌或细菌的生长以及种子渗出物的积累。

4. 胚的分离

用解剖刀或刀片从吸胀种子中分离出胚，操作过程中应保持湿润。为使胚处于无菌状态，可用 70% 的乙醇擦净器具和台面。分离时受损伤的种胚应去掉，并用试验样品中的多余种子替代。

属于下列类型之一的种子，在计算生活力百分率时，应计入总数中：

①空瘪果实或无胚种子；

②胚部遭虫害或在加工过程中受到严重损伤的果实或种子；

③胚已严重变色、腐烂或死亡的果实或种子；

④胚中子叶严重畸形的果实或种子。

5. 置床培养

将胚放在培养皿或发芽盒中的湿润滤纸或发芽纸上，置于 20 ～ 25 ℃恒温下，每天至少光照 8 h，培养至 14 d。每天应拣出腐烂的胚或明显带有真菌、菌丝体的胚。

如果被霉菌严重感染，则须重新试验，并在胚分离前先将果实或种子用 5% 的次氯酸钠溶液浸 15 min，然后用水充分洗涤。

6. 观察鉴定

经培养 24 h 后，根据局部组织变色的情况，将因分离受到机械损伤的胚与无生活力的胚区别开来。若胚因分离造成损伤而难以鉴定时，则须进一步练习分离技术后，重新进行试验。

① 下列类型的胚列为有生活力的：a. 保持坚硬，体积稍稍增大，因种不同，呈现白色（如大部分种）、绿色（如假挪威槭）或黄色的胚；b. 呈现生长或变绿的一片子叶或几片子叶的胚；c. 正在发育的胚（有可能长成幼苗）；d. 下胚轴呈弯曲状的针叶树球果类的胚；

e. 因分离造成的损伤组织表现局部变色的胚。

②下列类型的胚列为无生活力的：a. 很快被霉菌严重感染、劣变或腐烂的胚。b. 呈深褐色或变黑色、暗淡的灰色或白色水肿状的胚。

7. 结果计算

根据供检果实或种子总数计算生活力百分率，而不是根据分离胚的数目计算。最后的生活力百分率是有生活力的总胚数占供检种子总数的百分率。

二、软 X 射线造影法

X 射线是电磁能的一种形式，波长在 0.000 1 ～ 0.12 nm，能够穿透各种吸收和反射可见光的材料，按波长和穿透力不同可分为硬 X 射线和软 X 射线。硬 X 射线波长较短，为 0.005 ～ 0.01 nm，穿透力强；软 X 射线波长较长，为 0.01 ～ 0.05 nm，穿透力弱。软 X 射线造影法（衬比法）测定种子生活力。由瑞典皇家林学院的 Sionak 和 Kanar 于 1963 年首先将软 X 射线造影技术应用于种子生活力测定的。

（一）测定原理

活细胞的原生质膜具有选择吸收功能。当种子浸入重金属盐溶液里，凡有生活力的细胞、组织或种子不吸收或很少吸收重金属离子；无生活力的细胞、组织或种子因无选择功能，会自动渗入重金属溶液。软 X 射线造影时，由于重金属离子能强烈吸收 X 射线，因而死组织呈现不透明的暗影，活组织则较透明。经显、定影后，在底片（负片）上死组织则较为透明，而活组织则为黑暗，从而形成明暗衬比。根据明暗强弱和面积大小及其位置判定种子有无生活力。

（二）测定方法

1. 种子预湿

从净度分析后的净种子中随机取 50 ～ 100 粒种子，4 次重复。将种子在清水中浸泡 2 ～ 16 h，对直接浸水容易造成吸胀损伤的一些种，可先进行缓慢预湿后再浸泡 16 h。

2. 造影剂处理

目前最常用的造影剂是 $BaCl_2$。将预湿好的种子放入 10% ～ 20% 的 $BaCl_2$ 溶液中，处理时间一般为 1 ～ 2 h。取出种子用自来水冲洗，再用吸水纸吸干种子表面浮水，或将种子于 60 ～ 70 ℃下干燥 1.5 ～ 2 h。

3. 软 X 射线摄影

首先要选好胶片。国外有专用 X 射线胶片，我国主要采用 SDIN 文献反拍黑白片，也有用照相纸直接造影。将处理和干燥的种子放在合适的样品托盘上，再将其放在感光胶片的暗袋上，然后放入 X 射线仪工作室内曝光造影，其曝光造影技术条件因 X 射线仪的种类而不同。目前我国主要应用 Hy-35 型农用 X 射线机。

4. 影像鉴定

影像鉴定时，要把具有正常胚部的种子作为有生活力的种子，而将胚的主要构造有损伤或死亡的，列为无生活力种子。在胶片上，凡种胚透明的，为无生活力种子；凡种胚呈黑色的，为有生活力种子。在照片上，凡种胚呈黑色的，为无生活力种子，凡种胚呈白色的，为有生活力种子。种子造影过后的鉴定在测试过程中，结果应与标准发芽率多次反复比较，才能真正掌握鉴定原则和标准。软X射线测定是一种非破坏性的快速测定方法。它所拍摄的X射线照片可提供形态学特征,可区分种子的饱满度,空瘪、虫伤及物理伤痕等永久性图像记录。

三、溴麝香草酚蓝法（BTB法）

（一）原理

凡活细胞必有呼吸作用，吸收空气中的 O_2，放出 CO_2，CO_2 溶于水成为 H_2CO_3。H_2CO_3 解离为 H^+ 和 HCO_3^-，使得种胚周围环境的酸度增加。用溴麝香草酚蓝（BTB法）来测定酸度的改变。BTB的变色范围为pH6.0～7.6，酸性呈黄色，碱性呈蓝色中间经过绿色（变色点为pH7.1）。色泽差异显著，易于观察。

（二）仪器及试剂

仪器：恒温箱、培养皿、天平、烧杯、镊子、漏斗、滤纸。

试剂：0.1%的BTB溶液。称取BTB0.1 g，溶解于煮沸过的自来水中（因配置指示剂的应为微碱性，使溶液呈蓝色或蓝绿色，而蒸馏水为微酸性不宜用），然后用滤纸去残渣。滤液若呈黄色，可加数滴稀氨水，使之变为蓝色或蓝绿色。此液可长时期贮存于棕色瓶中。

1%的BTB琼脂凝胶。取0.1%的BTB溶液100 mL至于烧瓶中，另将1 g琼脂剪碎后加入，用小火加热并不断搅拌。待琼脂完全溶解后，趁热倒入数个干净的培养皿中，使成为一均匀的薄层冷却后备用。

（三）方法与步骤

①浸种。为了增强种胚的呼吸强度，使BTB反应迅速而鲜明，必须预先充分浸种。取测试种子50粒，在30～50 ℃条件下，浸种3～5 h。

②播种。将充分吸胀的种子整齐排列于培养皿的中央。种子的间距应大些，使各种子的胚部相互离开（直径10 cm的培养皿不宜超过50粒）。务必使小麦种子的胚部都向下，腹沟向上，当凝胶温度降至40 ℃时，沿玻璃棒仔细倒入各种子之间，成一均匀薄层（0.2～0.4 cm为宜），使种胚埋没与胶层之中。

③观察及计数。将培养皿放于30～50 ℃条件下（小麦1～2 h），就可对光观察，并初次计数。（观察时要从透射光下看）。在蓝色背景下，凡局限于种胚附近，出现较深的黄晕色圈的是活种子，无黄晕色圈的可能是死种子。结果计数。

④用沸水杀死吸涨的种子，与正常种子进行对比观察，方法同上。

⑤BTB计数后，可将（小麦）种子种胚翻转向上，数日后，测定其真实发芽率。

四、红墨水染色法（以玉米种子为例）

（一）原理

凡生活细胞的原生质膜具选择性吸收的能力，而死的种子细胞原生质膜丧失这种能力，于是染料便进入死细胞而使胚着色。

（二）方法与步骤

① 浸种。取测试种子 50 粒，在 30 ～ 50 ℃条件下，浸种 3 ～ 5 h。

② 染色。取已吸胀的种子 200 粒，沿胚和中线切为两半，将一半置于培养皿中，加入 5% 的红墨水（以淹没种子为度），染色 5 ～ 10 min，（温度高时时间可短些）。

染色后，倒去红墨水液，用水冲洗多次，至冲洗液为无色止。检查种子死活。结果凡种胚不着色或着色很浅的为活种子，凡种胚与胚乳着色程度相同的为死种子。可用沸水杀死的种子为对照观察。

③ 计算。计数种胚不着色或着色浅的种子数，算出其发芽率。

五、纸上荧光法

（一）原理

凡有生活力的种子和已经死亡的种子，它们的种皮对物质的透性是不同的，而许多植物的种子中又都含有荧光物质。利用对荧光物质的不同透性来区分种子的死活，方法简单，特别是对十字花科植物的种子，尤为适用。

（二）方法与步骤

① 将完整无损的种子（油菜、白菜等十字花科植物的种子）100 粒，于 25 ～ 30 ℃的水中浸泡 2 ～ 3 h。

② 把已吸胀的种子，以 3 ～ 5 mm 间隔整齐的排列在培养皿中的湿润滤纸上，滤纸上水分不能太多，以免荧光物质流散。培养皿可以不必加盖，放置 1.5 ～ 2 h 取出种子，将滤纸阴干。取出的种子仍按原来顺序排列在另一培养皿中以备验证。

③ 将滤纸置于紫外分析仪下进行观察，观察如能在暗室中进行，效果更好。

④ 结果：有的放过种子的位置上可见一荧光圈。如要确证者是死种子，可将这些种子拣出来集中在一个培养皿中，而让不产生荧光的种子留在另一培养皿中。维持合适温度，让其自然发芽。

种子生活力检验还有甲烯蓝（MB）法等。

实训 种子生活力四唑测定

一、原理

在生物化学测定中，种子活细胞里发生的还原过程是通过一种指示剂的还原作用而显现出来的。所用的指示剂是一种可被种子组织吸收的四唑盐类的无色溶液，它在种子组织里参与活细胞的还原过程。从脱氢酶接受氢离子，使氯化（或溴化）三苯基四氮唑经过氢化作用，在活细胞里产生红色、稳定、不扩散的三苯基甲月替（Triphengl Formazam），参看下面的反应式：

$$DPNH_2+TTC \rightarrow DPN+TTCH+HCL$$

$$\text{辅酶 }IH_2+\text{四唑}\rightarrow\text{辅酶 }I+\text{甲月替}+\text{氯化氢}$$

这样就可根据四唑染成的颜色和部位，区分种子红色的有生活力部分和无色的死亡部分。除完全染色的有生活力种子和完全不染色的无生活力种子外，还可能出现一些部分染色的异常颜色或不染色的坏死组织。当然，种子有无生活力主要取决于胚和（或）胚乳（或配子体）坏死组织的部位和面积的大小，而不一定在于颜色的深浅。颜色差异的主要功能是将健全的、衰弱的和死亡的组织判别出来，并确定其染色部位。

根据以上理由和所用指示剂，把这种测定称为“局部解剖图形的四唑测定”（Topographical Tetrazolium Test）。这就是说，可根据种子胚和活营养组织局部解剖染色部位及颜色状况，鉴定种子胚的死亡部分，查明种子死亡的原因。如玉米和小麦种子盾片中部不染色，表明种子是受到热损伤引起的。

二、目的要求

①了解四唑染色测定种子所需试剂和测定原理；

②掌握主要作物种子四唑染色生活力的测定方法和判别有无生活力的鉴定标准。

三、材料、器具和试剂

1. 种子材料

水稻、小麦、玉米、黑麦草、大豆、棉花、洋葱、甘蓝、番茄、黄瓜、西瓜等种子。

2. 器具

冰箱、培养箱、出糙机、定量加样瓶、镊子、解剖针、刀片、吸水纸、不锈钢网兜等。

3. 试剂

2，3，5- 氯化三苯氯化四氮唑，磷酸缓冲液，乳酸苯酚透明剂，过氧化氢，硫酸钾铝等。

4. 溶液的配制

用 2，3，5- 氯化三苯基四氮唑配制成 1% 和 0.1% 的溶液放于棕色瓶内，为了使溶液保持中性，须用缓冲溶液配制。

溶液Ⅰ：于 1 000 mL 水中溶解 9.078 g KH_2PO_4。

溶液Ⅱ：于 1 000 mL 水中溶解 23.876 g $Na_2HPO_4 \cdot 12H_2O$。

取溶液Ⅰ 2 份、溶液Ⅱ 3 份，混合即成缓冲溶液，取 10 g 四唑盐类用配成的缓冲液定容至 1 000 mL，即配成 1% 的四唑溶液，或取四唑盐类 1 g 用配成的缓冲液定容至 1 000 mL，即配成 0.1% 的四唑溶液。

四、方法步骤

1. 水稻种子四唑测定

取种子样品 200 粒，去壳，放纸间或水中 30 ℃预湿 12 h，沿种子侧面胚纵切，放入 0.1% 的四唑磷酸缓冲液 35 ℃染色 1 ～ 2 h，凡是胚的主要构造染成正常鲜红色，或胚根尖端 2/3 不染色而其他部分正常染色的种子为有生活力种子。

2. 小麦、玉米种子四唑染色测定

取种子样品 200 粒，放入 30 ℃水中 3 ～ 4 h，或纸间 12 h，沿胚纵切，浸入 0.1% 的四唑溶液中，于 35 ℃下染色 0.5 ～ 1 h。凡是胚的主要构造染成正常鲜红色，或盾片上下任一端 1/3 不染色（小麦胚根大部不染色，但不定根原基染色）的，为有生活力种子。如盾片中央有不染色，表明已受热损伤，将其作为无生活力种子。

3. 黑麦草种子四唑染色测定

取样 200 粒种，先用 0.3% 的过氧化氢液浸种 3 ～ 4 h，或清水浸种 6 ～ 18 h，靠近胚横切去上大半粒种子，将带有胚一端种子浸入 0.1% 的四唑溶液在 30 ℃条件下染色 6 ～ 24 h。倒去四唑溶液，并吸去残液后，滴入乳酸苯酚液，在 35 ℃下放置 30 min。凡是胚全部染成红色，或仅胚根尖端 2/3 不染色的，为有生活力种子。

4. 大豆种子四唑测定

取大豆种子样品 200 粒种子，放在湿毛巾间预湿 12 h，一般需剥去种皮，然后浸入 1% 的四唑溶液，在 35 ℃下染色 2 ～ 3 h。凡是整个种子染色正常明亮鲜红，或仅胚根尖端 1/2 不染色，或子叶顶端（离胚芽端）1/2 不染色的为有生活力种子。

5. 棉花种子四唑染色测定

取种子样品 200 粒，放纸间预湿，在 30 ℃下放置 12 h，纵切一半种子，或剥去种皮，浸入 0.5% 的四唑溶液，染色反应 2 ～ 3 h，凡是整个种子染成明亮红色，或仅胚根尖端 1/3 不染色，或子叶表面有小范围坏死，或子叶顶端 1/3 不染色，为有生活力种子。

6. 洋葱种子四唑染色测定

取种子样品 200 粒种子，放在湿纸间 30 ℃预湿 12 h，沿扁平面切去种子上面，露出胚体，放入 0.2% 的四唑溶液 0.5 ～ 1.5 h。凡是种胚和胚乳全部染成鲜红色，或仅少量不与胚相连的胚乳不染的，为有生活力种子。

7. 甘蓝种子四唑染色测定

取样 200 粒种子，放入纸间在 30 ℃下预湿 5 ～ 6 h，剥去种皮，浮入 1% 的四唑溶液在 35 ℃下染色 2 ～ 4 h。凡是整个胚染成鲜红色，或仅有胚根尖端 1/3 不染色，或子叶顶端有部分坏死的，为有生活力种子。

8. 番茄种子四唑染色测定

取样 200 粒种子，放湿纸间在 30 ℃条件下预湿 12 h，然后在种子中心刺破种皮和胚乳，浸入 0.2% 的四唑溶液，在 35 ℃下染色反应 0.5 ～ 1.5 h。凡是胚和胚乳全部染色的，为有生活力种子。

9. 黄瓜和西瓜种子四唑染色测定

取种子样品 200 粒，浸入水中，在 30 ℃下预湿 6 ～ 8 h，可纵切一半，或剥去种皮（因西瓜种子表面滑溜，可用软布揩擦或用 5% 的硫酸钾铝硬化液处理，然后进行上述样品准备）。浸入 1% 的四唑溶液在 35 ℃下染色 2 ～ 3 h。凡是整个胚染成鲜红色，或仅胚根尖端 1/2 不染色，或仅子叶顶端 1/2 不染色的为有生活力种子。

五、结果报告

计算种子的生活力（百分率）。重复间最大容许差距参见表 5-3。平均百分率计算到最近似的整数。

六、思考题

1. 分析染色不正常无生活力种子的类型及其引起的原因。
2. 四唑测定作为快速测定种子生活力的方法，为什么不能代替发芽试验？

第六章

Chapter Six

种子活力测定

种子活力（Seed Vigor）是种子质量的重要指标之一，也是反映种用价值的主要组成部分，与种子田间出苗质量密切相关。活力的测定经过几十年的研究，已经取得了重大进展。在美国和欧洲，活力测定应用已经很普遍，许多种子公司把活力测定作为常规的检测项目之一。

第一节 / 概　　述

一、种子活力的定义

种子活力的定义的出现和发展经历了相当长的历史时期，差不多经过了整整一个世纪才把种子活力的定义确定下来。早在 1876 年，种子学的创始人 Nobbe 教授就发现高发芽率的不同种子批有不同的出苗力，并将这一现象称为推动力（Driving Force）。这一现象后来有不同的名称，如发芽势（Germination Energy）、生命力（Vitality）和幼苗活力（Seedling Vigor）。直到 1950 年，国际种子检验协会（ISTA）提出了幼苗活力（Seedling Vigour）这个术语，并成立了生物化学及幼苗活力技术委员会，有组织地开展幼苗活力的协作试验。由于种子活力的定义长期得不到统一，不同学者有不同的见解和定义，经过 27 年的争论，直至 1977 年 ISTA 的第十八届大会上才确定了种子活力的定义："种子活力是指种子或种子批发芽和出苗期间的活性强度及种子特征的综合表现。表现良好的为高活力种子，表现差的为低活力种子。"（Perry，1978）。由此可见，种子活力不像种子发芽率那样是一个单一的测定特性，而是描述种子出苗不同方面（包括田间和贮藏期间）的综合特性。

2004 年出版的《国际种子检验规程》将活力定义为："种子活力是指在广泛的环境条件下，决定可以接收发芽率的种子批的活性和性能那些特性的综合表现"。并作了进一步阐述，种子活力不是一种简单的测定概念，而是一种能表达如下有关种子批性能多种特性的综合概念：①种子发芽、幼苗生长的速率和整齐度；②种子在不利环境条件下的出苗能力；③贮藏后，特别是能保持发芽力的性能。高活力种子批即使在不适宜的环境条件下，仍具有良好性能的潜力。

二、种子活力的重要意义

（一）高活力种子的生产优越性

种子活力是种子重要的品质，高活力种子具有明显的生长优势和生产潜力。

1. 提高田间出苗率

高活力种子播到田间后出苗迅速，均匀一致，保证全苗、壮苗和作物的田间密度，为增产打下良好的基础。

2. 抵御不良环境条件

高活力种子由于生命力较强，对田间逆境具有较强的抵抗能力。例如，在干旱地区，高活力种子可适当深播，以便吸收足够的水分而萌动发芽，并有足够能量顶出土面，而低活力种子则在深播情况下无力顶出土面。又如，在多雨或土壤黏重的地区，土壤容易板结，高活力种子有足够力量顶出土面，而低活力种子则不能抵抗不良条件而不能出苗。

3. 逃避和抵抗病虫害，增强与杂草的竞争能力

高活力种子由于发芽迅速、出苗整齐，可以逃避和抵抗病虫害。同时由于幼苗健壮、生长旺盛，具有和杂草竞争的能力。

4. 抗寒力强，适于早播

某些作物生长季节较短，要求提早播种才能保证一定的产量。通常高活力种子对早春低温条件具有抵抗能力，故可适当提早播种。一般在早播条件下可以适当早收和提高产量，对于蔬菜来说早收则可提早上市，能明显提高市场价格和经济效益。

5. 节约播种费用

高活力种子成苗率高，因此，比低活力种子可减少播种量。尤其是低活力种子田间出苗率低，往往播种后缺苗断垄，必须重播，会增加种子费用；而高活力种子播种后一次出全苗，省工省时，节约人力、物力，特别适于机械精量播种。

6. 增加作物产量

高活力种子不仅可以出全苗、壮苗，且可提早及增加分蘖与分枝，增加有效穗数和果枝，因而可以明显增产。据美国对大豆、玉米、大麦、小麦、燕麦、莴苣、萝卜、黄瓜、南瓜、青椒、番茄、芦笋、蚕豆等 13 种作物的统计，高活力种子可以使作物产量增加 20% ～ 40%。对于叶菜类和根菜类等蔬菜作物及牧草作物来说，高活力种子长出幼苗及营养器官均较快速，增产作用则更为明显。

7. 提高种子耐藏性

高活力种子可以较好地抵抗各种贮藏逆境，如高温、高湿等不良条件。因此，需要较长时期贮备的种子或作为种质资源保存的种子，最好选择高活力的种子。

可见，高活力种子对农业生产具有十分重要的意义。

（二）种子活力测定的必要性

1. 种子活力测定是保证田间出苗率和生产潜力的必要手段

种子生产者和种子使用者，越来越感到种子活力对农业生产的重要性。在播种之前，他们不仅要了解种子发芽力，而且更关心田间出苗率。因为有些开始老化、劣变的种子，其发芽力尚未表现降低，但活力却表现较低，会影响田间出苗率。例如，两批发芽率相同或接近的种子，其活力和田间出苗率有较大的差异，在此种情况下对种子进行活力测定，选用高活力种子是非常必要的，特别进行机播（玉米穴播）时尤为重要。表 6-1 列出了部分作物发芽率和活力的比较。

表 6-1　同一种子批的发芽率和活力比较

作　物	检测项目	种子批			
		1	2	3	4
蚕豆	发芽率 /%	93	92	95	97
	田间出苗率 /%	84	71	68	82
三叶草	贮藏前的发芽率 /%	90	90	90	90
	12 月贮藏后的发芽率 /%	71	90	66	89
燕麦	运输前的发芽率 /%	94	96	93	90
	运输后的发芽率 /%	87	19	74	53

2. 活力测定是种子产业中必不可少的环节

种子收获后，要进行干燥、清选、加工、贮藏、处理等过程。如某些条件不合适均有可能使种子遭受机械损伤，使种子变质而降低种子活力。对种子及时进行活力测定，可及时改善种子加工、处理条件，保持和提高种子活力。

3. 活力测定是育种工作者必须采用的方法

育种工作者在选择抗寒、抗病、抗逆、早熟、丰产的作物新品种时，都应进行活力测定，因为作物品种的这些特性与种子活力密切有关。此外他们要选择种子某些有利于出苗的形态特征进行测定，如大豆的下胚轴坚实性、玉米的芽鞘开裂性等，前者有利于幼苗顶出土面，后者不利于幼苗出土，这些均离不开活力测定。

4. 活力测定是种子生理工作者研究种子劣变生理的必要方法

种子从形成发育、成熟、收获直至播种的过程中，无时无刻不在进行变化，种子生理工作者要采用生理生化及细胞学等方面的种子活力测定方法，研究种子劣变机理及改善和提高活力的方法。

三、活力、生活力和发芽力的区别及联系

衡量种子生理质量的有发芽力、生活力和活力 3 个指标，三者有密切的关系，却有完全不同的含义。

①种子生活力是指种子发芽的潜在能力或种胚具有的生命力，通常用供检样品中活种子数占样品总数的百分率表示。

②种子发芽力是指种子在适宜条件下（检验室控制条件）长成正常植株的能力，通常用供检样品中长成正常幼苗数占样品总数的百分率，即发芽率表示。

《国际种子检验规程》指出，在下列 6 种情况下，如果鉴定正确，生活力测定和发芽率测定的结果基本是一致的，即种子生活力和发芽百分率没有明显的差异：a. 无休眠、无硬实或通过适宜的处理破除了休眠和硬实；b. 没有感染或已经过适宜的清洁处理；c. 在加工时未受到不利条件或贮藏期间未用有害化学药品处理；d. 尚未发生萌芽；e. 在正常或延长的发芽试验中未发生劣变；f. 发芽试验是在适宜的条件下进行的。

发芽率作为世界各国制定适用于活力测定种子质量标准的主要指标，在种子认证和种子检验中得到广泛应用，但由于生活力快速，有时可用来暂时替代来不及发芽的发芽率（如英格兰的种子认证），但最后的结果还是要以发芽率作为正式的依据。

③种子活力简单地说就是指高发芽率种子在田间的表现差异。由此可见，种子活力是比发芽率更敏感的指标，在高发芽率的种子批中，仍然表现出活力的差异。通常高发芽率的种子具有较高活力，但两者不存在正相关。关于活力和发芽之间的关系，Isely 已于 1957 年以图解形式表示出来（见图 6-1）。

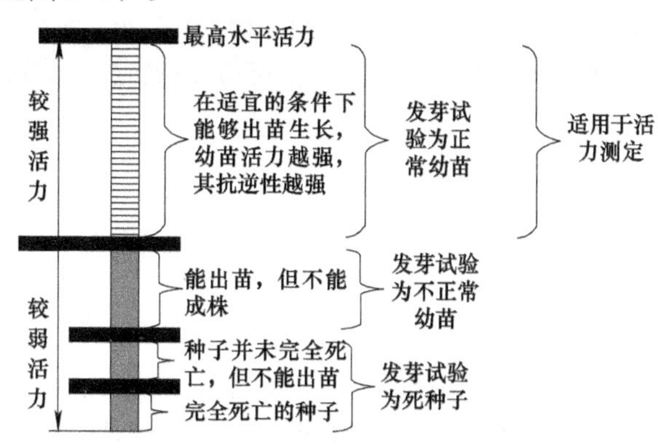

图 6-1　种子发芽与活力之间的关系图解

图 6-1 中间那条黑色的长横线是区别种子有无发芽力的界限，也是活力测定的分界线。在此线以上，表明种子有发芽能力，即属于凌芽试验的正常幼苗，在此括弧范围内，可以适用活力测定，即将这些具有发芽力的种子划分为高活力种子和低活力种子。在此黑色的长横线以下，属于无发芽力的种子，其中部分种子虽能发芽，但发芽试验属不正常幼苗，在计算发芽率时，将它们列入不发芽种子，当然也是缺乏活力的种子，至于那些检验时的死种子则更无活力可言了。

图 6-2 进一步说明了种子活力和生活力的区别与联系，两者均伴随种子老化、劣变的进程而下降，活力的下降趋势显然要先于生活力，两曲线中间部分标明活力与生活力的差距。例如，种子经过大约 8 个月的贮藏，生活力下降到大约 80 % 左右的水平，而活力已下降到大约 30 % 左右的水平。

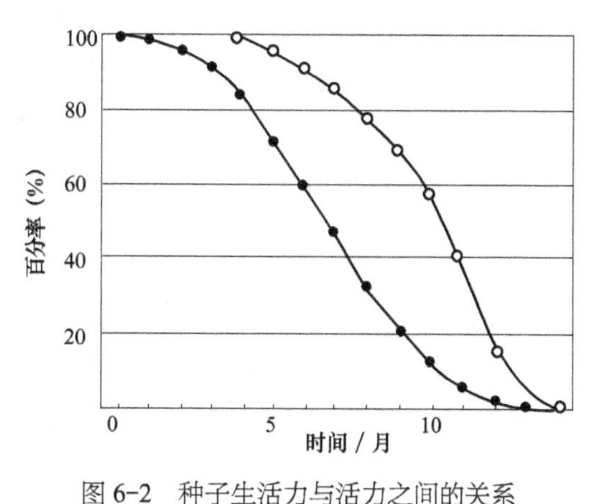

图 6-2　种子生活力与活力之间的关系

○生活力　●活力

Woodsttock（1966，1969）在大量生态生理方面可重复性的严格控制的试验条件下，并在标准实验技术为手段测定活力的试验研究基础上，对活力概念作以下进一步的概括：“活力是指健壮种子播种后可在较广的环境因子范围内迅速萌发，并出苗整齐。”其着眼点是放在籽粒个体在有利的环境条件下，其萌发、成苗差异性的分析上，Woodstock从中推导出一个有关种子活力的双向量二维数学分析图解（图6-3），其纵坐标表示发芽率或幼苗生长速率，横坐标表示环境因子，曲线A指高活力种子能在较广的环境因子范围内迅速萌发；曲线B指低活力种子只能在较窄的范围内萌发；曲线C低活力种子虽然也能在较广的环境因子范围内萌发，但发芽率和幼苗生长速率有下降趋势。这一模式示意图既表明在合适、有利的条件下种子本身的潜能是主要限制因子，又体现在逆境胁迫条件下种子的适应程度，因而将活力的概念推进了一步。

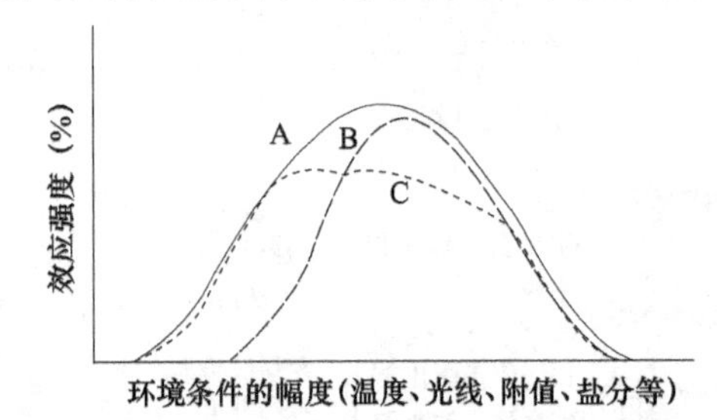

图6-3　种子活力双向量分析的理论曲线

A—活力最强者；B—活力弱、适应范围小；C—活力较弱，效应强度降低（Woodstock，1973）

第二节／种子活力测定方法的分类和要求与选用的原则和要求

由于发芽试验对测定高发芽率种子批没有足够敏感性，所以有时发芽试验结果与田间出苗和（或）贮藏能力的相关性较差。活力测定是比发芽试验更加敏感的种子质量指标，通过直接或间接地评定种子批劣变（老化）或物理损伤的程度，获得对种子批表现潜力更加敏感差异的信息，对不同高发芽率种子批的价值作出判断，并据其潜能表现进行高低排列。

一、种子活力测定方法的分类

种子活力测定方法多达数十种，可分为直接法和间接法两类。直接法是模拟田间不良条件，观察测定种子直接表达的直观特性，如种子大小、重量、外观、出苗能力或幼苗生长速度、整齐度、健壮度等指标。间接法测定某些与种子活力有关的生理生化等间接指标，如酶的活性、浸泡液的电导率、种子呼吸强度等指标。

国际种子检验协会活力测定委员会编写的《活力测定方法手册》（第三版，1995），推荐了两种种子活力测定方法：电导测定（Conductivity Test）和加速老化试验（Accelerated Ageing Test），并建议了7种活力测定方法：抗冷测定（Cold Test）、低温发芽测定（Cool Germination Test）、控制劣变测定（Controlled Deterioration Test）、复合逆境活力测定（Complex Stressing Vigour Test）、希尔特纳测定（Hiltner Test）、幼苗生长测定（Seedling Growth Test）和四唑测定（Tetrazolium Test）。

北美官方种子分析家协会（AOSA）活力委员会编写的《活力测定手册》重点介绍了七种活力测定方法，其中6种方法基本上与以上方法相同或类似。除了上述活力测定方法外还有一些较为常用的生理生化的方法，如TTC（四唑）定量测定，呼吸强度测定，腺苷三磷酸

（ATP）测定，浸泡液糖量测定，尿糖试纸快速定糖法，谷氨酸脱羧酶（GADA）测定以及渗透逆境测定。此外还有应用物理法测定，如种子大小，重量测定、X 射线测定、种皮损伤测定、发芽力量测定等。

种子活力测定方法分成 3 种类型。一是基于发芽行为的单项测定，如发芽速率、幼苗生长和评价、抗冷测定、低温发芽测定、希尔特纳测定、加速老化和控制劣变测定；二是生理和生化测定，如电导率测定、四唑测定、呼吸活性、ATP 含量和谷氨酸脱羧酶活性；三是多重测定，如玉米、小麦上进行的复合逆境活力测定，将抗冷测定与加速老化试验相结合。此类评估活力的指标基于一种以上的测定活力测定，旨在更准确的反映种子的活力水平。此类方法被认为应用前景较好，但需要在更广泛的环境下用更多的品种进行深入评估。

现按物理测定法、生理测定、生化测定法、逆境测定法和田间测定法进行分类，并在每类测定法中分别列出各类测定的具体方法。

（一）物理测定法

①种子大小和重量测定法（千粒重、百粒重测定）。

②种子负电性测定（负电性仪器测定）。

③软 X 射线测定（种子发育、饱满度、虫蛀和损伤测定）。

④机械损伤测定（三氯化铁溶液测定）。

⑤种子自由基的测定（自由基扫描仪测定）。

⑥种子出苗力量测定（盖纸法和测力仪法）。

⑦种子荧光圈测定（根据不同活力种子外渗荧光颜色的差异测定）。

⑧种子游离离子根测定（根据不同活力种子带有游离离子根的差异测定）。

（二）生理测定法

①种子浸出液电导率测定（电导仪测定）（ISTA 手册）。

②种子浸出液 ASA-610 型种子自动分析仪测定。

③种子浸出液光密度（OD）测定（根据浸出液混浊度测定）。

④种子浸出液糖分测定。

⑤种子乙烯量测定。

⑥种子醛产生量测定。

⑦种子发芽势测定。

⑧幼苗生长测定（ISTA 手册）。

⑨幼苗分级测定（ISTA 手册）。

⑩发芽指数测定。

⑪活力指数测定。

⑫日平均发芽率，平均发芽天数，发芽系数，发芽峰值和发芽值测定。

⑬贮藏养分转运效率，物质效率，发芽生长指数和养分耗尽测定。

⑭呼吸水平测定。

⑮种子吸水速率测定。

（三）生化测定法

①种子局部解剖图形四唑测定（ISTA 手册）。

②糊粉层四唑测定（ISTA 手册）。

③TTCCH 定量法。
④种子四唑染色解剖学图形分析。
⑤线粒体含量和活性测定。
⑥ATP 含量测定。
⑦脱氢酶活性测定。
⑧谷氨酸脱羧酶活性测定。
⑨延胡索酸酶活性测定。
⑩细胞色素氧化酶活性测定。
⑪过氧化氢酶和过氧化物酶活性测定。
⑫超氧歧化酶（SOD）活性测定。
⑬α- 淀粉酶活性测定。
⑭酸性磷酸（脂）酶活性测定。
⑮蛋白酶（肽酶）活性测定。
⑯脂肪氧化酶活性测定。
⑰蛋白质含量测定。
⑱种子浸出液氨基酸测定。
⑲脱落酸含量测定。
⑳自由脂肪酸测定。

（四）逆境测定法

①种子加速老化测定（利用人为控制高温高湿环境加速种子老化，按老化后正常幼苗率，评定种子活力水平）（ISTA 手册）。

②控制劣变测定（利用控制种子水分和 45 ℃高温加速种子老化，按老化后正常幼苗百分率，评定种子活力水平）（ISTA 手册）。

③冷冻测定（先将种子放在特定低温下处理后移至正常发芽条件下发芽，按正常幼苗百分率，评定种子活力水平）（ISTA 手册）。

④低温发芽测定（将种子放在比正常发芽温度为低的温度条件下发芽，计算正常发芽种子百分率，评定种子活力水平）。

⑤冷浸测定（将种子浸入冷水而引起吸胀冷害和损伤，然后移至正常条件下发芽，按正常幼苗的百分率，评定种子活力水平）。

⑥高温浸种测定（预先将种子用高温水浸种，冷却后移至适宜温度发芽，计算正常发芽率，评定种子活力水平）。

⑦砖粒测定（生长力测定，希尔特纳测定）（利用一定大小砖粒做发芽床和覆盖层，观察和测定种子穿透覆盖砖砾层的能力，评定种子的活力水平）。

⑧盐水浸种测定（利用盐中氯离子对种子伤害，按正常发芽率评定种子的活力水平）。

⑨氯化铵、氢氧化钠和甲醇浸种测定（基本原理同⑧）。

⑩高渗发芽测定（按不同活力种子在高渗溶液中吸水发芽的能力，评定种子活力水平）。

⑪重水处理测定（按不同活力种子对重水毒性抗性能力的差异，评定种子活力水平）。

⑫真空测定（利用真空减压加速种子吸水伤害的显现，按正常发芽率高低，评定种子活力水平）。

⑬复合逆境测定（利用多种有害因素处理，以更为明显和准确地测定种子活力水平）。

（五）田间测定法

①田间土地出苗率和成苗率测定（测定在田间环境下出苗率和成苗率高低，评定种子活力水平）。

②田间早播出苗率和成苗率测定（按早播低温田间条件下出苗率和成苗率，评定种子活力水平）。

③田间生长发育性能测定（如禾谷类种子可按分蘖力、株高及其变异系数、每穗粒数，结实率，千粒重等指标测定）。

④作物产量测定（按不同作物收获产品的单位面积产量（千克/公顷）测定）。

⑤作物产品质量测定（按不同作物收获产品的质量测定）。

按上述分类方法，将50多种活力测定方法分五类。这种分类方法具有以下主要优点。

①比较全面系统地概括借以显现种子外观、物理、生理生化特性，田间生长发育性能等多方面表达指标的活力测定方法，表达指标清楚，原理明确。

②比较全面地综合目前所用的常规测定和研究应用的各种种子活力测定方法，一目了然，便于选用。

③这种分类对各种种子活力测定的原理和依据简要明了，更便于理解和掌握正确的测定操作程序，有利于获得正确可靠的结果。

二、选用活力测定方法的原则和基本要求

（一）选用原则和要求

1. 选用原则

根据当地气候条件选择适宜的方法，如低温试验适合早春播种季节低温气候条件，不适合于早春温暖地区。再如，砖沙试验适用于黏土地区或雨后土壤板结情况，不适用于土壤较为疏松地区，欧洲土壤黏重应用砖沙试验较多，而美国则很少应用，仅作为推荐方法。根据作物特性选适宜的方法。如低温试验和冷发芽法适用发芽期间耐寒性较差的喜温作物，如玉米、大豆等，不适用于耐寒性较强的作物，如大麦、小麦、油菜等。又如电导率测定是豌豆种子的典型测定方法，其测定结果与田间出苗率高度相关，但对其他作物种子并非适合，其测定结果与田间出苗相关性较差。

2. 选用要求

在选用一种活力测定方法时，应考虑到种子种类、当地气候条件、作物的种类、实验条件和测定目的等因素。一个较为实用的、为生产者和用户欢迎的活力测定方法应具备以下几个特点。

①节约费用，仪器设备不能太昂贵；②简单易行，测定技术不太复杂，易于推广；③快速省时，短期内可获得测定结果；④结果准确，能真实反映一批种子的活力水平，且与田间出苗率有良好相关；⑤重演性好，在同一检验室不同检验人员或在不同检验室能获得比较一致的结果；⑥标准化，测定仪器设备和操作程序标准化，以便于在全世界或全国种子质量检测实验室推广和普遍应用。

（二）活力测定方法的基本要求

1. 试样种子

试验样品来源必须是净种子。净种子可以从净度分析后的净种子中随机数取，也可以从送验样品中直接随机数取。

除委托检验外，所需种子数和重复必须随机从种子批的有代表性样品的净种子部分中数取。

2. 方法和试验条件

活力测定方法各不相同，具体的方法和使用仪器及试验条件将在本章以后各节中加以说明。

3. 对照样品

活力测定需要用比标准发芽试验更加严格的试验条件控制，因此，种子活力测定的检验室需要制备对照样品。设置对照样品的目的是为活力测定结果提供一致性的内在质量控制。对照样品的结果差异反映了试验条件（如温度、种子水分或其他因素）的微小变异，这会明显影响结果的可靠性。

测定样品的每一种作物必须有自己的对照样品，而且达到如下要求：①在检验室保持需要经常测定的每一作物种的对照样品；②对照样品每年必须经过发芽率测定和活力筛选。被选择的种子批必须没有物理损伤和病虫害感染，具有较高的发芽率和中等的活力。如玉米种子的对照样品，发芽率为 90% ～ 95%，用低温法测定的活力为 70% ～ 80%，不宜采用太高活力水平的对照样品，否则很难测定微小差异；③对照样品的数量应足够多，能满足一年或一个生产季节的种子检验测定所需；④对照样品的原始水分必须达到被检种的安全贮藏水分，一般为 10% ～ 12%，并在防湿的容器中贮存；⑤最好将对照样品分成许多约 250 粒种子的次级样品。每一次级样品须用防湿袋包装（热封口），在检测前放在低温（–10 ～ 20 ℃）下贮存。供整季检测所需的足够次级样品必须包装。使用的对照样品须提前拿出，并在室温下平衡 4 ～ 6 h（注：如果不能按照上述方法处理小的对照样品，应将对照种子批分成较大的次级样品，放在防湿容器内，测定使用前在 2 ～ 10 ℃低温下贮存，然后从大的次级样品中拿出小的次级样品以供检测，放在密封容器中，在使用前在室温下平衡）；⑥对照样品的水分在贮藏期间应经常测定，确信种子水分在贮藏期间没有降低和升高。如有必要，将种子调到原始水分 10% ～ 12%，因为太干种子可能在测定期间产生机械损伤；⑦必须监控对照种子批的每一次活力测定结果，以核查结果间的主要变幅。证实已存在的问题，应及时纠正，并重新试验。

4. 结果计算与表示

将在本章以后各具体方法中给出其详细说明。

5. 结果报告

填报采用本章规定的程序，将活力测定结果，填报在检验报告“其他测定”栏内。同时结果还须附有检测方法的说明，包括必要时测定方法及条件包括时间、温度和种子水分等信息。

第三节 / 种子活力测定的方法

一、加速老化测定

J.C.Delouche 于 1965 年在美国密西西比州立大学种子技术实验室首创了检验种子质量的加速老化法，接着又进行了关于不同种的种子批在贮藏过程中相对寿命的研究。在种子技术实验室还完成了 16 个不同种类种子的耐藏性预测的综合研究。Helmer 于 1962 年提出，加速老化法除了预测种子的耐藏性以外，还应将其用于预测种子性能，而 Baskin 于 1970 年则建议将此法用于预测花生的群体建植。在美国一些州立及私立种子检验实验和种子技术实验室中，已将加速老化法用于测定大豆种子的活力，主要研究者有亚拉巴马州农工部的 G. L. Moore 和他的同行。

（一）原理

加速老化试验（Accelerated Ageing Test，以下简称 AA 测定）根据高温（40 ～ 45 ℃）和高湿（100% 相对湿度）能导致种子快速劣变这一原理进行测定。高活力种子能忍受逆境条件处理，劣变较慢；而低活力种子劣变较快，长成较多的不正常幼苗或者完全死亡。

AA 测定最早是由 Dclouche 等于 1973 年创造的用来预测许多种的种子寿命。经过多年的发展，目前 AA 测定主要用于两方面，一是预测田间出苗率，Helmer 和 Bakin 分别于 1962 年和 1970 年对贮藏研究建议 AA 可以应用活力测定预测田间出苗率。其他研究也证实该活力测定项目可以很好地预测田间出苗率。一般来说，当种子在逆境条件下播种，AA 发芽提供比发芽率更高的于田间出苗的相关性。在美国，对大豆种子进行了广泛研究，许多种子检验室已达到标准化。在对许多种子检验室调查之后表明，AA 测定是最常用的活力测定方法之一。二是预测耐藏性测定早期研究强调能预测几批作物种子批的耐贮藏潜力。Delouche 和 Baskin 于 1973 年指出经加速老化后高和低质量种子批的发芽率与同批一定贮藏期间的发芽率变化趋势，后来证实在许多贮藏条件下，该法能预测许多不同种的寿命。

（二）适用范围与局限性

《国际种子检验规程》（草案）所规范的 AA 测定法适用于大豆种子；ISTA 手册指出该法也适用于许多其他种，详见表 6-2 所列的种子。AA 测定结果也是可以控制的。AOSA 和 ISTA 大豆种子核准试验表明在试验室间有很大的一致性，并证实 AA 发芽试验与田间出苗关系。现在也有足够证据证实用该试验能取得重演性结果。因此，AA 测定现在被认为作为试验的方法已经标准化，可以推荐。但是必须按本节所规定的程序和仪器进行操作，在控制、样品大小或老化时间的小量改动都会引起最后水分和（或）发芽率的变化。

（三）仪器和药品

①老化外箱：推荐应用水套培养箱，保持恒温（41±0.3）℃。如果没有水套培养箱，其他有加水的加热培养箱也可以。使用这些培养箱，水应在外箱内，以防凝结。水掉在内箱盒上，会在盖内产生凝结，提高种子水分，降低发芽率，增加发霉。因此，当外箱有大量凝结时，当心保护内箱在老化期间的小水点积累。外箱通常不需要很准确的温度控制，但需要控制保持温度均匀。

② 老化内箱：老化内箱有带盖的塑料盒，大小为 11.0 cm×11.0 cm×3.5 cm，内有一架盘 10.0 cm×10.0 cm×0.3 cm（网孔为 14 mm×18 mm）。老化内箱可以购买，也可以自制（图 6-4）。注意盖不应密封（图 6-4）。

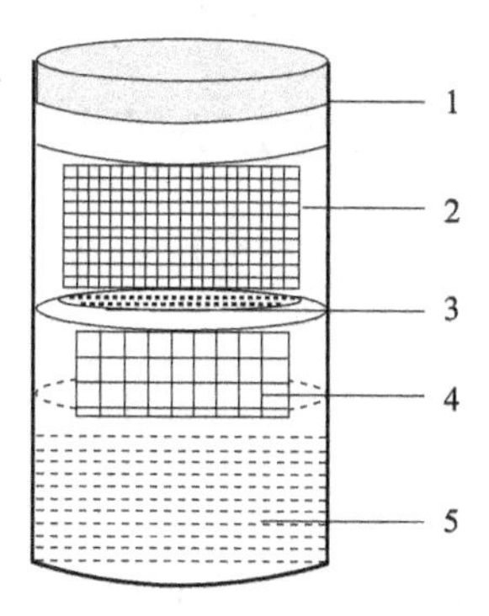

图 6-4　加速老化试验的样品箱示意图（内箱）

1—塑料盒；2—样品网；3—老化处理的种子；4—网架；5—水层

③天平：感量为 0.001 g。

④水：去离子水或蒸馏水。

⑤带刻度的容量杯：刻度从 0 ～ 100 mL，从标准的容量器或有 50 mL 刻度的容器准确量取 40 mL 水。

⑥铝盒（供种子水分测定）。

⑦发芽试验设备。

（四）程序

1. 预备试验

（1）检查老化外箱

老化外箱的温度必须经过国家标准计量机构的检定或类似的温度计的检测。

（2）检查温度

收集按规定的程序或系统进行操作的老化外箱的温度和其均匀度的记录数据，如果记录显示能达到表 6-2 所规定的温度（对于大豆种子，所有水平应达到（41±0.3）℃）下才能进行 AA 测定。

（3）保证老化内箱的清洁度

为了防止菌类污染，使用过的老化内箱、盖和网架需经过热消毒或用 15% 次氯酸钠溶液洗净并烘干，才可进行 AA 测定。

2. 测定每一种子批的程序

（1）检查种子水分

如果不知道测定种子批的水分，应采用烘箱法测定种子批的水分。对于水分低于 10% 或高于 14% 的种子批，应在 AA 测定前将其水分调节至 10% ～ 14%。记录种子水分，决定是否必须提高种子水分或降低种子水分至规定范围。

（2）准备老化内箱

把 40 mL 去离子水或蒸馏水放入老化内箱，然后插入网架，确信水不渗到网架和后来种子上。如果在处理时种子渗到水，用另一准备试样种子替代。

从净种子中称取 42 g（至少含有 200 粒种子）种子，称重后放在网架上，摊成一层。老化的种子最好不要经过处理，如果该作物种子是以杀菌剂处理销售的，可以使用处理种子。每次外箱用于 AA 测定，应包括一个对照样品。保证每一内箱有盖，注意盖不应密封。

（3）使用老化外箱

内箱排成一排放在架上，同时放入外箱内。为了使温度均匀一致，外箱内的两个内箱之间间隔大约为 2.5 ㎝。

记录内箱放人外箱的时间。准确监控老化外箱的温度在表 6-2 的范围和时间内，如大豆种子应在（41±0.3）℃下保持 72 h。

在老化规定期间，不能打开外箱的门。如果这时已经打开门，应从箱中取出种子重新进行测定。

（4）发芽试验

经 72 h 老化时间后，从外箱取出内箱，记录这时的时间。在一小时内用 50 粒种子 4 个重复进行标准发芽试验。在同一天内如果有许多批种子进行老化试验，样品应进行分类，两个老化外箱的试验应间隔 1 h，以便有时间在老化后进行置床发芽。大豆种子发芽的条件见本书的发芽率测定。

（5）检查老化后对照样品的水分

在老化结束时进行标准发芽前，从内箱中取出对照样品的一个小样品（10 ～ 20 粒），马上称重，用烘箱法测定种子水分（以鲜重为基础）。记录对照样品种子水分，如果种子水分低于或高于表 6-2 所规定的值（对于大豆，种子水分应在 27% ～ 30%），则试验结果不准确，应重作试验。

表 6-2　不同作物种子 AA 测定老化条件

属或种名	内箱		外箱		老化后种子水分 /%
	种子重量 /g	箱数目	老化温度 /℃	老化时间 /h	
大豆	42	1	41	72	27 ～ 30
苜蓿	3.5	1	41	72	40 ～ 44
菜豆（干）	42	1	41	72	28 ～ 30
菜豆（法国）	50	2	45	48	26 ～ 30
菜豆（菜园）	30	2	41	72	31 ～ 32
油菜	1	1	41	72	39 ～ 44
玉米（大田）	40	2	45	72	26 ～ 29
玉米（甜）	24	1	41	72	31 ～ 35
莴苣	0.5	1	41	72	38 ～ 41
绿豆	40	1	45	96	27 ～ 32
洋葱	1	1	41	72	40 ～ 45
辣椒属	2	1	41	72	40 ～ 45
红三叶	1	1	41	72	39 ～ 44
黑麦草	1	1	41	48	36 ～ 38
高粱	15	1	43	72	28 ～ 30
苇状羊茅	1	1	41	72	47 ～ 53
烟草	0.2	1	43	72	40 ～ 50
番茄	1	1	41	72	44 ～ 46
小麦	20	1	41	72	28 ～ 30

（6）结果计算与表示

用 4 次 50 粒重复的平均结果表示人工老化发芽结果，以百分率表示。

（7）结果说明解释

AA 测定并不提供一个绝对的活力范围，只是通过一段时间的高温高湿逆境后得到种子发芽试验的结果，将该结果与老化前同一种子批的发芽试验结果比较。如果 AA 结果类同于标准发芽试验结果为高活力种子，低于标准发芽试验结果为中至低活力种子。这样，可用该结果来排列种子批活力，来判定贮藏潜力或每一种子批的播种潜力。

二、电导率测定

高活力种子细胞膜完整性好，浸入水中后渗出的可溶性物质或电解质少，浸泡液的电解质低。电导率与田间出苗率成显著的负相关，借此可用电导率的高低判别种子活力的高低。大粒豆类种子的电导率结果提供比标准发芽与田间出苗率更强的相关性。

（一）原理

细胞膜在种子生理成熟前的种子发育中发生了结构变化，种子劣变发生于成熟前和发芽前的吸胀，劣变生化变化和生理紊乱所引起的细胞膜完整性变化是造成种子活力高低不同的最主要原因。在早期吸胀时，细胞膜的恢复和修补可能影响种子的渗漏率。种子重组恢复细胞膜的速度越快，渗漏液越少。高活力种子能迅速修复细胞膜能力，而低活力种子较差，所以，高活力种子所测得的电导率比低活力种子低。低活力种子批的渗漏会造成二次感染，种子渗漏的营养液会加速土壤微生物活动和二次感染。种子中渗出的碳水化合物的数量也与细菌生长呈正相关。

（二）适用范围与局限性

《国际种子检验规程》所规范的电导率测定适用于豌豆种子，ISTA 活力手册指出该法也适用于许多其他种子，如大粒豆科种子（特别是大豆、绿豆等）、棉花、玉米、番茄、洋葱等种子。AOSA 和 ISTA 活力测定委员会认为，菜豆和大豆的电导率测定结果具有重演性，与田间出苗率有较大的相关性。该测定已被种子产业用来评定菜豆种子出售前的出苗率。

电导率测定最早由 Hibbard 和 Miller 于 1928 年在几种作物种子上开始使用，后来由 Matthews 和 Bradnock 于 1967 年发展为一种常规的活力测定方法来预测豌豆种子的田间出苗率。电导率是电阻率的倒数，国际通常采用单位西门子，即表示为 $S \cdot cm^{-1}$。由于这个单位过大，常采用单位微西门子，以 $\mu S \cdot cm^{-1}$ 表示，此单位在欧洲、澳大利亚、新西兰和北美已得到广泛使用。电导率测定作为一个快速、客观的活力测定方法，特别易用于大多数种子检验室检测，因为该项目的仪器投入较少、人员培训简单。

有几种因素影响电导率结果，第一种因素是大粒豆类种皮的物理损伤导致水分快速吸收，造成机械损伤和高水平的电解质渗漏。因此，某些研究者建议除去物理损伤种子。然而机械损伤种子的肉眼观察是主观的、不准确的，这些种子结果的例外会导致种子活力的过高估计。只能按照 ISTA 规定从样品中扦取净种子，这样才能提供不偏样品供检验。第二种因素是种子大小，这涉及在测定前通过称重而消失，并将结果表示为 $\mu S \cdot cm^{-1} \cdot g^{-1}$。第三种因素是原始种子水分，在测定前测定种子水分，调节种子水分不在 10% ～ 14% 的种子批，可以消除这个问题。第四种是处理种子的影响。用大豆种子的研究表明，并不支持从处理后的种子去除杀菌剂，但是其他种子处理对电导率的影响并不知道，如果可能，应测定未处理的种子。

（三）仪器和药品

1. 电导仪

可用直流电或交流电直接读数的电导仪，电极常数（电极常数是指电极板之间的有效距离与极板的面积之比）必须达到 1.0。

2. 水

最好使用去离子水，也可使用蒸馏水。凡使用的水必须进行电导率测定。在 20 ℃下，去离子水电导率不超过 2 $\mu S \cdot cm^{-1} \cdot g^{-1}$；蒸馏水电导率不超过使用前水应保持在（20±1）℃。

3. 烧杯或容器

为了保证有适宜的水浸没种子和电极，烧杯和容器的容量为500 mL，基部宽（80±5）mm。容器使用前必须冲洗干净，并用去离子水或蒸馏水冲洗两次。

4. 发芽箱、培养箱或发芽室

满足保持（20±1）℃的恒温。

5. 烘箱

满足温度达到130 ℃或者103 ℃。

6. 天平

感量达到0.01 g。

7. 铝盒

供种子水分测定用。

（四）程序

1. 预备试验

（1）校正电极

电导仪开始使用之前或经常使用一定时期（每隔两周）内，应对电极进行校正：标定液用0.745 g分析纯氯化钾（在150 ℃干燥1 h，称重前在干燥剂中冷却），溶入1 L去离子水，配成0.01 mol/L的氯化钾溶液。该溶液在20 ℃下电导仪的读数应是1 273 $\mu S \cdot cm^{-1} \cdot g^{-1}$。由于去离子水和蒸馏水本身存在着较低的电导率，溶液的测定值会略高（1～5 $\mu S \cdot cm^{-1} \cdot g^{-1}$）。在记载本上记录电导仪读数。如果读数不准确，应调整或修理仪器，并在记载本上记录采取的整改措施。

（2）核查对照种子批的电导率

对于豌豆种子的电导率测定，对照种子批的电导率应是25～29 $\mu S \cdot cm^{-1}$。在检测季节，至少每隔两周测定一次对照种子批的电导率。在记载本上记录对照种子批的电导率。

（3）检查仪器清洁度

每一测定日应随机从使用的每10个烧杯中选取2个，加入已知电导率的250 mL去离子水或蒸馏水，在20℃下测定并记录电导率。如果烧杯中测定的电导率超过了放入水的电导率，这表明烧杯可能存在杂质或其他化学物质的痕迹或电极上次使用后未清洗干净。这一测定日应重新用去离子水或蒸馏水洗涤电极或烧杯，并从每10个烧杯中选取2个，加入250 mL去离子水或蒸馏水进行重新测定，直至达到读数没有差异为止。

（4）检查温度

收集按检验室质量手册中规定的程序或系统进行操作的发芽箱、培养箱和发芽室的湿度和水的记录数据。如果记录显示能达到规定的温度（20±1）℃才能进行电导率测定。

2. 测定每一种子批的程序

（1）检查种子水分

如果不知道测定种子批的水分，应采用烘箱法测定种子批的水分。对于水分低于10%或高于14%的种子批，应在浸种前将其水分调至10%～14%。记录种子水分，决定是否必须提高种子水分或降低种子水分至规定范围。

（2）准备烧杯

准确量取250 mL去离子水或蒸馏水，放入500 mL的烧杯中。每种子批测定4个烧杯。含水的所有烧杯应用铝箔或薄膜盖子盖好，以防止污染。在盛放种子前，先在20 ℃下平衡24 h。

为了控制水的质量，每次测定准备两个只含去离子水或蒸馏水的对照杯。

（3）准备试样

随机从种子批的净种子部分数取 4 个各为 50 粒的次级样品，称重至 0.01 g。

（4）浸种

已称重的试样放入已盛有 250 mL 去离子水的 500 mL、先粘有标签的容器中。轻轻摇晃容器，确保所有种子完全浸没。所有容器用铝箔或薄膜盖盖好，在（20±1）℃放置 24 h。在同一时间内测定的烧杯的数量不能太多，不能超过电导率评定的数目，通常为 10 ～ 12 个容器，一批测定一般不超过 15 min。

（5）准备电导仪

试验前先启动电导仪至少 15 min。每次测定应先用去离子水或蒸馏水填满容器杯 400 ～ 600 mL 冲洗电极，作为冲洗水，去离子水电导率不应超过 2 $\mu S \cdot cm^{-1} \cdot g^{-1}$ 或蒸馏水不超过 5 $\mu S \cdot cm^{-1} \cdot g^{-1}$。

（6）测定溶液电导率

24 h（±15 min）的浸种结束后，应马上测定溶液的电导率。盛有种子的烧杯应轻微摇晃 10 ～ 15 s，移去铝箔或薄膜盖，电极插入不要过滤的溶液，注意不要把电极放在种子上。测定几次直到获得一个稳定值。测定一个试样重复后，用去离子水或蒸馏水冲洗电极两次，用滤纸吸干，再测定下一个试样重复。如果在测定期间观察到硬实籽粒，测定电导率后应将其除去，记数，干燥表面，称量，并从 50 粒种子样品重量中减去其重量。

（7）扣除试验用水的电导率

在（20±1）℃测定对照杯的去离子水或蒸馏水的电导率，比较该数与日常的水源记录（如果读数高于日常水源读数，表明电极清洁度有问题，应重新清洗电极，重新测定另一对照杯）。每一重复应从上述容器的测定值中减去对照杯中的测定值（烧杯的背景值）。

处理种子的送验样品可能已经经过杀菌剂处理。目前没有证据表明种子杀菌剂处理会影响电导率结果，也没有对所有的商用种子处理评定过。但是，不同纯度的商用杀菌剂中的某些含有添加剂会严重改变电导结果。所以，对于经过杀菌剂处理的种子应特别小心，特别是使用新的杀菌剂。

（8）结果计算与表示

根据下列公式计算每一重复的种子重量的每克电导率：

$$\text{电导率}（\mu S \cdot cm^{-1} \cdot g^{-1}）= \frac{\text{每烧杯的电导率}（\mu S \cdot cm^{-1} \cdot g^{-1}）}{\text{种子样品重量}（g）}$$

4 次重复间平均值为种子批的结果。4 次重复间容许差距为 5 $\mu S \cdot cm^{-1} \cdot g^{-1}$（最低和最高的差），如超过，应重做四次重复。

（9）结果说明解释

根据电导率测定结果，即用活力水平对种子批进行排列。英国已在豌豆上应用多年，总结出表 6-3 的经验。

表 6-3　豌豆种子电导率值的解释

电导率 /（$\mu S \cdot cm^{-1} \cdot g^{-1}$）	结果解释
<25	在不利的条件下没有迹象表明种子不适合于早期播种或适时播种
25 ～ 29	种子可适用于早期播种，但在不利条件下可能有出苗率差的风险
30 ～ 43	不适用于早期播种，特别在不利条件下
>43	种子不适用于适时播种

三、其他方法测定

（一）种子浸出液糖分测定

1. 测定原理

种子中含有糖，完整的种子膜无渗漏现象，糖不易渗出。活力差的种子（受损伤）膜结构不完整，有渗漏现象，糖就会从种子中渗出，使泡种液中含有较高的糖量。

2. 测定方法

（1）蒽酮（Anthrone）法

取种子 50 粒，置于 100 mL 蒸馏水烧杯中，经 24 h 后滤出种子，此时留下泡种液约 80 mL，抽取试样 1 ～ 5 mL，测定糖的含量糖。

$$\text{糖}(1\sim5\ \text{mL})+\text{蒽酮}(1\ \text{mL},0.2\ \text{mol/L})\xrightarrow{+\text{浓硫酸}(2\ \text{mL})\text{煮}3\ \text{min}}\text{蓝绿色反应}$$

将蓝绿色溶液置于分光光度计（在 620 nm）测量，凡光密度愈高，表示种子活力愈低。当测定泡种液的糖量时，必须事先做好标准曲线，在测得光密度后，从标准由线查得含糖量。标准曲线的制作如下：先用纯葡萄糖或蔗糖进行烘干，除去水分，然后配成不同浓度等级的糖溶液，从 1 ～ 100 μg/mL，即每毫升水中加入糖为 10、20、30、40、50、100 μg。再将各级糖量的溶液置于分光光度计中测得光密度，就可制成标准线曲，如图 6-5 所示。如现有一个样品测量光密度为 0.6，就可以从图 6-5 上查得糖量为 50 μg/ml。

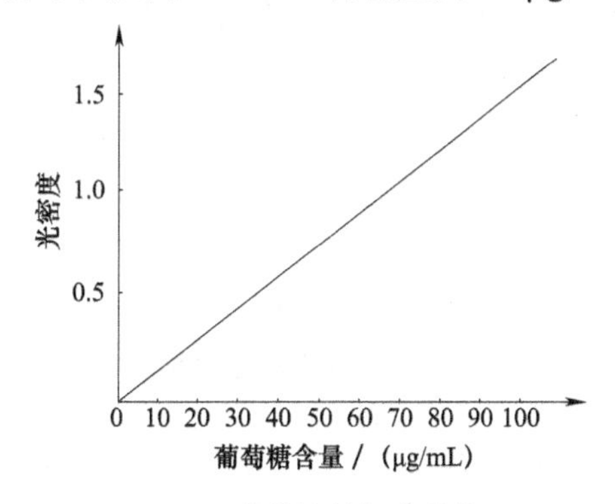

图 6-5 葡萄糖的标准曲线

高活力和低活力种子含糖量的界线，需要通过大量实验资料制定标准。例如油菜种子的标准为 20 μg/ 粒，即浸泡液之糖量大于 20 μg 时为活力低的种子，小于 20 μg 时为高活力种子。如某粒种子测出糖量为 42 μg，则表明活力是很低的。

如要测定每粒种子糖量是取 1 粒种子，浸入 2 mL 水中，浸 24 h，过滤后，吸取 1 mL 浸泡液放在分光光度计中测量。

（2）快速测定糖法

取种子 10 粒，浸种 1 ～ 2 h，然后放于尿糖试纸上，种子周围如有绿色，表明有糖。如将每粒种子压碎，就可看出深浅不同的绿色。通常用 10 粒种子试验时，如有 3 粒种子为绿色，则 30% 为低活力种子，70% 为高活力种子。此法测定很快。

（二）幼苗生长特性测定

幼苗生长特性测定主要包括幼苗生长测定、幼苗评定测定、种子发芽速率、发芽指数、活力指数测定等方法。这类测定方法是根据高活力种子幼苗生长快、幼苗健壮、生长正常幼苗株大和重量较重等生长特性，而低活力种子则相反来评定种子活力水平的差异。

1. 幼苗生长测定

幼苗生长测定方法适用于具有直立胚芽和胚根的禾谷类和蔬菜类作物种子。其测定法是取试样 4 份，各 25 粒。各取发芽纸 3 张（30 cm × 45 cm），取其中 1 张画线，先在纸长轴中心画一条横线作为中心线，距顶端 15 cm，并在其上、下每隔 1 cm 画平行线。在中心线平均间隔画 25 个点，在每点上放一粒种子，胚根端朝向纸卷底部，再盖两层湿润发芽纸，纸的基部向上折叠 2 cm，将纸松卷成 4 cm 直径的筒状，用橡皮筋扎好，将纸卷竖放在容器比上用塑料袋覆盖，置于黑暗恒温箱内培养 7 d，直到温度为正常发芽所规定的温度，然后统计苗长。计算每对平行线之间的胚芽尖端的数目，按下列公式求出幼苗平均长度。

$$L=\frac{nx_1+nx_2+\dots+nx_n}{N}$$

式中 L——胚芽平均长度（cm）；

n——每对平行线之间的胚芽尖端数；

x——每对平行线之间中点至中心线之间的距离（cm）；

N——种子试样粒数。

发芽试验中不正常幼苗不统计长度。

直根作物种子可用直立玻璃板发芽法测定其幼根长度：各取滤纸 2 张，其中 1 张画一条中线，用水湿润贴在玻璃板上。将 25 粒种子等距排列在中心线上，将另一张滤纸湿润后盖上，将玻璃板以 70° 角直立置于水盘内，放在 25 ℃黑暗下培养 3 d 后测量根的长度，计算平均值。据报道莴苣田间出苗率与莴苣种子发芽 3 d 的根长密切相关。

2. 幼苗评定试验

幼苗评定试验（Seedling Evaluation Test）适用于大粒豆类种子。这些种子不能用幼苗长度表示活力，因其细弱苗可达相当的长度，可采用标准发芽方法，幼苗评定时分成不同等级。

例如，豌豆种子试验方法如下：取试样 4 份，各 50 粒。将 1 ～ 2 mm 的粗砂清洗消毒后加水使保持最大持水力约 15%（质量分数），再放入 4 个容积为 15 cm×20 cm×10 cm 的聚乙烯盒中，移于生长箱或培养箱中，于 20 ℃、相对湿度 95% ～ 98% 的条件下，光照 12 h，以光强度 12 000 lx 培养，经 6 d 后取出幼苗，洗涤干净，进行幼苗评定，先将种子分成发芽和不发芽两类，再将幼苗分成 3 级。

①健壮幼苗：胚芽强壮、深绿色。初生根强壮或初生根少而有大量次生根。

②细弱幼苗：胚芽短或细长，初生根少或较弱，但属正常幼苗。

③不正常幼苗：根、芽残缺、根芽破裂，苗色褪绿等。

第一级为高活力种子，第二级为低活力而具有发芽力的种子，将第一、二级相加即为种子发芽率。

3. 发芽速率测定

发芽速率测定（Germination Rate Test）是一种最古老和最简单的方法，适用于各种作物的活力测定。其方法是采用标准发芽试验，每日记载正常发芽种子数（牧草、树木等种子发芽缓慢，可隔日或隔数日记载），然后按公式计算各种与发芽速度有关的指标。表示发芽速度的方法很多，如初期发芽率、发芽指数、发芽平均天数，以及到达规定发芽率（90 %

或 50 %）所需的天数等，还可以用发芽指数结合幼苗生长率（活力指数）表示。

（1）初期发芽率测定

许多作物种子如小麦、大豆、玉米等，采用计算 3 d 发芽率。也可采用计算发芽势或初次计算发芽率。

$$发芽势（\%）= \frac{发芽实验初期规定日期内发芽种子数}{供试种子数} \times 100\%$$

（2）发芽达 90% 所需天数或达 50% 所需天数测定

达 50% 所需天数测定可适用于发芽率较低的种子样品。

（3）发芽指数测定

$$发芽指数（GI）= \sum \frac{G_t}{D_t}$$

式中 D_t——相应的发芽天数；

G_t——与 D_t 相对应的不同时间（t 天）的发芽数；

$\sum$——总和。测定结果 GI 值与活力成正相关关系。

（4）活力指数测定

$$活力指数（VI）= GI \times S$$

式中 S——一定时期内幼苗长度（cm）或幼苗重量（g）；

GI——发芽指数。

（5）简易活力指数测定

此法适用于发芽快速的作物种子，如油菜、黄麻等。

$$简易活力指数（VI）= G \times S$$

式中 G——发芽率；

S——幼苗长度（cm）或重量（g）。

（6）平均发芽天数的测定

$$平均发芽天数（MGT）= \frac{\sum (G_t \times D_t)}{\sum G_t}$$

式中 G_t，D_t 与发芽指数公式中相同。

（7）相对发芽率测定

此法适用于发芽缓慢的树木或牧草种子。先计算峰值（PV），然后计算平均发芽率（MDG），最后计算发芽值（GV）。

$$峰值（PV）= \frac{达分值的积累发芽率}{达分值的天数}$$

$$均发芽率（MDG）= \frac{总发芽率}{发芽结束时的天数}$$

$$发芽值（GV）= PV \times MDG$$

幼苗生长和幼苗评定试验以及发芽速度的测定，均采用标准发芽试验，必须严格控制发芽温度、湿度和光照等条件，否则容易产生误差，同时测定人员必须具有评定幼苗的经验，才能获得准确结果。

（三）种子吸水速率测定

1. 测定原理

种子是一种具有吸湿能力的生物有机胶体。当干种子浸入水中或高湿度条件，吸收水会膨胀而变为饱满，但这种吸水能力是受种子细胞膜的透性控制的。正常完整的高活力种子，由于细胞膜结构完整，具有良好的选择透性，吸水较为缓慢，吸水速率低。而老化劣变的低活力种子，由于细胞膜完整的破坏，吸水快速、吸水量多。这一现象早已引起种子科学家的注意，有的人提出，利用不同种子吸胀快慢和吸水量的差异，测定种子生活力。实际上，种子吸水速率也是与种子活力密切相关的。一般认为吸水快、吸水量多的种子为低活力种子。反之，则为高活力种子。

该测定方法较为适合豆类种子活力测定。但应注意，种子吸水速率除了受种子细胞膜透性影响外，还会受到种子种类、种子破损度、浸种水温、浸种时间等因素的影响。因此，当利用该法测定种子活力时应尽量控制一致的试验条件。

2. 测定方法

（1）肉眼目测

随机数取种子 100 粒，4 次重复种子试样，分别倒入盛有足够水分的烧杯，并加以搅拌，让其吸水 30 min，然后摊在白色瓷盒里观察，数出吸胀快，吸水多的种子，并计算正常吸水种子的百分率和异常吸水种子的百分率，就可评定出种子的活力水平。

（2）吸水速率测定

随机数取种子 100 粒，4 次重复，分别称重，然后分别倒入盛有足够水分的烧杯里，并加以搅拌，让其吸水 30 min 或 60 min，沥光水分，摊在吸水纸上吸干种子表面水分后再分别称重，按下式计算吸水速率（%）

$$\text{吸水速率（\%）} = \frac{\text{吸水后种子重量} - \text{吸水前种子重量}}{\text{吸水前种子重量}} \times 100\%$$

（四）抗冷测定

抗冷测定（Cold Test）适用于春播喜温作物种子，如玉米、棉花、大豆、豌豆等。而秋播作物种子如大麦、小麦、油菜等种子，在发芽时具有忍耐低温的能力，故不宜应用此法测定活力。抗冷测定通常采用土壤卷法和土壤盒法，是将种子置于低温和潮湿的土壤中，经一定时间处理后移至适宜温度处生长，模拟早春田间逆境条件，观察和评定种子发芽成苗的能力。

1. 土壤卷法

取面积为 30 cm×60 cm 的发芽纸 3 张，各取种子 50 粒，4 次重复。每一重复的种子排放在双层的、经充分吸湿并在 10 ℃下预冷的纸巾上，种子在距纸巾顶边 6 cm 和 12 cm 处排成两行，每行 25 粒种子，然后覆盖土壤（从所需测定作物的地里取土），保证所有种子直接与土壤接触。再用一张吸湿的发芽纸覆盖在上面，并将播有种子和土壤的发芽纸松卷成筒状，竖放在内有金属线分隔器的塑料桶或其他容器内。保证纸巾卷互相不接触。在塑料桶或容器顶部盖上塑料袋防止水分的散失，将容器置于（10±0.5）℃的低温黑暗下处理 7 d，再移至 25 ℃的黑暗条件下生长 5 d。按照标准发芽试验的标准评价幼苗，也可以将幼苗按强壮、细弱等进行分类。

2. 土壤盒法

各取玉米种子或大豆种子 50 粒，重复 4 次，播于装有 3 ～ 4 cm 深的土壤盒内，然后盖土 2 cm，在 10 ℃的低温下处理 7 d 后，移入适宜温度下培养。玉米、水稻于 30 ℃条件下经 3 d；大豆、豌豆于 25 ℃条件下经 4 d。计算发芽率，凡正常幼苗作为高活力种子计算。此法手续简单，但所占空间较大。

（五）低温发芽试验

种子活力测定中的低温发芽测定（Cool Germination Test）是指利用比适宜发芽温度低 8 ～ 12 ℃的温度进行发芽试验的方法，以检查种子对低温的抵抗能力。种子随着老化劣变，发芽温度适应范围变窄，抗低温能力降低。因此，低活力种子在低温发芽时，正常幼苗所占百分率低；而高活力种子，抗低温能力强，正常幼苗所占百分率高。

1. 适用作物

一般适用于喜温作物，如水稻、玉米、棉花和蔬菜种子等。因为喜温作物对低温较为敏感。如果将不同活力种子批放在一定的低温环境下，则会表现正常发芽种子的百分率的差异，借以评定种子活力。

2. 适用温度

低温发芽的适用温度应比正常适宜发芽温度低 8 ～ 12 ℃，而比最低发芽温度高 4 ～ 10 ℃。如水稻最低发芽温度 8 ～ 14 ℃，最适发芽温度 30 ～ 35 ℃，《国际种子检验规程》规定发芽温度 20 ～ 30 ℃，因此水稻种子低温发芽温度适用 18 ℃。因为种子在最低发芽温度发芽非常缓慢，并且容易发霉，所以，应选用比最低发芽温度高，而比最适发芽温度低的发芽温度。这一温度已经广泛试用，效果良好。大多数喜温作物可选用这一温度作的低温发芽的适用温度。

3. 发芽时间

种子在低温条件下发芽缓慢，因此应比《国际种子检验规程》规定的末次计数时间延迟 2 ～ 5 d，以取得充分发芽的数据，确保低温发芽的有效性。

4. 方法

①按《国际种子检验规程》规定选用发芽床和发芽容器，利用 400 粒种子试样，每重复 100 粒，合理置床，做好保湿工作。

②低温发芽，将已置床的种子发芽容器放入低温（如水稻在 18 ℃下）培养箱发芽。

③按预定时间计数，将符合正常幼苗条件的种子作为低温发芽率计算的种子。

④活力评定，凡是低温发芽率高的种子批为种子活力高的种子，适于早春低温播种或早播。

（六）控制劣变测定

控制劣变测定（Controlled Deterioration Test）适用于小粒蔬菜种子。其原理和加速老化试验相似，但对种子水分及劣变的温度要求更为严格。试验方法如下。

①测定种子水分，然后称取种子样品约 400 多粒，置于潮湿的培养皿内让其吸湿至规定的种子水分（也可在底部有水的干燥器内吸湿达规定水分）。如芜箐甘蓝、花椰菜、抱子甘蓝、莴苣、萝卜为 20%；羽衣甘蓝为 21%；白菜、糖用甜菜、胡萝卜为 24%；洋葱为 19%；红三叶为 18%。

②用称重法检查种子水分，达到规定要求后将种子放入密封的容器中，于 10 ℃条件下过夜，使种子水分均匀分布。

③将种子放入铝箔袋内，加热密封，将袋浸入 45 ℃水浴槽中的金属网架上，经 24 h 后取出种子，按标准发芽试验进行发芽。胚根露出的种子即作发芽计算，发芽率高者活力也高。此法试验结果与田间出苗率有明显相关，且重演性好，但仅适用于小粒种子。

（七）冷浸测定

多数豆类种子，不论木本或草本，当在其吸胀萌动初始阶段，对低温具有不同程度的敏感性，遇有小于 10 ℃情况下几小时即会降低发芽率，以致完全丧失发芽力。起初，利用此法来鉴别不同种类品种间种子萌发时抗低温的能力，进而认为这种伤害机制是与膜的受损度以及与其紧密相关的系列代谢过程相联系。

现已明确，种子随着老化劣变，膜系统的损伤增加，冷水容易进入细胞，伤害种胚，再移到正常条件发芽也不能长成正常幼苗。这种现象称为吸胀冷害。种子愈干燥愈老化，则受害愈严重。当浸种水温在 15 ℃或 10 ℃以下，像大豆，菜豆，玉米，高粱，棉花，番茄，茄子，辣椒以及许多热带作物和观赏植物种子均会发生吸胀冷害。但高活力种子由于膜系统完整，调控正常，就不易发生吸胀冷害。因此，不同活力种子受到吸胀冷害的程度是不同的，从活力组分着眼，种子抗冷能力是与其原始活力水平有密切相关的，因而冷浸测定可以作为预测种子活力的指标。

该法主要适用喜温作物种子。其方法很简单，将干种子直接浸入预先冷却的水中，种子和水的用量要按一定比例，必须使种子全部浸没于水中。水温可依种类而定：敏感型的种子，如瓜尔豆、海红豆等，以 8 ～ 10 ℃冷浸 4 h，即可达到显著结果；中间型的，如大豆、紫穗槐等，以 5 ～ 7 ℃冷浸 16 h 为宜；抗冷浸型，如苜蓿、山黧豆等应以（1±1）℃冷浸 16 h，或更严酷的条件。待冷浸处理结束时，同时将所有处理样品取出，用自来水冲洗并浸泡几分钟，以终止冷害作用，随即按常规发芽法进行发芽试验，测定发芽率、发芽势和幼苗生长势，以判断种子活力。

在进行发芽试验时，发现有硬实籽粒应随即剔出，以减少差错。除少数几种木本豆类种子外，一般豆类种子都不需要低温后熟过程。个别需低温层积处理者，如藤萝可加 100 mg/ LGA_3 于发芽床中，能有效破除休眠，促进在高温萌发。凡富含蛋白质的豆类种子在高温发芽过程中易霉烂，可采取剥皮或半粒发芽法，以加速萌发而测得活力结果。半粒法即剥除一片子叶，取带胚芽的一片作发芽试验用，其优点可以放宽种子发芽温度的幅度，在较低或较高的温度条件下也可以得到理想结果，这是在切割子叶法的基础上的一种改进方式。切割子叶快速发芽法作为快速发芽技术测定种子发芽力对柑橘类及若干具有休眠的果树园林植物种子很适用，它本身也是作为剥胚法快速测定种子生活力的一种改进方法。

（八）高温浸种测定

种子随着老化劣变，其膜系统受到损伤，渗漏性增加，对高温热水的敏感性也随之增加，则容易受到热伤害，导致正常幼苗率降低。

1. 适用温度和时间

一般浸种温度在 40 ～ 45 ℃范围内，温度过高会杀伤全部种子，温度过低没有效果。同时应注意，高温对种子的伤害是随热浸的持续时间延长而增加的。因此，对于不同种类种子应控制好适宜的热浸时间，以达到 20% ～ 30% 种子可能受到热伤，而不会引起全部种子死亡。根据研究经验，小麦应热浸 4 ～ 8 h，玉米和豌豆应热浸 3 h。

2. 热浸方法

玉米、豌豆等种子曾用此法鉴定其活力水平。欲测种子先用 40 ℃温水浸 3 h，随后即冲洗以消除热处理，然后利用常规发芽技术测定发芽率、发芽势和幼苗生长速率。强活力的种子能忍耐高水温的有害作用，保持其生理生化过程的相对稳定；低活力种子受损伤大，生理失调，活力降低，以致丧失生活力。

（九）盐水（NaCl）浸种测定

种子随着老化劣变，膜系统受到损伤，NaCl 中的氯离子容易渗入种胚细胞，伤害种胚的修复和正常代谢，低活力种子表现出明显的 NaCl 浸种的损伤，正常幼苗率降低，而高活力种子由于膜系统完整，受到其损害很轻，正常幼苗率高。

1. NaCl 浓度的选用

NaCl 浸种测定是揭示不同活力种子耐盐性差异，从而评定种子批活力水平的方法。因此，选用适宜 NaCl 浓度是关键技术，其浓度太高，过度损伤低活力种子，盐水浸种后完全不能发芽长苗；而浓度太低，没有处理效果，所以应选用适宜 NaCl 浓度。如可用 0.1%NaCl 浸种 1 ～ 4 h，或用 0.4 ～ 0.6 mol/L 的 NaCl 浸种 8 h。还应注意，不同种子适用盐浓度的差异。

2. 测定方法

①数取试样随机数取 100 粒，四次重复。

② NaCl 溶液浸种配制适宜浓度（0.1%）NaCl 溶液浸种预定时间（1 ～ 8 h），然后用水充分冲洗晾干。

③正规发芽按规程规定进行发芽试验，测定正常幼苗率。

④活力评定不同活力种子批，经 NaCl 浸种后就可表现出不同正常幼苗率。其中正常幼苗率高的则为高活力种子。

（十）复合逆境活力测定

所谓复合逆境活力测定（Complex Stress Vigour Test 或 Multiple Stress Vigour Test）是指利用一种以上对种子正常生理生化代谢和发芽、生长、发育不利和有害的多种因素，进行复合处理，然后进行标准发芽试验，以发芽率高低，更为明显和有效地显现出种子批活力水平差异的种子活力测定方法。例如，高温高湿处理，高温氯化钠浸种，高低温吸胀，氯气溶液浸种，骤热骤冷冲击等复合逆境测定方法。

1. 测定原理

种子吸水萌动的初始启动过程需在适宜水分，适合温度和充足氧气等条件下，开始恢复正常的生理生化代谢活动，酶从钝化转向活化，呼吸作用增强，膜开始修复，贮藏养分水解，细胞开始分裂和合成新物质等一系列过程。一旦遇到逆境因素，上述的正常代谢过程则受到抑制或破坏，种子发芽和生长就会减缓或停止。由于不同老化劣变种子生理状态的差异，其抵抗和忍耐逆境能力不同，就会显现出种子批活力水平的差异。

G. Baria Szabo 等于 1988 年提出，复合逆境测定种子活力的主要理论基础是在种子萌发生化代谢起动过程的初始阶段需在最适宜温度下进行。如果逆境浸种，就会造成氧供应缺乏，而引起这些生化代谢过程的减缓，甚至停止。并且，由于老化劣变低活力种子膜完整性受损伤，种子内物质外渗多，特别是在低温浸种的第二天，由于氧气的持续缺乏，会对种子生理代谢造成进一步的损伤。因为这一时期是细胞分裂和生物合成最敏感时期。这就更能显现出种子活力水平的差异。因此，复合逆境测定方法可有效地测定种子活力水平。

2. 测定方法

这里摘引的都是已经研究并成功应用的方法，供仿效、改进和创新参考。

（1）高温和浸种复合逆境测定（DEII’Aquila 等，1996）

将小麦种子样品，400 粒，每重复 100 粒种子，分别放人直径 15 cm 的培养皿中，加入蒸馏水 20 mL，盖好，在 20 ℃下吸胀 16 h，然后放入 40 ℃条件下 4 h 和 45 ℃条件下 4 h 高温处理，并将种子表面干燥后常规发芽，测定发芽率，以表示活力水平。

（2）盐溶液浸种复合逆境测定（DELI’Aquila 等，1996）

将小麦种子 100 粒，4 次重复，分别放入 15 cm 直径培养皿中，加人 20 mL 0.4 或 0.6 mo1/L 的 NaCI 溶液，加盖，移置 20 ℃下浸种 8 h，然后用蒸馏水冲洗种子数次，待表面干燥后，进行常规发芽试验，测定发芽率，以表示活力水平。

（3）高低温氯气水浸种复合逆境测定（Baria Szabo 等，1988）

将小麦种子或玉米种子 200 粒，放入 200 mL 含有 1 500 mL 氯气的水中浸种。小麦放在 20 ℃下浸种 48 h，玉米放在 25 ℃下浸种 48 h，然后再移到低温浸种；小麦放在 20 ℃下浸种 48 h，玉米放在 5 ℃下浸种 48 h。处理结束后，用纸巾卷发芽，小麦 50 粒，4 次重复，玉米 25 粒 8 次重复。小麦在 20 ℃下，玉米在 25 ℃下发芽培养 96 h。按 ISTA 规程幼苗鉴定，进行幼苗分级。将幼苗和种子分为正常幼苗（高活力）、不正常幼苗（低活力）和不发芽的腐烂种子。正常幼苗率高的种子批为高活力的。

（4）热冲击（Heat Shock，HS）逆境测定（Van de venter 等，1993）

将小麦种子 100 粒，4 次重复，播入垫有湿润滤纸的培养皿里，放在 25 ℃下培养 15 h，移到 51 ℃下热冲击 2 h，然后播入纸巾卷在 25 ℃下发芽，至第五天测定根长，苗高和幼苗长度，评定种子活力。

（十一）希尔特纳试验

希尔特纳试验（Hiltner Test）又叫砖粒试验（Brick Grit Test），主要适用于谷类作物种子。其模拟黏土地区土壤的机械压力，如果是受损伤或带病及低活力种子，则芽鞘顶出砖粒的种子能力弱；高活力种子则冲出砖砾的能力强。大、小麦砖粒试验方法如下。①首先将砖块磨成颗粒最大为 2 ～ 3 mm 的碎砖，或用 2 ～ 3 mm 的粗砂，对其进行清洗、消毒并加水使砖粒湿润，于 1 100 g 砖粒内加水 250 mL，搅匀放 1 h，然后放入容积为 10 cm×10 cm×8.5 cm 的聚乙烯盒内，砖粒深度 3 cm。②取种子 100 粒（重复 2 ～ 4 次），均匀播在砖砾上，并覆盖湿砖粒 3 ～ 4 cm，加盖。③将盒置于室温（约 20 ℃），黑暗条件下经 10 ～ 14 d，统计顶出砖砾的正常幼苗数，并计算种子活力百分率，必要时将出土正常幼苗（百分率）、不出土正常幼苗（百分率）、不正常幼苗（百分率）和感染真菌幼苗（百分率）分开计算。此法因砖砾供应困难，手续麻烦，重演性并不太好等原因，故应用有一定局限性。

（十二）解剖图形四唑测定

解剖图形四唑测定（Topographical Tetrazolium Test）的测定原理与第五章种子生活力测定中所述相同。高活力种子胚部脱氢酶活性强，染色鲜红面积较大。小麦种子测定方法如下。①各取试样 100 粒，4 次重复，浸入水中于室温条件下 18 h。②用解剖刀将种胚从胚乳上切下，除去淀粉、胚乳碎片和种皮，注意避免胚受损伤。③将胚浸入 1% 的四唑溶液，在 30℃黑暗条件下保持 5 h，用水清洗后放在放大镜下检查。

根据染色图谱，高活力种子可分为 3 组：①种胚全部染色；②除胚根尖外种胚全部染色；③除一个种子根外种子胚全部染色。

如种子根上有大面积不染色斑点，表明这些种子有生活力，但活力较低。

（十三）糊粉层四唑测定

糊粉层四唑测定（Aleurone Tetrawlium Test）是专用于玉米种子活力测定的方法。禾谷类作物种子的糊粉层在发芽代谢中也起重要作用，因为它能产生水解胚乳中贮藏淀粉的酶，故糊粉层细胞活力直接影响种子的活力。糊粉层细胞活力可用四唑测定，测定方法如下。①各取玉米种子 50 粒，重复 4 次；于 30 ℃温水中浸 6 ～ 20 h，使种皮及糊粉层软化，并使酶活化，然后用解剖刀沿胚平行方向中线纵切，种子基部相连，再在无胚的一面种子上进行浅切，使糊粉层细胞能吸取四唑溶液。②将处理好的种子浸入 1% 的四唑溶液，于 30 ℃保持 2 ～ 4 d，染色期间为防止微生物作用使四唑及种子变红，可于四唑溶液中加入 0.005% 的防腐剂，再进行活力鉴定。

糊粉层染色的有生活力部分和死坏部分透过种皮可清楚地看出，根据染色面积将种子分成 3 组：①染色面积占全部糊粉层的 100% ～ 75%；②染色面积占全部糊粉层的 75% ～ 25%；③染色面积占全部糊粉层的 25%。以其中第①组为健壮种子和耐不良土壤的种子，即高活力种子，第②、③组为低活力种子。其中接近种胚和盾片的死坏部分较近顶部的损伤更为严重。

该法对玉米种子耐藏性、冻害损伤、收获加上过程引起的机械损伤、灼热损伤及老化损伤等的检查有良好的效果。

（十四）TTCH 含量测定

TTCH 定量法是将染色种子用丙酮或酒精提取，最后以分光光密度测定提取液的光密度或从标准曲线换算氯化三苯基四氮唑（TTC）含量，评定种子活力。其测定原理是氧化态的无色 TTC，接受了活种子呼吸过程脱氢酶所产生的氢，而变成还原态的红色三苯基甲臜。种子染色后经丙酮提取，在分光光度计上测定光密度值，或从标准曲线查出 TTCH 含量（μg/mL），以定量计算脱氢酶的活性，其光密度高或 TTCH 含量高，则表明种子活力强。

（十五）线粒体含量和活性测定

1. 测定原理

种子细胞内的线粒体主要机能是合成高能量的 ATP（三磷酸腺苷）。当种子发芽时，其生化反应的能量 ATP 是在线粒体中产生。一旦种子发生劣变，线粒体的反应最为敏感。据研究，种子活力与 O_2 的消耗，脱氢酶活性和 ATP 水平有关。随着种子吸胀的进行，线粒体的氧化磷酸化效率增加，膜系统进行发育，RQ（呼吸商）升高到 1.4 或更高，然后逐渐下降，经数小时后达到 1。这些结果表明，在种子萌发初期 TCA（三羧酸循环）代谢效率不高，而种子能量的供给主要依靠糖酵解和五碳糖支路。因此，活力的表现可归结为线粒体氧化磷酸化的有效化及膜系统发育所需时间的功能，亦即线粒体在结构和功能上重建所需时间的功能。如果种子能在短时间内达到稳定的 RQ 值，这就意味着线粒体的恢复迅速，因而种子活力也较高。一般来说，活力强的种子在发芽初期 ATP 含量迅速增加，而劣变种子 ATP 水平低。

2. 测定方法

线粒体含量和活性的测定较为复杂，大致方法如下。

（1）线粒体提取

将种子吸胀 4 h，置于缓冲液中匀浆（缓冲液可用磷酸缓冲液或 Heps），并在缓冲液中加入 0.25 ～ 0.4 mol/L 蔗糖液，使其达渗透平衡，然后用 2 000 r/min 的速度离心，经 10 min

溶液分为上清液与沉淀物两部分。在沉淀物中大部分为线粒体。

（2）线粒体蛋白含量测定

凡种子中线粒体蛋白含量愈高则活力也愈高，线粒体的活性测定较为复杂，可用氧的吸收量和 ATP 合成量表示。凡种子中线粒体活性愈高则活力也愈强。

（十六）细胞色素氧化酶活性测定

1. 测定原理

细胞色素氧化酶是呼吸链电子传递的组分，通过它最后催化与氧结合，因此是一个重要的末端氧化酶。它在植物体中广泛存在。细胞色素氧化酶的氧化基质是酚类和胺类等物质，但是细胞色素氧化酶对这些物质的氧化不是直接的作用，它先氧化细胞色素 C，细胞色素 C 再氧化酚类或胺类物质。

2. 仪器设备

（1）微量呼吸检压仪

（2）研钵

（3）纱布

（4）离心机

3. 材料和试剂

（1）材料：豌豆种子

（2）试剂

① 0.04 mol/L 的 pH7.2 为磷酸缓冲液；② 0.25 mol/L 的对苯二酚；③ 3×10^{-4} mol/L 的细胞色素 C；④ 10% 的 KOH 溶液。

4. 操作方法

（1）酶粗提液的制备

取豌豆种子 100 粒，用 0.5% 的次氯酸钠消毒 10 min，水洗后用蒸馏水在 25 ℃下浸种 24 h，然后放在湿滤纸上在 25 ℃温箱培养 3 d。取幼苗（包括根茎和子叶）10 g，加 25 mL 0.04 mol/L 的磷酸缓冲液（pH7.2）和少量石英砂在研钵中研磨，匀浆用四层纱布过滤，滤液在 3 000 r/min 速度下离心 10 min，上清液为酶的粗提液。

（2）酶活性测定

取反应瓶 5 只，中央小井中都加入 0.2 mL10% 的 KOH 以吸收 CO_2，其中 2 只在反应瓶中加 1 mL 酶提取液，0.1 mL 细胞色素 C，1 mL 0.04 mol/L 磷酸缓冲液（pH7.2）。另 2 只加入同样溶液，其中酶液煮沸后取用。4 只反应瓶的侧管中均加入 0.2 mL 0.25 mol/L 对苯二酚。最后一只反应瓶中加 3 mL 蒸馏水作为温压计。将反应瓶连续在压力计上，打开压力计三通活塞，将压力计插在振荡装置上，使反应瓶浸入恒温水槽中，水温保持在 25 ℃，经 15 min 后，待反应瓶温度与水温相等时，调节螺旋使压力计右管中液面为 150，关闭活塞使压力计与反应瓶相通，记录左管液面高度，开动振荡器，使压力计摆动（速度为 100 r/min），约 10 min 后停止摆动，将侧管中的对苯二酚倒入反应瓶中，记下时间，开动振荡器，此后观察到压力计右管液面上升，调节该管液面至 150，每 15 min 记录左管液面高度读数一次，共记录 1.5 h。

以 25 ℃下每小时每毫克酶蛋白耗氧微克分子数来表示酶的活力。

（十七）α- 淀粉酶活性测定

据大量研究，种子发芽时，预存和新合成的仅 α- 淀粉酶是全能的，运到胚乳将贮存的直链演粉水解成麦芽糖和麦芽三糖，以及支链淀粉上能切断枝链而形成麦芽糖、麦芽三糖及a- 糊精，供幼苗生长所需，所以a- 淀粉酶对种子贮藏淀粉的利用建成正常幼苗是很重要的。

1. 测定原理

测定淀粉酶活力的方法主要根据下列事实：支链淀粉或可溶性淀粉经酶分解后还原力的提高；淀粉酶分解后碘染色性质的改变；酶分解的淀粉糊状物黏度的降低。本试验介绍的测定方法是分别根据前两种情况设计的。

2. 仪器设备

（1）分光光度计

（2）pH 计

（3）匀浆器

（4）恒温水浴等

3. 材料和试剂

（1）材料

各类含淀粉的植物材料，如种子、块茎等。

（2）试剂

① 50 mmol/L 的 Tris-HCl 缓冲液（pH7.0），内含 3 mmol/L 的 $CaCl_2$ 和 4 mmol/L 的 NaCl。

② β - 极限糊精。1 g 马铃薯淀粉加 2 mL 蒸馏水调匀，倾入 30 mL 沸水中，煮沸并搅拌 2 min，冷却至室温。另取 50 mL β - 淀粉酶（不带有 a- 淀粉酶）加 5 mL 蒸馏水溶解。加入上述淀粉溶液，调 pH4.5，然后定容至 50 mL 加入甲苯 10 滴，摇匀，在 30℃下放置 24 h，放入冰箱保存，1 ～ 2 周内可用。用时取出回升到室温。

③ I_2-KI 溶液。称 0.3 g KI 溶于少许水中，加 0.1 g I_2 使溶解定容到 100 mL。

④ 50 mmol/L 柠檬酸缓冲液（pH3.6） 内含 1 mmol/L 的 EDTA。

⑤ 1% 的马铃薯淀粉溶液。称 1 g3，5- 二硝基水杨酸，20 mL 2N 的 NaOH，50 mL 的 H_2O，30 g 酒石酸钾钠，溶解后水定容 100 mL。暗中保存，并防止与 CO_2 接触。

5. 操作方法

（1）粗酶液制备

水稻种子在暗 30 ℃下萌发 7 天，将胚乳分离开来。240 g 胚乳用 50 mmol/L Tris-HCl 缓冲液洗涤。加 200 mL 同样的缓冲液在匀浆器中制成匀浆。用 3 层细纱布挤压过滤。滤液经 15 000 r/min 离心 20 min，残渣以 50 mL 缓冲液洗涤后再离心，合并清液。在 10 000 r/min 进一步离心 20 min。最后的上清液作用粗酶液。

（2）α- 淀粉酶的活力测定

0.2 mL 极限糊精加 0.2 mL 酶液在 37 ℃保温 5 min，加入 0.5 mL 的 I_2-KI 溶液使反应停止。再加 2 mL 水，然后在 620 nm 处测定光密度。对照以 pH7.0 的 Tris-HCl 缓冲液代替酶液。规定在 620 nm 引起光密度降低 10% 定位 1 个酶单位。

（十八）脱落酸含量测定

脱落酸（ABA）是一类抑制性生长激素。随着种子老化劣变，ABA 含量增加，活力降低，为负相关关系。所以，ABA 含量也是种子活力生化指标之一。

1. 测定原理

脱落酸具有抑制芽鞘伸长的特性，对脱落酸含量的生物测定，可以按照生长素生物鉴定法的小麦芽鞘切段进行。测定中所需的试剂与仪器设备，以及标准由线的绘制操作步骤，皆与生长素的生物鉴定方法相同，仅需另外配制 ABA 母液（100 mg/L）。

2. 仪器设备

① 10 mL 有塞试管亦可用链霉素小瓶替代。

② 切割固定长度的刀具。

③ 转床平轴转动，转速约 16 r/min。

④ 25 ℃恒温暗室。

3. 材料和试剂

（1）材料

小麦、玉米、水稻等幼苗

（2）试剂

① ABA 母液（100 mg/L）。精确称取 20 mg ABA，用少量酒精溶解后，以无离子水定容至 100 mL。

② 2% 的蔗糖 –0.01 mol/L 磷酸缓冲液（pH5.0），称取磷酸氢二钾（K_2HPO_4）1.749 g 及柠檬酸（$C_6H_8O_7 \cdot H_2O$）1.019 g，蔗糖 20 g，各溶于水，混合后定容到 1 L。

4. 操作方法（小麦）

（1）材料的准备

小麦幼苗的培养将健康的种子粒选后，于 25 ℃暗室中浸种 2 h，排种子培养皿中的湿滤纸上，置 25 ℃黑暗中发芽。待出现胚根后，移入培养缸的塑料网上，并继续 25 ℃暗中培养，约 72 h（从浸种算起）后，胚芽鞘可达 3 cm 左右。然后选取 2.8 ～ 3.0 cm 的幼苗，用切割自顶端起分别切成 3 mm，5 mm，5 mm 以上等 3 段。取中间 5 mm 切段置蒸馏水 2 ～ 3 h，备用。

（2）标准曲线的绘制

吸取 2 mL 各处浓度的 ABA 标准液（0、0.001、0.01、0.1、1 mg/L ABA 溶液，用 2% 蔗糖 –0.01 mol/L 磷酸缓冲液稀释母液而得），分别置入 10 mL 有塞试管，每管加人小麦芽鞘切段 10 根，各浓度均需有 3 ～ 4 只重复。加塞后置转床上旋转培养 20 h（暗、25 ℃）。将 10 个切段取出测定其总长。然后减 ABA 各浓度处理所得之总长，则得净减少总长（cm）。再除以原始总长、乘 100，则是减少的百分率。用减少的百分率与 ABA 浓度之间的相关性，绘出标准曲线。

（3）样品的测定

将待测样品置于 2% 的蔗糖 –0.01 mol/L 磷酸缓冲液，进行稀释后，各吸取 2 mL，置有塞试管中。然后按上述标准曲线制备的步骤进行操作。测量并计算出待测液的减少百分率，便可从标准曲线中查得相应的 ABA 的浓度，当乘以稀释倍数后，即得待测样品的 ABA 的含量。

（4）测定结果的计算

将空白处理的切段总长，减 ABA 各浓度处理后所测得这总长，为净减少的总长（cm）。再除以原始总长。乘 100，得减少的百分率。用减少的百分率与 ABA 浓度的相关性，绘制出标准曲线。而待测样品则可从标准曲线查得相应的 ABA 浓度，再乘以稀释倍数，即得样品中 ABA 的实际含量。

（十九）自由脂肪酸测定

农作物种子或多或少含有脂肪，像油菜、花生、大豆、向日葵和棉花等油质种子脂肪含量高达25%～45%。如果种子贮藏在高温和高湿条件下，就会随着种子劣变而发生脂肪过氧化作用，使磷脂降解。在脂膜脂肪酸成分的过氧化作用过程会引起脂肪的劣变，而产生大量的自由脂肪酸。

1. 测定原理

脂肪或油类在空气中贮存日久之后，部分甘油醋会分解产生游离的脂肪酸，使油脂变质酸败。因此测定脂肪中游离脂肪酸的含量是检验脂肪质量的主要指标之一。中和1 g脂肪所需的氢氧化钾的毫克数称为酸值。脂肪酸败的程度可用酸值表示，脂肪中脂肪酸含量越高，中和时氢氧化钾的消耗量就越高，酸值越大，种子活力愈低。

2. 材料与设备

（1）材料

各类种子。

（2）设备

锥形瓶（150 mL）、碱式滴定管（25 mL）。

（3）药品

① 乙醚与乙醇的等体积混合液。

② 以酚酞作指示剂，用0.1 N的氢氧化钾调pH至中性。

③ 0.1%的酚酞乙醇溶液。

④ 0.1%的标准氢氧化钾溶液。

3. 操作方法

①准确称量样品3～5 g，置于锥形瓶中，加入50 mL中性乙醚—乙醇混和液（按乙醚：乙醇为2:1的比例混合，用0.1 mol/L氢氧化钾溶液中和至以酚酞提示液呈中性），振摇使油溶解，必要时可置水浴中，温浴可促其溶解，冷却至室温。加入酚酞指示剂2～3滴，以0.1 mol/L氢氧化钾标准溶液滴定，至现淡红色，且1 min内不退色为终点。记录0.1 mol/L氢氢化钾溶液的用量。

②计算

$$X=\frac{V \times N \times 56.11}{M}$$

式中 X——样品的酸价；

V——样品中消耗氢氧化钾标准液体积（mL）；

N——氢氧化钾标准溶液摩尔浓度；

M——样品重量（g）；

56.11与1 mL氢氧化钾（1 mol/L）溶液相当于氢氧化钾毫克数。

实训 加速老化法种子活力测定技术

一、测定原理

一般认为，高活力的种子批在一定范围的恶劣条件下，忍受能力强，而低活力种子忍受能力弱。经恶劣环境（高温高湿）加速老化后，种子已发生内部的劣变，再放在正常发芽条件下培养，使其内部的劣变表现出来，则可从幼苗形态的正常或异常状态，以及死亡率的高低，判断种子活力的强弱。凡是经老化处理后，受影响较小而仍保持较高的正常幼苗比例的种子批，则耐藏性好，活力强，困间成苗率高；反之，则差。

二、设备

①速老化箱或恒温培养箱。

②速老化容器。这种容器要求能湿，又备有网架，可放置种子，但又使种子不接触水分，保持老化条件的一致性。

三、处理方法

目前通常应用的有以下两种处理方法。

1. 速人工老化法

清洗老化容器，底部加适量的水，装好网架，数取种子 100 或 50 粒，4 次重复，分别放在老化容器的网架上，盖上盖子，移入恒温培养箱，

用 40 ～ 45 ℃和 100% 相对湿度，处理 1 ～ 10 d。处理温度和时间因种子种类而不同（见表 6-4），最适的老化时间可根据经验加以调整。如要研究老化的最适时间，采用高、中、低活力（从发芽力确定）的三个种子样品，选好温度和 100% 相对湿度，以时间加以调节。在老化处理后，高活力种子仅有少数种子死亡，中活力种子有相当部分死亡，低活力种子则大多数死亡，则可认为，这种条件是该种种子老化处理的理想条件。

表 6-4　不同作物种子加速老化试验的温度和时间

（ISTA，1995）

作　物	温度 /℃	时间 /h
推荐：大豆	41	72
建议：苜蓿、菜豆、油菜、甜玉米、莴苣、洋葱 胡椒、红三叶、高羊茅、番茄、小麦	41	72
黑麦草	41	48
法国菜豆	45	48
玉米	45	72
Mungbean	45	96
高粱、烟草	43	72

2. 慢人工老化法

基本处理方法同上，但不同之处是用 35 ～ 37 ℃较低的温度和 75% 较低的相对湿度，处理数周或数个月的较长的时间。一般油质种子处理 1 ～ 10 周，而蛋白质种子处理 1 ～ 10 个月。

四、活力评价

经老化处理后，凡是正常幼苗面分率高的，为活力强的种子批；反之，则为低活力种子批。

如老化处理与种子贮藏时间或田间成苗率同时进行试验，那么就可从其相关关系中找出相应的数值，用于指导实践。

五、结果报告

计算各种活力测定结果，评定不同种子批的活力差异。

实训 电导率法种子活力测定技术

一、测定原理

种子随着衰老或损伤，细胞膜中的脂蛋白变性，分子排列改变，渗透性增加，则其内部的电解质（如糖分、氨基酸和有机酸等）外渗增多。如果把这种衰老种子浸在无离子水中，电解质外渗而扩散到水中变为混浊，则其中存在带电的离子，在电场的作用下，离子移动而传递电子，具有电导作用。因此，一般来说，种子愈衰老，水中的电解质愈多，电导率愈高，活力愈低，成反比关系，因此，可用电导仪测定种子浸出液的电导率，间接地判断种子批的活力水平，评价种子质量。

二、仪器设备和用品

1. 玻璃或塑料烧杯

这是用于浸种时存放种子的容器，其杯的直径最好是（80±5）mm。杯的清洁度是十分重要的，使用前或用后应用热水洗净，最后用无离子水清洗。杯中的清洁度可用定期测量杯中无离子水的电导率来检查。

2. 去离子水

可用无离子水和重蒸馏水，但不能使用电导率大于每厘米 20 μΩ 的水。使用前应先在 20 ℃下放置至少 24 h。

3. 电导仪

我国目前通常使用上海第二分析仪器厂生产的 DDS-11 A 型电导仪。

三、测定方法

1. 试样称重

中小粒种子可数 50 或 100 粒，大粒种子可数 25 或 50 粒，重复 2 ～ 4 次，称重精确到 0.01 g。

2. 种子浸泡

将每份种子倒入烧杯中，用定量加水器加入定量的无离子水（按种子大小而定，30 ～ 250 mL），加盖，以防水分蒸发和灰尘污染，并备两只杯，装同量无离子水，以作对照，然后将全部处理放在 20 ℃下 18 ～ 24 h。

3. 电导率测定

利用网兜，将浸渍种子滤出，然后把浸出液倒回原杯，用作测定。按电导仪的使用说明，将浸入式电极浸入浸出液里，测出电导值。

4. 生活力评价

凡是电导率低的种子批为活力强的，反之，则弱。如果经过电导率与田间成苗率相关关系的研究，就可确定每种作物、每个品种种子质量分级的电导值，评定种子批的种用价值，指导播种。

四、思考题

1. 认为种子生活力和种子活力有何异同点？
2. 您分析一下不同活力测定方法的特点和生产意义？
3. 为什么过高或过低的种子水分会影响到电导率测定结果？

第七章

Chapter Seven

品种真实性和纯度室内鉴定

品种真实性（Cultivar Genuineness）和品种纯度（Varietal Purity）是构成种子质量的两个重要指标，是种子质量评价的重要依据。这两个指标都与品种的遗传基础有关，因此都属于品种的遗传品质。

第一节 / 品种纯度室内鉴定概述

一、品种纯度的含义及意义

品种纯度检验应包括两方面内容，即品种真实性和品种纯度。品种真实性是指一批种子所属品种、种或属与文件描述（Description）是否相符。如果品种真实性有问题，品种纯度检验就毫无意义了。品种纯度是指品种个体与个体之间在特征特性方面典型一致的程度，用本品种的种子数（或株、穗数）占供检验本作物样品数的百分率表示。在纯度检验时主要鉴别与本品种不同的异性株。异性株是指一个或多个形状（特征、特性）与原品种的性状明显不同的植株。

品种真实性和纯度是保证良种优良遗传性状充分发挥的前提，是正确评价种子质量的重要指标。品种纯度的高低对农业生产的产量和品质都有较大的影响。因此，品种真实性和品种纯度检验在种子生产、加工、贮藏及经营贸易中具有重要意义和应用价值。

二、品种纯度室内鉴定方法的分类

真实性和品种纯度的种子检验室鉴定方法要求快速省时、简单易行、经济实用、鉴定准确，并经过多年的核准比对试验，达到标准化后，进入实用阶段，即鉴定结果在不同实验室或同一实验室能重演。

根据室内鉴定所依据的原理不同，品种纯度检验可分为形态鉴定、物理化学法鉴定、生理生化法鉴定、分子生物学方法鉴定、细胞学方法鉴定。

第一大类形态鉴定，又分为籽粒形态鉴定、种苗形态鉴定和植株形态鉴定。

籽粒形态鉴定虽简单快速，对于形态性状丰富的，可以作为鉴定前的简单分类，便于其他方法的利用。种苗形态鉴定，适合于幼苗形态性状丰富的作物，如十字花科、豆科等双子叶植物，种苗鉴定需要的时间一般在7～30天，因苗期所依据的性状有限，所以鉴定结果不太准确。植株形态鉴定，依据的性状较多，鉴定结果较准确，如田间纯度检验和田间小区种植鉴定都属于植株形态鉴定，但植株形态鉴定需要时间较长，难以满足在调种过程中快速鉴定的需要。

第二大类物理化学法鉴定，又分为物理的方法和化学方法。

物理方法如荧光鉴定法（Fluorescence Test）等，这些方法区别品种的种类较少，难以满足品种纯度准确鉴定的要求。

化学方法（Chemical Method）主要依据化学反应所产生的颜色的差异区分不同品种，如苯酚染色法（Phenol Test）等。同物理法一样，化学方法区别品种的种类较少，也难以对品种纯度准确鉴定。但这类方法鉴定速度快，在实践中有一定的参考价值。

第三大类方法生理生化方法，是利用生理生化反应和生理生化技术进行品种纯度鉴定。这类方法中包括的技术较多，以生理生化反应为基础的有愈伤木酚染色法，光周期反应鉴定法，除草剂敏感性鉴定法等。这些方法鉴别品种的能力较低，因此，鉴定结果不太准确。以生理生化技术为基础的方法有电泳法鉴定（Electrophoresis Method）、色谱法鉴定（Chromatographic Method）、免疫技术鉴定（Immunolgy Method）等。

色谱法技术含量较高，免疫技术需要大量技术开发研究，目前两者难以在生产实际广泛应用。电泳法相对技术较为简单，依据蛋白质或同工酶电泳，可以相对较准确地鉴定品种纯度，是目前品种纯度鉴定中较为快速准确的方法。

第四大类分子生物学方法。分子生物学方法种类非常多，它是在DNA和RNA等分子水平上鉴别不同品种。目前在品种检测中最常用的分子技术主要有RAPD技术（Rando Mamplified Polymorphic DNA），SSR技术（Simple Sequence Repeats，又称为Mic Rosatellite DNA），AFLP技术（Amplified Fragment Length Polymorphism）以及RFLP技术（Restriction Fragment Length Polymorphism）。分子技术在品种纯度鉴定和品种DNA指纹的制作方面具有广泛的用途。

第五大类细胞学方法鉴定。细胞学方法主要依据染色体数量和结构变异、染色体带型差异以及细胞形态的差异区分种及品种，在品种纯度鉴定中应用价值不大。

综上所述，品种真实性和品种纯度鉴定的方法非常多，但在生产实际中真正能广泛应用的方法较少。本章将主要以国家和国际标准为依据，介绍在品种纯度检验中有着广泛应用价值的方法。

三、室内纯度鉴定的基本程序

室内纯度鉴定的基本程序：从送验样品中随机数取一定数量的样品，鉴定异品种种子或杂株数，再计算样品纯度。

品种纯度鉴定的送验样品的最小重量应符合表7-1的规定。样品纯度按下列公式计算：

$$\text{样品纯度}=\frac{\text{供检样品种子数}-\text{异品种子数}}{\text{供检样品种子数}}\times 100\%$$

有时需要将鉴定结果与规定值比较。鉴定的结果（x）是否符合国家种子质量标准值或合同、标签值（a）要求，可利用表7-2判别，如果$|a-x|\geq$容许差距，则说明不符合国家种子质量标准值或合同、标签值要求。

表中的容许差距，可以通过下列公式计算：

$$T=1.65\sqrt{p\times q/n}$$

式中 T——容许差距；

p——标准或合同或标签值；

q——$100-p$；

n——样品的粒数或株数。

当所用试样数量不是表中的定数时，用上述公式计算容许差距就更方便。

例7-1 某一作物，国家标准规定纯度99%，试验样品400粒种子，试计算容许差距（T）。

解：由题，$n=400$，$p=99$，则 $q=100-99=1$

$$T = 1.65\sqrt{\frac{99 \times 1}{400}} = 0.8$$

表 7-1　品种纯度鉴定的送验样品重量

种　类	限于实验室鉴定 /g	田间小区及实验室鉴定 /g
豌豆属、菜豆属、蚕豆属、玉米属、大豆属及种子大小类似的其他属	1 000	2 000
水稻属、大麦属、燕麦属、小麦属、黑麦属及种子大小类似的其他属	500	1 000
甜菜属及种子大小类似的其他属	250	500
所有其他属	100	250

表 7-2　品种纯度的容许差距（5% 显著水平的一尾鉴定）

标准给定值		样本株数、苗数或种子粒数							
50% 以上	50% 以下	50	75	100	150	200	400	600	1000
100	0	0	0	0	0	0	0	0	0
99	1	2.3	1.9	1.6	1.3	1.2	0.8	0.7	0.5
98	2	3.3	2.7	2.3	1.9	1.6	1.2	0.9	0.7
97	3	4.0	3.3	2.8	2.3	2.0	1.4	1.2	0.9
96	4	4.6	3.7	3.2	2.6	2.3	1.6	1.3	1.0
95	5	5.1	4.2	3.6	2.9	2.5	1.8	1.5	1.1
94	6	5.5	4.5	3.9	3.2	2.8	2.0	1.6	1.2
93	7	6.0	4.9	4.2	3.4	3.0	2.1	1.7	1.3
92	8	6.3	5.2	4.5	3.7	3.2	2.2	1.8	1.4
91	9	6.7	5.5	4.7	3.9	3.3	2.4	1.9	1.5
90	10	7.0	5.7	5.0	4.0	3.5	2.5	2.0	1.6
89	11	7.3	6.0	5.2	4.2	3.7	2.6	2.1	1.6
88	12	7.6	6.2	5.4	4.4	3.8	2.7	2.2	1.7
87	13	7.9	6.4	5.5	4.5	3.9	2.8	2.3	1.8
86	14	8.1	6.6	5.7	4.7	4.0	2.9	2.3	1.8
85	15	8.3	6.8	5.9	4.8	4.2	3.0	2.4	1.9
84	16	8.6	7.0	6.1	4.9	4.3	3.0	2.5	1.9
83	17	8.8	7.2	6.2	5.1	4.4	3.1	2.5	2.0
82	18	9.0	7.3	6.3	5.2	4.5	3.2	2.6	2.0
81	19	9.2	7.5	6.5	5.3	4.6	3.2	2.6	2.1
80	20	9.3	7.6	6.6	5.4	4.7	3.3	2.7	2.1
79	21	9.5	7.8	6.7	5.5	4.8	3.4	2.7	2.1
78	22	9.7	7.9	6.8	5.6	4.8	3.4	2.8	2.2
77	23	9.8	8.0	7.0	5.7	4.9	3.5	2.8	2.2
76	24	10.0	8.1	7.1	5.8	5.0	3.5	2.9	2.2
75	25	10.1	8.3	7.1	5.8	5.1	3.6	2.9	2.3
74	26	10.2	8.4	7.2	5.9	5.1	3.6	3.0	2.3
73	27	10.4	8.5	7.3	6.0	5.2	3.7	3.0	2.3
72	28	10.5	8.6	7.4	6.1	5.2	3.7	3.0	2.3
71	29	10.6	8.7	7.5	6.1	5.3	3.8	3.1	2.4
70	30	10.7	8.7	7.6	6.2	5.4	3.8	3.1	2.4
69	31	10.8	8.8	7.6	6.2	5.4	3.8	3.1	2.4
68	32	10.9	8.9	7.7	6.3	5.5	3.8	3.2	2.4
67	33	11.0	9.0	7.8	6.3	5.5	3.9	3.2	2.5

（续表）

标准给定值		样本株数、苗数或种子粒数							
50% 以上	50% 以下	50	75	100	150	200	400	600	1000
66	34	11.1	9.0	7.8	6.4	5.5	3.9	3.2	2.5
65	35	11.1	9.1	7.9	6.4	5.6	3.9	3.2	2.5
64	36	11.2	9.1	7.9	6.5	5.6	4.0	3.2	2.5
63	37	11.3	9.2	8.0	6.5	5.6	4.0	3.3	2.5
62	38	11.3	9.2	8.0	6.5	5.7	4.0	3.3	2.5
61	39	11.4	9.3	8.1	6.6	5.7	4.0	3.3	2.5
60	40	11.4	9.3	8.1	6.6	5.7	4.0	3.3	2.6
59	41	11.5	9.4	8.1	6.6	5.7	4.1	3.3	2.6
58	42	11.5	9.4	8.2	6.7	5.8	4.1	3.3	2.6
57	43	11.6	9.4	8.2	6.7	5.8	4.1	3.3	2.6
56	44	11.6	9.5	8.2	6.7	5.8	4.1	3.4	2.6
55	45	11.6	9.5	8.2	6.7	5.8	4.1	3.4	2.6
54	46	11.6	9.5	8.2	6.7	5.8	4.1	3.4	2.6
53	47	11.6	9.5	8.2	6.7	5.8	4.1	3.4	2.6
52	48	11.7	9.5	8.3	6.7	5.8	4.1	3.4	2.6
51	49	11.7	9.5	8.3	6.7	5.8	4.1	3.4	2.6
50	50	11.7	9.5	8.3	6.7	5.8	4.1	3.4	2.6

第二节 / 品种纯度的形态鉴定

品种纯度的形态鉴定是纯度鉴定中最基本的方法，又可分为籽粒形态鉴定、种苗形态鉴定和植株形态鉴定。因其依据的形态性状的多少、差异大小和可靠性，而影响鉴定结果的可靠性。在形态鉴定时主要从被检品种的器官或部位的颜色、形状、多少、大小等进行区别。

一、种子形态鉴定

籽粒形态鉴定特别适合于籽粒形态性状丰富、籽粒较大的作物。在鉴定时特别应注意因环境影响易引起变异的籽粒性状，同时该方法易受主观因素的影响。

（一）鉴定的方法

1. 数取试样

随机数取 400 粒种子（在检验室内进行鉴定，一般采用净种子），鉴定时设重复，每个重复不超过 100 粒。

2. 鉴定

根据种子的形态特征，逐粒观察区别本品种、异品种，计数，计算品种纯度。也可借助放大镜、立体解剖镜等，必须备有标准样品或鉴定图片和有关资料。

鉴定的结果（X）是否符合国家种子质量标准值或合同、标签值（a）要求，可利用表 7-2 判别，如果 $|a-x|\geq$ 容许差距，则说明不符合国家种子质量标准值或合同、标签值。

3. 记录并报告

将结果记入“真实性及品种纯度鉴定记载表（室内）”（表 7-3），并计算和报告 4 个重复间的平均值。

表 7-3　真实性及品种纯度鉴定记载表（室内）

No.:

样品登记号		作物名称					品种名称	
项目 重复	供检粒（株）数	检测性状记录					品种纯度 /%	平均值 /%
Ⅰ								
Ⅱ								
Ⅲ								
Ⅳ								
标准样品								
检测方法								
检测结论								

检验员：　　　　　　　　　　　　　　　　　　　　　　　　　　　校核员：

（二）鉴定所依性状

玉米种子根据粒型（马齿型、半马齿型、硬粒型）、粒色（白色、黄色、红色、紫色）深浅、粒顶部形状、顶部颜色及粉质多少、胚的大小、形状、胚部皱褶的有无、多少、花丝遗迹的位置与明显程度、稃色（白色、浅红、紫红）深浅、籽粒上棱角的有无及明显程度等进行区别。在区别自交粒和杂交种时，主要依据粒色及籽粒顶部颜色。一般可按以下规律区分：粒色和顶部颜色为深色的母本与粒色和顶部颜色为浅色的父本杂交，杂交种籽粒色和顶部颜色浅；粒色和顶部颜色为浅色的母本与粒色和顶部颜色为深色的父本杂交，杂交种籽粒色和顶部颜色变深。除粒色和顶部颜色外，杂交种子的粒型、稃色、棱角、花丝遗迹、胚部性状等均有母本基因控制，与自交粒没有区别。

小麦种子根据粒色（白、红）深浅、粒型（短柱形、卵圆形、椭圆形、线形）、质地（角质、粉质）、种子背部性状（宽窄、光滑与否）、腹沟（宽窄、深浅）、茸毛（长短、多少）、胚的大小、突出与否、籽粒横切面的模式、籽粒的大小等性状进行鉴定。

水稻种子根据籽粒的形状、长宽比、大小、稃壳和稃尖色、稃毛长短、稀密、柱头夹持率等性状进行鉴定。

大麦种子根据籽粒形状、粒色、腹沟展开程度（宽、中、紧）、浆片长短、腹沟基刺长度及其茸毛长度、外稃侧背脉纹齿状物及脉色、芒的光滑与否、外稃基部皱褶形状等。

棉花可用分梳发鉴定棉纤维的长度。

（三）生长箱鉴定

1. 生长箱鉴定的应用

生长箱鉴定可用于幼苗和植株形态鉴定。该方法可保证全部幼苗和植株都生长在同样的条件下，其品种形态特征的差异是遗传基础的表达。

生长箱鉴定，可采用两种方法：第一种方法，给予幼苗加速生长发育的条件，可以鉴定如田间植株一样的许多性状，而大大缩短鉴定时间；第二种方法，将种子或植株种植在特殊逆境条件下，可对品种进行逆境反应差异的鉴定。

当进行幼苗或植株的特别性状鉴定时，尽量按推荐的生长条件进行。如幼苗芽鞘、茎或下胚轴色素鉴定时，应将幼苗种植在石英砂或惰性沙砾中，并用特定营养液浇灌。当进行植株的抽穗、开花、颜色的形成鉴定时，将植株放在推荐的光周期下。

应准备适当的对照样品，以便供检样品的性状或反应与对照样品进行比较。生长箱鉴定法局限性：有些性状，如花的颜色、幼苗色素的差异是质量性状，既可用于真实性的鉴定，也可用于鉴定异型株；而株高、穗数等数量性状的鉴定只能用于真实性鉴定，不能用于鉴定异型株。

2. 生长箱鉴定的程序

（1）培养介质

为鉴定下胚轴、芽鞘、苗端的花青素或紫色素的发育，所有样品都应种植在无杂质的沙床里。

为鉴定开花、花色、叶片特征，并且从播种至抽穗或开花需要较长时间的样品，应播种在惰性沙床里或灌溉土壤里。同时，必须以附加营养液进行处理，以使植株从营养缺乏逆境下表现出差异。

（2）播种密度

在播种小粒豆类、苜蓿时，每孔播入 2 粒种子，播深 0.6 cm，粒行距 2.5 cm×2.5 cm，最后去除多余苗，达到每孔 1 株。在播种小麦、燕麦、玉米、高粱和莴苣时，播深 1 cm，粒行距 2 cm×4 cm。在播种大粒豆类，如菜豆和大豆时，应播深 2.5 cm，粒行距 2.5 cm×5 cm。胡萝卜的根形状鉴定和洋葱的球茎鉴定播在温室容器中，土深 17 cm，出苗时进行间苗。洋葱种子用于叶色鉴定，应在沙床容器中播深 1 cm，粒行距 2.5 cm×4 cm。

当利用各种规定方法鉴定时，应准备适宜的标准对照样品，以便供检样品的性状或反应与标准样品进行比较。标准对照样品必须真实可靠，并经认可。

（3）浇水

在出苗前，全部种植盆应加水一致，并满足所有品种出苗所需。一旦出苗，为鉴定色素而种植在沙床里的大麦、莴苣幼苗，应用 Hoagland No.1 营养液浇水，每隔 4 d 浇一次，其他时间则用普通水浇。

为鉴定胚芽鞘和胚轴上色素而种植的燕麦和小麦幼苗，应用缺磷的 Hoagland No.1 营养液，每隔 4 d 浇一次，其他时间则用普通水浇。

为鉴定色素而种植在沙床里的大豆、高粱、玉米和洋葱幼苗，应每天有无营养水浇。

种子在土壤钵内的幼苗可用 Hoagland No.1 营养液浇水。

Hoagland No.1 营养液配方见表 7-4。

表 7-4 Hoagland No.1 营养液配方

母液编号	摩尔浓度 /mol/L	化学品	每毫升水加入毫升数 /mL
1 号营养液	1.0	KH_2PO_4	1
	1.0	KNO_3	5
	1.0	$Ca(NO_3)_2$	5
	1.0	$MgSO_4$	2
1 号缺磷营养液	1.0	$Ca(NO_3)_2$	4
	1.0	$MgSO_4$	2
	1.0	KNO_3	6

另外，在每毫升营养液中还需加入 1 mL 微量元素母液和 1.0 mL0.5% 的酒石酸铁溶液（或其他合适的铁盐），微量元素母液配方见表 7-5。

表 7-5　母液配方

化学试剂	每毫升水加入微量元素 /g
H_3BO_3	2.86
$MnCl_2 \cdot 4H_2O$	1.81
$ZnSO_4 \cdot 7H_2O$	0.22
$CuSO_4 \cdot 5H_2O$	0.08
$H_2MoO_4 \cdot H_2O$	0.02

（4）光照要求

①光照强度。生长箱鉴定应利用高强度的光照，白冷光荧光灯 33 000 lx（勒克斯），白炽灯 3 000 lx 的光照强度。如果用较低的光照强度，有时会引起花色素发育的减少，导致幼苗色素的差异不明显。如果样品在温室进行鉴定，应补充光源达到这一要求。为鉴定大豆植株光周期（开花），只能种植在荧光灯下，而不能利用白炽灯。

②光周期。在鉴定小麦、燕麦、高粱、玉米、黑麦草、莴苣、苜蓿和大豆样品时，应用 24 h 连续光照的光周期。

菜豆样品应种植在 20 h 光照和 4 h 黑暗交替的光周期。在鉴定大豆样品开花期时，根据供检样品的熟性的不同，可利用 13.5 h、15.5 h 和 18 h 光照的光周期。在温室进行鉴定，应补充光源以达到要求。

（5）温度控制

一般农作物绝大多数样品可种植在 25 ℃条件下，在 20 ～ 25 ℃也能得到满意的结果。胡萝卜和洋葱应播种在 20 ℃条件下，埃及三叶草可种植在 10 ℃条件下。高于 25 ℃会导致某些种类和品种抑制发芽或发芽缓慢。

一般认为，低温可促进花青素的发育。如果最大的光照强度仍比前面建议的数值低，那么，应降低生长箱的温度，用低温来补偿低光照，促进幼苗花青素的形成差异。这里将生长箱鉴定品种的适合方法见表 7-6。

表 7-6　生长箱鉴定的播种和幼苗管理

作物	培养基质	播种密度 /cm	播种深度 /cm	浇灌	光周期 /h	温度 /℃
苜蓿	砂或土壤	2.5×2.5[1]	0.6	NO.1 培养液	24，12	25，10
大麦	砂或土壤	2.0×4.0	1.0	NO.1 培养液	24	25
菜豆	砂或土壤	2.5×5.0	2.5	NO.1 培养液	20	25
胡萝卜	土壤	17.5×2.0[3]	1.0	水	22	18 ～ 20
莴苣	砂	1.0×4.0	1.0	NO.1 培养液	24	25
玉米	砂	2.0×4.5	1.0	水	24	25
燕麦	砂或土壤	2.0×4.0	1.0	缺磷培养液[5]	24	25
洋葱	砂	2.5×4.0	1.0	缺磷培养液	20	20
	土壤	10.0×4.0	1.0	水	22	18 ～ 20
高粱	砂	2.0×4.5	1.0	水	24	25
	发芽纸	1.5×1.5	表面	水	24	25
大豆	砂	2.5×5.0	2.5	NO.1 培养液	24	25
小麦	砂或土壤	2.0×4.0[3]	1.0	缺磷培养液[6]	24	25
	发芽纸	1.5×1.5	表面	水	24	25

二、幼苗和植株鉴定

关于幼苗和植株性状的鉴定方法见表 7-7。

（1）小麦

小麦幼苗的芽鞘和茎色的鉴定，可在播后大约第七天进行，其颜色可分为紫色和绿色。

抽穗情况的记载可在出苗后30天左右进行。抽穗情况可分为正在抽穗（春小麦）、未抽穗（冬小麦）。该法可用于区分品种和鉴定异性株。

（2）玉米、高粱

可在出苗后第14天进行高粱幼苗芽鞘和顶端颜色鉴定。芽鞘颜色可分为紫红色或绿色。顶端颜色可能有4种类型：深紫色（在茎和叶的近轴和远轴表面全深紫色）、中等紫色（紫包茎，近轴叶表面几乎深紫色，但远轴叶表面为黄棕色）、浅紫色（幼苗在茎和叶边缘有局部紫色，主要为绿色）和绿色（幼苗完全绿色）。如利用比建议较低的光照强度，也可能用于区分品种以及鉴定异型株。

（3）大麦

播种10天至2周可以鉴定胚轴或叶鞘花青苷。播种3～4周可以鉴定品种间的胚轴长度和株高差异，播种4～6周可以记录抽穗（春大麦）或不抽穗（冬大麦）。春性品种还可以评定穗上的芒颜色（红或绿）和其他性状。这些观察可作为品种分类，也可作为鉴定异型株。

（4）莴苣

可以根据幼苗的下胚轴颜色（粉色或绿色）、第一叶颜色（红、粉红、浅绿或深绿）、叶缘、叶卷曲和子叶形状进行鉴定。时期为播种后三周或三至四叶期。该法可用于栽培品种分类和鉴定异性株。

（5）洋葱

出苗后几天，在砂上长出的部分可评定为红叶或绿叶。播种后四周，检查是否形成球茎，记录从播种至球茎形成的时间。在球茎形成时记录株高和球茎（葱不形成球茎）。播种后12周，在容器中生长至少17 cm深的植株，检查球茎的形状和颜色、叶姿和叶蜡。该法可用于栽培品种分类和鉴定异性株。

（6）胡萝卜

播种后10～12周，容器中至少生长17 cm深的幼苗可以评定根颜色和形状。可以根据不同的叶分离类型进行区别。该法可用于栽培品种分类和鉴定异性株。

表7-7　种植在生长箱鉴定条件下幼苗和植株性状的鉴定方法

种　名	特征性状	播种后时间	鉴定使用
苜蓿	花色	5周	C，OT
菜豆	花色	4～6周	C，OT
小糠草	茎/植株、茎长、成株百分率、红叶鞘百分率、叶宽、叶长、茎直径	4周以上	S，C OT
埃及三叶草	株高、伸长茎节百分率	6～8周	C
红三叶草	茸毛、开花百分率	4～6周	C
莴苣	下胚轴颜色、叶色、叶绿、叶皱褶、子叶形状	3周 （第3～4叶期）	T，C，OT
燕麦	芽鞘和叶鞘颜色、茸毛抽穗	10～14天 大约30天	C，OT
黑麦草	抽穗	移栽后30天	S
高粱和玉米	芽鞘颜色、苗端颜色	出苗至14天	C，OT
大豆	茎的色素、茸毛颜色、茸毛角度、叶形开花（光周期） 塞克津敏感性	10～14天 21天至75天 30天	C，OT C，OT C
甜三叶草	花色	4～6周	S，OT
小麦	芽鞘和茎的颜色 抽穗	7天 大约30天	C，OT C，OT

注：1. 用于区分栽培品种，以C表示；2. 用于检出异型株，以OT表示；3. 用于区分种（类），以S表示；4. 用于区分类型，以T表示。

第三节 / 品种纯度的快速鉴定

在品种纯度的鉴定中通常把物理法鉴定、化学法鉴定等在短时间内鉴定品种纯度的方法归为快速鉴定方法。

本节将以国际标准和国家标准为依据介绍部分快速的品种纯度鉴定。

一、苯酚染色法

（一）苯酚染色法的原理

苯酚染色法已作为 ISTA 的标准方法和我国国家标准。苯酚染色法的机理有两种观点，一种认为是酶促反应，另一种认为是化学反应。该反应受 Fe^{2+}、Cu^{2+} 等双价离子催化，可加速反应进行。Na^{+} 离子（NaOH、Na_2CO_3）等对该反应有抑制作用（Chandra，1977，Jaiswal 和 Agrawal 等，1995）。其反应可用下式表示：

$$C_6H_5OH \xrightarrow[Cu^{2+}Fe^{2+}]{[O]} O{=}C_6H_4{=}O$$

（二）苯酚染色的方法

1. 麦类

① 国际标准法。数取净种子 400 粒，每重复 100 粒。按以下方法鉴定。将小麦、大麦、燕麦种子浸水 18 ～ 24 h，用滤纸吸干表面水分，放入垫有 1% 的苯酚溶液湿润滤纸的培养皿内（腹沟朝下），室温下小麦保持 4 h，燕麦 2 h，大麦 24 h 后即可鉴定染色深浅。小麦观察颖果颜色，大麦、燕麦观察内外稃的颜色，一般染后的颜色可分为不染色、淡褐色、褐色、深褐色、黑色五种，将与基本颜色不同的种子取出作为异品种。

② 快速法。将小麦种子用 1.0% 的苯酚浸 15 min，取出放在铺有 1% 苯酚湿润过的滤纸的培养皿中（腹沟朝下），并盖上贴有同样滤纸的培养皿盖。置 30 ～ 40 ℃温箱内，染色 0.5 ～ 1 h，观察染色结果，区分本品种与异品种。

应注意：某些小麦品种利用标准法染色后，颜色相同无法区分。可采用加速或延缓剂处理后再染色鉴定。对染色很深的种子，用 0.3% 碳酸钠溶液浸种 18 h（室温）；对染色很浅的种子要利用 0.01% 硫酸铜溶液浸种 18 h，然后置培养皿内染色。在应用此法鉴定麦类品种纯度时，最好固定程序鉴定现有品种的染色情况，供鉴定时参考。

2. 水稻

将种子浸水 6 h，取出放入 1% 的苯酚溶液中，室温下 12 h，然后取出用清水洗涤，放在湿润的滤纸上 24 h，观察谷粒或米粒染色程度。谷粒染色分为不染色、淡茶褐色、茶褐色、黑褐色和黑色五级，米粒染色分为不染色、淡茶褐色、褐色三级。

二、愈伤木酚染色法

（一）愈伤木酚染色的原理

愈伤木酚（$C_7H_8O_2$）是专门用于大豆品种鉴别的方法。Buttery 和 Buzzell 于 1968 年根据大豆种皮内过氯化物酶活性的高、低，把大豆品种分为两大类。其原理是：大豆种皮内的过氧化物酶，可催化过氧化氢分解产生游离氧基，游氧基可使无色的愈伤木酚氧化产生红褐色的邻甲氧基对苯醌，种皮内含有的过氧化物酶活性越高，单位时间内产生的红褐色的邻甲氧基对苯醌越多，溶液的颜色越深。反之，颜色越浅。不同品种由于遗传基础不同，过氧化物酶的活性不同，在一定条件下，溶液染色的深浅不同，依此区分不同品种。

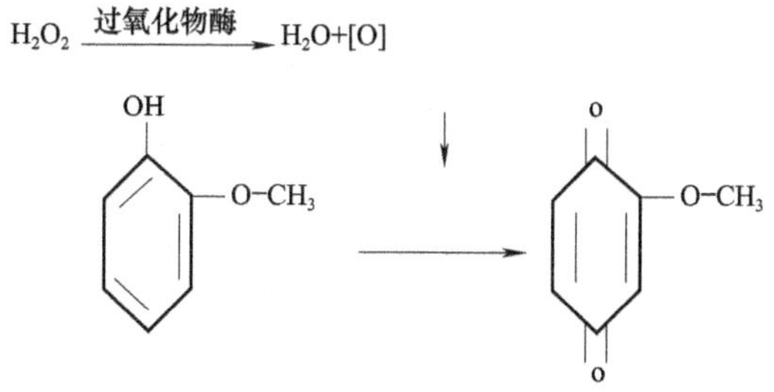

$$H_2O_2 \xrightarrow{\text{过氧化物酶}} H_2O+[O]$$

（二）愈伤木酚染色的方法

方法是将大豆种皮逐粒剥下，分别放入指形管内，然后注入 1 mL 蒸馏水，在 30 ℃下浸泡 1 小时，再在每支试管中加入 10 滴 0.5% 的愈伤木酚溶液，10 分钟后，每支试管加入 1 滴 0.1% 过氧化氢溶液，1 分钟后根据溶液呈现颜色的差异区分本品种和异品种。

使用该方法时应注意，剥种皮时的碎整程度要一致，否则影响染色的深浅，进而影响鉴定结果。最好使用小的打孔器，将种皮打下，这样克服了种皮大小及碎整程度的影响。

三、荧光分析法

紫外光能量较高，当照射物体时，就会产生光激发现象，被激发的电子很不稳定，由高能态转变为低能态时，便会发现一种可见光——荧光。因作物和品种不同，其种皮结构和化学组成不同，在紫外光照射下发出荧光的波长不同，因而产生不同颜色。荧光分析可对种子或幼苗进行鉴定。

（一）种子鉴定

取净种子 400 粒，分为 4 次重复，分别排在黑板上，放在波长为 360 nm 的紫外分析灯下照射，试样距灯泡最好为 10 ～ 15 cm，照射数秒或数分钟后即可观察，根据发出的荧光鉴别品种或类型。

如蔬菜豌豆发出淡蓝或粉红色荧光，谷实豌豆发褐色荧光；无根茎冰草发淡蓝色荧光，伏枝冰草发褐色荧光。十字花科不同种发出荧光不同：白菜为绿色，萝卜为浅蓝绿色，白芥为鲜红色，黑芥为深蓝色，田芥为浅蓝色。

（二）幼苗鉴定

国际上主要用于黑麦草与多花黑麦草的鉴别。取试样两份，各 100 粒，置于无荧光的白色滤纸上发芽，粒与粒之间保持一定距离，于 20 ℃恒温或 20 ～ 30 ℃变温培养。黑暗或漫射光，发芽床保持湿润，经 14 d 即可鉴定。将培养皿移至紫外灯下照射，黑麦草根际不发光，多花黑麦草根际发蓝色荧光。羊茅与紫羊茅也可用同样的方法进行鉴定，但幼苗鉴定前发芽床上先用稀氨液喷雾，然后置于紫外灯下照射，羊茅根发蓝绿色荧光，而紫羊茅则发黄绿色荧光。

第四节 / 品种纯度的电泳鉴定

一、目前鉴定品种常用的电泳方法

① 国际种子检验协会已将鉴定小麦和大麦品种醇溶蛋白聚丙烯酰胺凝胶电泳标准程序、鉴定豌豆属和黑麦草属的 SDS- 聚丙烯酰胺凝胶电泳标准方法、超薄层等电聚焦电泳鉴定杂交玉米种子纯度的标准方法列入国际种子检验规程，在全世界推广应用。

② 国际植物新品种保护联盟于 1994 年制订有关电泳技术标准将分析小麦高分子量麦谷蛋白的 SDS- 聚丙烯酰胺凝胶电泳方法、分析大麦醇溶蛋白 SDS- 聚丙烯酰胺凝胶电泳方法、分析大麦醇溶蛋白的酸性聚丙烯酰胺凝胶电泳方法、分析玉米同工酶的淀粉凝胶电泳方法列入 DUS 检测应用。

③ 我国 GB/T 3543—1995《农作物种子检验规程》已将 ISTA 规程的鉴定小麦和大麦品种的聚丙烯酰胺凝胶电泳标准参照方法列入应用。2001 年农业部颁布了《玉米种子纯度盐溶蛋白电泳鉴定方法》（NY/T449—2001）。

二、电泳法鉴定品种纯度的原理

（一）电泳法鉴定品种纯度的遗传基础

电泳法鉴定品种纯度主要利用电泳技术对品种的同工酶及蛋白质的组分进行分析，找出品种间差异的生化和分子指标，以此区分不同品种。

目前品种鉴定主要以同工酶和蛋白质为电泳对象。同工酶是指同一生物体或同一组织中催化相同化学反应，结构不同的一类酶。从遗传法则（DNA → RNA →蛋白质（或酶））知道，蛋白质或酶组分的差异最终是由于品种遗传基础的差异造成的，因此分析酶及蛋白质的差异从本质上说是分析遗传的差异，即品种差异，利用先进的电泳技术可非常准确地分析种子蛋白质或同工酶的差异，进而区分不同品种，鉴定品种纯度。

种子内的蛋白质或同工酶是在种子发育过程中形成的，它只反映了种子形成过程中的遗传差异。因此，有些作物种子中的贮藏蛋白或同工酶有时品种之间没有差异，这就需要研究哪一类蛋白质（或同工酶）在品种之间存在差异，以此作为该作物纯度电泳的对象——生化指标。

应该指出的是同工酶往往具有组织或器官特异性，即同一时期不同器官内同工酶的数目不同。如过氧化物酶同工酶在玉米幼苗中有 5 种，叶片中有 5 至 6 种，干种子内有 2 种。

此外同工酶在不同发育时期，数目也不同。由于某些同工酶在种子贮藏和萌发过程中，种类数目易随生活力和发育进程的变化而变化，加之种子萌发速度不一致，所以对品种纯度鉴定不利。此外，酶的提取和电泳条件较蛋白质要求严格，需在低温下进行。因此，在纯度鉴定的研究中，应以蛋白质为主。

（二）聚丙烯酰胺凝胶电泳的原理

聚丙烯酰胺凝胶是通过交联剂（甲叉双丙烯酰胺，Bis）在催化剂的作用下聚合而成的高分子胶状聚合物。其凝胶透明，有弹性，机械强度高，可操作性强；化学稳定性好，对pH、温度变化稳定；该凝胶属非离子型，没有吸附和电渗现象；并通过改变丙烯酰胺和交联剂的浓度可有效控制凝胶孔径的大小。因此，在品种纯度电泳分析中广泛应用。

蛋白质（或酶）为两性电解质，在不同pH条件下所带电荷多少不同。不同的蛋白质（或酶）由于氨基酸的组成不同，其等电点pI也不同，在同一pH条件下所带电荷也就不同。因此在电场中受到的作用力大小也就有差异。聚丙烯酰胺凝胶电泳主要依据分子筛效应和电荷效应对蛋白质（酶）进行分离。

分子筛效应是指由于蛋白质分子的大小、形状不同在电场作用下通过一定孔径的凝胶时，受到的阻力大小不同，小分子较易通过，大分子较难通。随丙烯酰胺和交联剂浓度的增加，凝胶孔径变小，反之孔径变大。小孔径凝胶适于小分子蛋白质（或酶）的分离，大孔径凝胶适于大分子量蛋白质（或酶）的分离。一般分子量1～10万的蛋白质可用15%～20%的凝胶；10～100万的蛋白质用10%左右的凝胶；大于100万的可用小于5%的凝胶。

电荷效应是指由于蛋白质带的电荷多少不同，受电场的作用力不同，电荷多受到的作用力大移动较快；反之，较慢。溶液的pH值与蛋白质的pI相差越大，蛋白质带电荷越多。蛋白质在凝胶中的运动速度与荷质比有着密切关系。经过一定时间的电泳，性质相同的蛋白质就运动在一起，性质不同的蛋白质就得到了分离。

描述蛋白质泳动速度一般用迁移率 m 或相对迁移率 Rf 值表示：

$$m=dl/vt$$

式中 m——迁移率（$cm^2/V\cdot s$）；

d——蛋白质谱带移动的距（cm）；

l——凝胶的有效长度（cm）；

v——电压（V）；

t——电泳时间（s）。

$$Rf=\frac{\text{谱带的迁移距离}}{\text{前沿指示剂的迁移距离}}$$

三、品种纯度电泳检测的一般过程

（一）品种纯度电泳检测的一般过程

电泳的方法很多，不同方法其具体操作过程也有差异，具体参见相应的标准和方法。在品种纯度电泳鉴定时一般包括：样品的提取、凝胶的制备、加样电泳、染色观察等步骤。

1. 样品的提取

不同电泳方法提取液和提取的程度不同，应按具体方法，配制提取液和操作。

（1）蛋白质

根据Osborne在1907年的划分，清蛋白能很好地溶于水、稀酸、碱、盐溶液中；球蛋白难溶于水，但能很好地溶于稀盐溶液及稀酸和稀碱溶液中；醇溶蛋白不溶于水，但很好地溶于70%～80%的酒精中；谷蛋白不溶于水、醇，可溶于稀酸、稀碱溶液中。因此可依次用水，10% 的 NaCl，70% ～ 80% 的酒精，0.2% 的碱液提取。

（2）同工酶

不同同工酶提取方法不同，多数同工酶需在低温下操作较好。酯酶用 0.05 mol/L 的 Tris-HCl（pH8.0）缓冲液，或用含 1%SDS、0.2 mol/L 的醋酸缓冲液（pH8.0）提取。淀粉酶用 0.1% mol/L 的柠檬酸缓冲液（pH5.6）或 0.05 mol/L 的 Tris-HCl（pH7.0）缓冲液提取。苹果酸脱氢酶、尿素酶、谷氨酸脱氢酶，用蒸馏水提取。乙醇脱氢酶用 0.05 mol/L 的 Tris-HCl（pH8.0）缓冲液，或含 0.1%SDS、0.2 mol/L 的醋酸钠（pH8.0）缓冲液。

2. 凝胶的制备

连续电泳只有分离胶，不连续电泳有分离胶和浓缩胶，不同方法凝胶浓度、缓冲系统、pH 值、离子强度等不一样，使用的催化系统也不同。此外，由于使用的仪器设备不同，特别是电泳槽不同，凝胶的配制方法也不同，药剂配制也不同。

3. 加样电泳

加样量应根据提取液中蛋白质（或酶）的含量确定，一般为 10 ～ 30 μL。电泳时一般采用稳压或稳流两种，电压的高低根据电泳的具体方法和使用的电泳槽种类、凝胶版的长度及厚度等确定，一般以凝胶版在电泳时不过热为准。对同工酶电泳在加样前最好进行一段时间的预电泳，电泳最好在低温下进行。

电泳时为了指示电泳的过程，可加入指示剂，对阴离子电泳系统可采用溴酚蓝唑示踪指示剂。这时点样段接负极，另一端接正极。对阳离子电泳系统可采用甲基绿作为示踪剂，点样端接正极，另一端接负极。根据指示剂移动的速度确定电泳时间。

4. 染色

电泳的对象不同，染色方法也不同。蛋白质目前采用较多的染色液是 10% 的三氯乙酸 0.05% ～ 0.1% 考马斯亮蓝 R250，该染色液染色后一般不需要脱色。

5. 谱带分析

谱带分析主要依据由于遗传基础的差异所造成的蛋白组分的差异区别本品中和异品种。鉴定品种和自交系纯度时，根据蛋白谱带的组成及带型的一致性，区分本品种和异品种。不同的电泳方法蛋白谱带的组成及带型不同。

如玉米种子蛋白质电泳谱带在凝胶版上的分布一般分为三个区域：α 区、β 区、γ 区。胶版下部为分子结构简单、分子量较小的蛋白质谱带，定为 α 区，该区谱带数目较少，扩散严重，品种间蛋白质差异不太显著，一般只作为鉴定的次谱带区。β 区是位于胶版中间区域，该区蛋白质分子大小中等，谱带数目较多，染色较深，谱带清晰度高，品种间差异大，是品种鉴定的主要区域。γ 区为胶版上部区域，该区蛋白质分子较为复杂，分子量大，蛋白质谱带虽然较多，但由于盐溶大分子蛋白的浓度低，谱带颜色较浅，若操作不当谱带容易丢失，故该区一般只作为辅助鉴定区域。在品种电泳谱带鉴定时，应首先在 β 区寻找其特征谱带，必要时观察另外两区的谱带作为辅证。

玉米种子的谱带类型有两种。

不同品种的玉米种子因其蛋白质组成不同，电泳得到的谱带类型也具有各自的特征，表现在谱带数目、谱带位置（迁移率）和谱带相对强弱的差异（见图 7-1）。

① 互补型谱带。在杂交种中出现两条谱带（与亲本对照），其中一条与父本一致，另一条与母本一致，则这两条谱带称作互补带。例如，单交种鲁单 981（齐 319×9 801）有一对互补带，一对互补带上线与父本 9 801 完全一致，下线与母本自交系齐 319 完全一致。这种类型在鉴定中经常遇到，也是比较好识别的一类品种，鉴定结果比较可靠。

② 偏母或偏父型谱带。在杂交种中不出现互补带，只出现自交系母本或父本的谱带。例如，登海 11 号杂交种与母本谱带完全相同。这种情况就无法区分杂交种和亲本，鉴定结果与田间种植有很大差异，建议这种类型谱带的统计结果应慎重使用。

玉米种子的谱带具有以下几种特征。

① 不同来源的同一品种谱带相同。不同地区来源的农大 108（黄 C×178）蛋白质谱带相同，它有一对互补带，上线继承了母本自交系黄 C 的谱带，下线继承了父本自交系 178 的谱带。这是因为蛋白质的种类是由遗传基因决定的，遗传物质一般不会随种植条件、种植区域不同而不同。

② 同一品种正、反杂交种谱带相同。在制种中，正、反交得到的杂交种虽然在籽粒形态上有很大的差异，是电泳谱带结果完全一致，这是因为正、反杂交种具有相同的遗传背景。这也说明，蛋白质的组分与玉米品种的遗传基因有密切的关系。

③ 同母异父和同父异母杂交种谱带不同。同母异父型杂交种虽然在籽粒外观形态上比较相似，不易分开，但是从蛋白质谱带上很容易区分开。例如，郑单 958 和鲁单 9002 母本都是郑 58，籽粒上比较相似，很难区别，但从电泳谱带上就很易区分开，两者互补带的位置明显不同。同父异母型谱带不同。例如，丹玉 13 号和沈单 7 号，虽然二者都继承了父本 E28 的谱带，但是它们的互补带位置不同。

④ 越代种子的谱带。有个别经营者或生产者在销售或生产种子过程中，经常将越代种子掺入一代杂交种中，严重危害消费者的权益。这种情形虽然从籽粒上很难区分，但用电泳方法很容易区分开来，因为它们的谱带与杂交种的谱带有很大的差异，越代种子分离严重，谱带类型繁多。

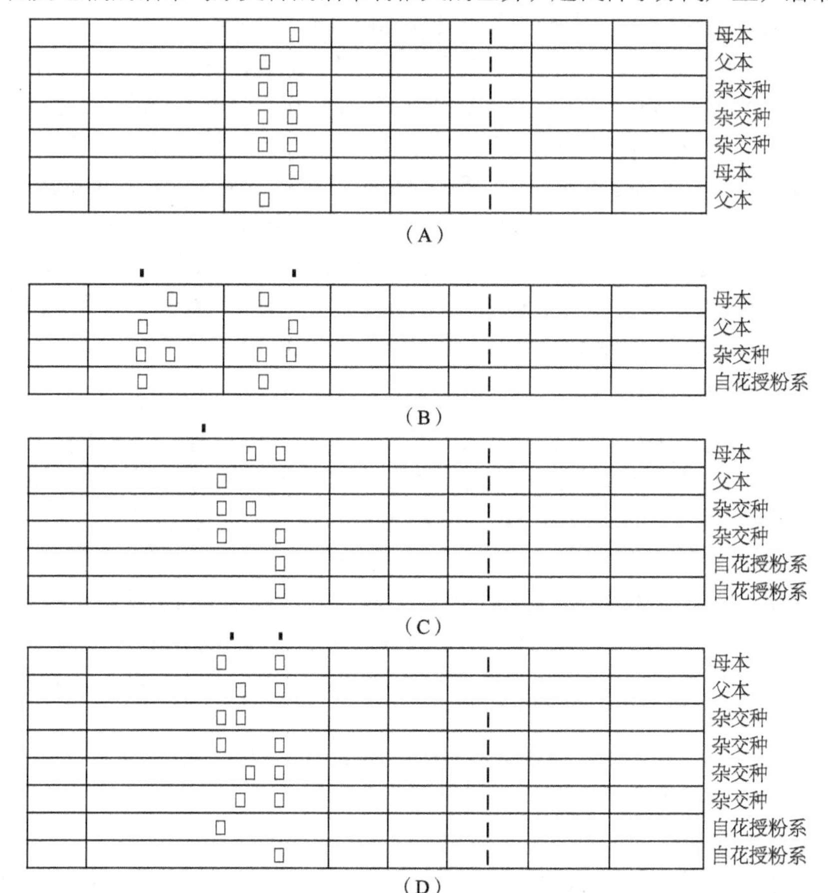

图 7-1　杂交玉米标准电泳图谱

应注意的是，电泳鉴定时，在不同混杂率的情况下，保证鉴定结果的可靠性所需要的样本粒数不同，可参考表 7-8。

表 7-8　电泳所需样品数量

概率水平	混杂率 /%								
	0.1	1	5	10	15	20	25	30	35
0.99	4 600	458	90	44	28	21	16	13	11
0.95	3 000	298	58	28	18	13	10	8	7
0.90	2 300	228	45	22	14	10	8	6	5

第五节 / 品种纯度的分子鉴定技术

一、常用分子技术的原理及特点

20 世纪 90 年代分子技术发展迅速，到目前为止，依据所采用的分子生物学技术的原理不同，常用的 DNA 分子标记大致可分为三类。

第一类以分子杂交技术为核心，可分为 RFLP 标记（Restriction Fragment Length Polgorphism，限制性片断长度多态性），VNTR 标记（Variable Number of Tandem Repeats，重复数可变的串连重复单位）以及原位杂交（In Situ Hybridization）。

第二类以 PCR 技术为核心，可分为 RAPD 标记（Ramdom Amplified Polymorphic DNA，随机扩增多态性 DNA），SSLP 标记（Simple Sequence Length Polymorphism，简单序列长度多态性），SCAR 标记（Sequence Characterized Amplified Region，特征序列的扩增区域），STS（Sequence Tagged Site，序列标记位点），SNP 标记（Single Nucleotide Polymorphism，单核苷酸多态性）和 AFLP 标记（Amplyfied Fragment Length Polymorphism，扩增片断长度多态性）等。

第三类是以重复序列为基础的分子标记，可分为小卫星标记（Microsatellite DNA）、微卫星标记（Minisatellite DNA）、SSR 标记（Simple Sequence Repeats，简单重复序列）和 ISSR 标记（Inter-Simple Sequence Repeats，简单序列重复区间）。

1. RFLP 标记技术

RELP 标记技术是由 Grodzicker 等于 1974 年发明的，1980 年由 Botstein 等再次提出。它是以 DNA-DNA 杂交为基础的第一代遗传标记。RFLP 标记的基本原理是用放射性同位素标记探针，与经酶切消化后的基因组 DNA 进行 Southern 杂交，通过标记上的限制性酶切片断大小来检测遗传位点的多态性。

基本操作步骤分别为：DNA 的纯化、酶切、凝胶电泳分离 DNA 片段、转膜、利用放射性同位素标记的 DNA 探针进行 Southern 杂交并放射自显影和结果分析。

RFLP 标记有以下优点：①无表型效应，不受环境影响；②呈简单的共显性遗传，可以区别纯合基因型与杂合基因型；③在非等位的 RFLP 标记之间不存在上位效应，互不干扰。

RFLP 标记有以下缺点：该方法所需的 DNA 用量大，耗费成本高，操作烦琐，技术复杂，工作量大，且检测所需的放射性同位素对人体有害。

2. RAPD 标记技术

RAPD 标记技术是 1990 年 Williams 和 Welsh 等人发明的基于 PCR 原理的分子标记技术，它利用随机引物（通常为 10 个碱基）对不同品种的基因组 DNA 进行 PCR 扩增，产生不连续的 DNA 产物，再通过电泳分离检测 DNA 序列的多态性。RAPD 技术可以在对物种没有任何分子生物学研究基础的情况下，进行多态性分析，而且具有方法简便、快速、DNA 用量少、成本较低、灵敏度高、无放射性污染等优点。

但是 RAPD 分析中存在的最大问题就是引物比较短，对反应条件极为敏感，稍有改变便影响扩增产物的重现，重复性较差，稳定性不好，而且 RAPD 是显性标记，不能区分杂合型和纯合型，这些不足在一定程度上限制了它的应用。

3. AFLP 标记技术

AFLP 标记技术是由荷兰 Keygene 公司科学家 Zabeaumare 和 Vospieter 等发明的一项专利技术，它实质是 RFLP 和 PCR 两项技术的结合，具有 RFLP 的可靠性和 PCR 技术的高效性。

AFLP 的原理及操作步骤：首先将基因组 DNA 用限制性内切酶双酶切后，形成分子量大小不等的随机性片段，而后将特定的接头连接在这些 DNA 片段两端形成带接头的特异片段；其次，再利用 2 个引物（该引物含接头序列，且在其 3' 端加上 1 个随机碱基）对其预扩增；再次，设计 2 个较长的选择性引物（该引物含上述引物的序列，且在其 3' 端再加上 2 个碱基）进行选择性扩增，最后进行电泳分析。

AFLP 标记技术的优点主要有：①标记异常丰富，典型的 AFLP 反应中，利用聚丙烯酰胺凝胶一次可以检测 100 ～ 150 个扩增产物；②稳定性、重复性好；③呈共显性表达，不受环境影响，无复等位效应；④带纹丰富，灵敏度高，快速高效，只需极少量的 DNA 样品，不需要 Southern 杂交，也不需要预先知道 DNA 的序列信息。

但是，AFLP 标记技术也有缺点：① AFLP 是一种专利技术，受专利权保护；② AFLP 操作难度大，基因组的不完全酶切会影响实验结果，所以实验对 DNA 纯度和内切酶的质量要求较高，操作程序长、步骤多，并要求很高的实验技能和精密的仪器设备，一般实验室难以完成。

4. SSR 标记技术

在人类及动植物的基因组中，均存在着由几个核苷酸（2 ～ 5 个）为重复单位组成的长达几十个核苷酸的重复序列，我们称之为简单重复序列。由于它的重复单位数目是高度变异的，且每个微卫星 DNA 两端的序列一般都是相对保守的单拷贝序列，因而根据其两端的序列设计一对特异引物，通过扩增产生重复序列长度多态性。

SSR 是一种较理想的分子标记，它具有以下一些优点：①以孟德尔方式遗传，呈共显性，可以区分纯合基因型和杂合基因型；②具有多等位基因特性，多态性丰富，信息含量高；③数量较为丰富，覆盖整个染色体组；④实验程序简单，耗时短，结果重复性好；⑤易于利用 PCR 技术分析，所需 DNA 量少，且对其质量要求不高，即使是部分降解的 DNA 样品也可以进行分析；⑥技术难度低，实验成本较低；⑦很多引物序列公开发表，易在各实验室广为传播使用。

因此，该技术一经问世，便很快在动植物的遗传分析中得到了广泛的应用。然而，开发和合成新的 SSR 引物投入高、难度大，需要通过构建 SSR 基因库，筛选阳性克隆，鉴定新的 SSR 序列，设计位点特异性引物，是一个过程繁琐、工作量大、效率低且花费很大的工作。

5. 其他技术

除了以上介绍的4种常用分子标记技术，还有STS技术、SCAR技术、ISSR技术以及SNP技术。

STS 引物的序列是特定的，对于任何一个能克隆测序的位点都可以设计特定的引物，进行扩增。因此 RFLP 标记、AFLP 标记及 RAPD 标记又都可以通过测序转化为 STS。

SCAR 技术是由 RAPD 技术派生出来的，是根据鉴定的 RAPD 克隆片段的末端序列，在

RAPD 引物的基础上加上 14 个 bp 形成 24 个 bp 的特定引物，以扩增特定区域。SCAR 技术类似于 STS 技术。

ISSR 的引物序列通常为 16 ～ 18 个碱基，由 1 ～ 4 个碱基组成的串联重复和几个非重复的特定碱基组成，从而保证了引物能与基因组 DNA 中简单重复序列的 5’或 3’末端结合进而扩增简单重复序列之间的 DNA 片段。ISSR 不需知道 DNA 序列就可设计出引物。

SNP 是动植物基因组中普遍存在的一种标记，是同一物种不同个体间染色体上遗传密码单个碱基的变化，被称之为是继以酶切、杂交为基础的分子技术和以 PCR 为基础的分子技术之后的第三代分子技术。基因组 DNA 序列的变异是物种遗传多样性的基础。较普遍的 DNA 序列变异是单个碱基的差异，包括单个碱基的缺失和插入，但更多的是单个碱基的置换，即单核苷酸多态性（SNP），这是等位基因间序列差异最为普遍的类型。SNP 可以通过基因测序（sequencing）、毛细管电泳（Capillary Electrophoresis）、变性高效液相色谱检测（DHPLC）和基因芯片（DNA chip）等技术检测。

二、几种常用分子标记技术在品种纯度检测中应用的可行性分析

通过比较可以发现，RFLP 标记需要的 DNA 量多、检测过程复杂、费用高，不易在种子纯度检测中推广应用。

RAPD 标记需要的 DNA 量少，分析程序简单，但重复性和稳定性较差，在种子纯度检测过程中应用还存在局限性。

AFLP 的多态性检出率最高，但该技术受专利保护，进入商业化应用受到一定限制。另外由于 AFLP 多态性检出率高，样本内个体之间细微的差异都能检测出，因此在利用 AFLP 进行种子纯度鉴定时，容易出现很多假杂株，与实际情况不符，而且 AFLP 操作复杂，试验周期长，对 DNA 质量要求高，因此 AFLP 不太适合应用于种子纯度的快速鉴定。

SSR 标记数量丰富，多态性信息量高，呈共显性遗传，既具有所有 RFLP 的遗传学优点，又避免了 RFLP 方法中使用同位素的缺点，且比 RAPD 重复度和可信度高，检测结果准确可靠，重复性好，操作简便、快速；另外 SSR 分子标记技术对 DNA 数量及质量要求不高，即使是部分降解的样品也可进行分析。虽然 SSR 开发费用较高，但目前包括玉米在内的多种作物中已有一大批现成的公开发表的 SSR 位点引物序列可免费利用。随着更多多态性 SSR 位点的开发及 SSR 检测技术的进步与普及，这一技术将在种子纯度及品种真实性鉴定中得到广泛应用。

几种常用分子技术特点比较见表 7-9。

表 7-9　几种常用分子技术特点比较

标 记 特 征	RFLP	RAPD	SSR	AFLP
遗传特性	共显性	显性	共显性	显性 / 共显性
多态性水平	较低	较高	中等（但现有引物数目少）	高
检测技术	分子杂交	随机扩增	特异扩增	特异特征
检测基因组部位	单 / 低拷贝区	全基因组	重复序列	全基因组
技术难度	难	易	易（但引物开发难）	中等
DNA 质量要求	较高	较低	较低	高
DNA 用量	5 ～ 10 ug	少于 50 ng	50 ng	少于 50 ng
探针或引物	DNA 短片段	随机引物	专一引物	专一引物
结果可重复性	好	差	好	好
费用	高	低	低（但引物开发费用高）	较高

实训 超薄层等聚焦电泳测定玉米杂种纯度和鉴定品种

一、原理

本方法已列入《国际种子检验规程》。

醇溶蛋白（玉米）从单粒玉米种子中提取后经超薄层 IEF 分离，凝胶上所见的蛋白质谱带类型具有品种和看碟交系的特征。另外，也可能在父本上发现一条或多条谱带，而母本上则没有的这几条谱带也出现在杂交种上。这些谱带能用作鉴定和杂交种的标志谱带，也可作为估测杂交种纯度的方法。

这种超薄凝胶电泳具有费用低廉，可以用较高电压电泳，而且具有省时、染色快速等特点。

二、仪器设备

任何有冷却系统的适宜的水平平板电泳设备（如“Desaphor HF”，Desaga）和高压电源支持系统（如‘Multidrivee XL’，Pharmacia）。

三、化学试剂

所有化学试剂均应属分析纯或同等级别。

2- 氯乙醇、丙烯酰胺（Acr 经纯化）、甲叉双丙烯酰胺（BIS，经纯化）、两性电解质载体（pH 2～4，pH 4～6，pH 5～8 和 pH 4～9）、过硫酸铵（APS）、四甲基乙二胺（TEMED）、尿素、L- 天冬氨酸、L- 谷氨酸、L- 精氨酸（碱性）、L- 赖氨酸、乙二胺、三氯乙酸（TCA）、考马斯亮蓝 G250（或类似）、考马斯亮蓝 R250（或类似）、甲醇（96%）、乙酸（99%）、疏水硅烷（Gel-slick）

四、溶液

1. 提取液（30%（V/V）2- 氯乙醇）

量取 30 mL 的 2- 氯乙醇，用蒸馏水稀释至 100 mL，该溶液在室温条件下至少可保存 2 周。

2. 正极缓冲液

称取 L- 天冬氨酸 0.83 g 和 L- 谷氨酸 0.92 g，溶解于热的蒸馏水，并稀释至 250 mL。该溶液于 4 ℃条件下可保存 2 周。

3. 负极缓冲液

称取 L- 精氨酸（碱性）1.18 g 和 L- 赖氨酸 0.91 g 以及量取乙二胺 30.00 mL，溶解于蒸馏水并稀释至 250 mL，溶液于 4 ℃条件下可保存 2 周。

4. 凝胶贮液

称取丙烯酰胺 16.57 g 和甲叉双丙烯酰胺 0.43 g 溶解于蒸馏水中，稀释到 250 mL，4 ℃条件下可保存 2 周。

5. 凝胶固定溶液

12%（W/V）三氯乙酸（TCA）溶液。1 kg TCA 先溶解于约 450 mL 蒸馏水中为贮备液。使用前，取 120 mL 贮备液，用 880 mL 蒸馏水稀释至 1 000 mL，这样能达到 12% 的 TCA 浓度。

每块凝胶染色均需 400 mL 溶液，溶液可以重复使用 3 次。

6. 凝胶染色液

称取考马斯亮蓝 R250 0.45 g，考马斯亮蓝 G250 1.35 g，量取乙酸 330 mL 和甲醇 540 mL，用蒸馏水配成 3 000 mL，染色一块凝胶 400 mL 已足够。

7. 凝胶脱色液

量取甲醇 750 mL 和乙酸 125 mL，并用蒸馏水定容至 2 500 mL。

五、实验程序

（一）蛋白质提取

将一粒干燥种子纵向切两半，取一半，手工（用钳子或用研钵）将其粉碎成稍细的粗粉，或者取整粒种子用于粉碎，取约 50 mg 的粗粉放于微孔盘中或微型离心管上，加入 0.2 mL 提取液，在 20 ℃条件下放置约 1 h，然后微孔盘或微型离心管用超声处理 30 s，然后以 2 000 r/min 的速度离心 5 min。将上清液用于电泳。剩余的提取液用箔纸包好于 −20 ℃下冷冻，将可保存 3 个月。

（二）凝胶制备

可在两片玻璃板或已有聚脂支持薄膜的璃板之间制备凝胶。使用前玻璃板或聚脂薄膜玻板需作处理：其中一块（载板）用硅烷化试剂处理（使凝胶黏附）：另一块（盖板）用“Gel-Sick”处理（防止凝胶黏附）。预先制作好的凝胶版商品，如（Gel-Bond）也可采用。

根据所有设备类型，安装好洁净干燥的凝胶模，建议凝胶厚度采用 0.12 mm。该厚度可采用 Tesafilm 和 Parafilm 或类似物当作隔垫片来获得。

凝胶混合液配制：

凝胶贮液（溶液）50 mL

尿素　16 g

两性电解质（pH 2 ～ 4）0.55 mL

（pH 4 ～ 6）　0.55 mL

（pH 5 ～ 4）　1.40 mL

（pH 4 ～ 9）　1.90 mL

聚合反应之前加入

新配 20%APS 溶液　0.35 mL

TEMED（原液）　0.05 mL

应注意在加入时需小心，以免带入过多空气。

所配胶液量足以研制成大小 240 mm×180 mm×0.12 mm 的凝胶版 10 块（每胶需 6.5 mL）。小心将胶液混匀后倒入胶模（确切操作方法将视所用装置类型而定），并静置让其聚合至少 45 min。不立即使用的凝胶，可于胶模中取下在 4 ℃下至少能保存 1 周。

（三）静泳

将制好的胶版放在水平电泳槽中预告冷却（10℃）的冷却板上，为使凝胶粘附和冷却得更好，可在胶版与板之间置一薄层水。电极条浸入相应的电极溶液中，并置于凝胶版的两端。吸取样品（约 15 μL）加在正极端，以 2 500 V，15 mA，40 W 条件下聚焦 1 750 V/h（约 70 min），直至完成聚焦（一块胶）。

注：①采用此方法进行双聚焦是可能的，这就需把阴极电极条放在胶中央，阳极电极条放入在两端；②确切条件和所需时间会有变化，这取决于凝胶密度和玉米杂交种及自交系类型等因素，可由经验确定。

（四）固定与染色

电泳结束后，取出凝胶浸入固定溶液，并缓缓摇动，至少浸 30 min，然后将凝胶转入染色液中经摇晃而染色 50 min，用蒸馏水稍冲洗后，在凝胶脱色液中浸 15 min，凝胶放在室温下干燥过夜，之后借助滚筒用黏性薄膜将干凝胶密封，这样，凝胶能在室温下保存许多年。

六、结果评述

目前，比较法鉴定品种中最好的方法是同时检查蛋白质谱型是否与真实可靠的标准品种的谱型相一致。

鉴定杂交种纯度的种子样品数量取决于每种鉴定可接受的置信区间。通常建议分析 200 粒单粒种子，这要结果准确性和所需分析时间比较合适。如报告和签发 ISTA 证书，则要求鉴定 400 粒单粒种子。

实训 种子纯度的分子鉴定

一、豇豆种子 DNA 的快速提取及 RAPD 分析

（一）DNA 提取

1. 试剂

CTAB 溶液：2% 的 CTAB（W/V），1.4 M NaCl，0.02 M EDTA，0.1 M Tris-HCl（pH8.0）。
TE 溶液：10 mM Tris-HCl（pH8.0），1 mM EDTA（pH8.0）.

2. 步骤

①取 1.5 mL 离心管装入 1 mL 提取液（CTAB+0.4%ME），于 65 ℃水浴下预热。

②准备研钵，将一颗种子置于研钵中，冰浴中充分研磨。

③将研磨后的粉末转入预热的离心管中，剧烈振荡，置于 65 ℃水浴中加热 20 ～ 30 min。

④ 20 ℃，10 000 r/min 离心 10 min（去除杂质）。

⑤ 取上清液转入另一 1.5 mL 离心管，加入等体积的苯酚 / 氯仿 / 异戊醇（体积比为 25:24:1）混合液，反复上下颠倒离心管，充分混匀。（苯酚 / 氯仿用于去除蛋白质污染，异戊醇用于削除泡沫）

⑥ 20 ℃，10 000 r/min 离心 10 min。

⑦重复步骤⑤和步骤⑥一次，使蛋白质去除充分（由于豇豆种子中蛋白质含量较多）。

⑧ 取上清液，加入 2 倍体积的无水乙醇或者 2/3 体积的异丙醇（用于沉淀 DNA），以及 1/10 体积的 3 M 醋酸钠溶液（用于去除小分子物质），轻轻上下颠倒混匀。

⑨将离心管置于 −20 ℃冰箱 5 ～ 30 min（使 DNA 充分沉淀）。

⑩ 4 ℃，5 000 r/min 离心 1 min。

⑪ 去掉上清液，加入 300 μL 75% 的乙醇溶液，反复上下颠倒离心管，使 DNA 沉淀充

分被洗涤。

⑫ 4 ℃，5 000 r/min 离心 1 min。

⑬ 去上清液，加入 300 μL 无水乙醇，上下颠倒离心管，使 DNA 沉淀充分被洗涤。

⑭ 去掉上清液，室温风干（至无酒精味）。

⑮ 加入 100 ～ 200 μLTE 溶液（视沉淀多少）将干燥的 DNA 沉淀室温溶解 0.5 ～ 3 h。

⑯ 紫外分光光度计下测 OD_{260}，OD_{280} 的值，观测其纯度并计算 DNA 的浓度。通常 OD_{260}/OD_{280} 的比值于 1.8 左右表示 DNA 较纯，太低可能是 RNA 严重污染，太高可能是蛋白质严重污染。

$$DNA浓度（μg/mL）= OD_{260} \times 稀释倍数 \times 50。$$

⑰ 取部分溶液用 TE 稀释至 100 ng/μL，于 −20℃保存待用。

（二）PCR 扩增

1. R 体系设置（25 μL）

$Mg2^+$：2.0 mM（1.5 mM ～ 2.5 mM）

Dntp：2 mM（20 ～ 200 μM）

Tap 酶：1 U/25 μL（0.5 ～ 1.5 U/25μL）

引物：0.3 μM（0.2 μM ～ 1 μM）

DNA：100 ng

2. PCR 条件设置

94 ℃预热 5 min ⟹ [94 ℃变性 30 s；37 ℃退火 30 s；72 ℃延伸 1 min] 40cycles ⟹ 72 ℃延伸 10 min

（三）琼脂糖凝胶电泳

采用 1.5% 的琼脂糖凝胶进行 PCR 产物的扩增，本实验所用主要仪器有：北京东方特力科贸中心生产的双恒定时 DF-CII 型电泳仪，HM-I 型水平电泳槽（6 cm×6 cm 小胶，12 cm×6 cm 宽胶），上海天能科技有限公司的 GIS-1000 凝胶图像处理系统。

1. 主要试剂

①凝胶缓冲液（0.5×TBE）5×TBE 溶液（1 L）：Tris54 g，硼酸 27.5 g，0.5 MEDTA（pH=8.0）20 mL，室温下玻璃保存，使用前稀释 10 倍。

②6× 上样缓冲液：0.25% 溴酚兰，40% 蔗糖水溶液，低温保存。

③EB：用无菌水配制，称取 EB，配成 10 mg/mL 贮备液，低温保存，用铝箔或黑纸包裹容器，终浓度 0.5 μg/mL。

2. 电泳操作步骤

①清洗制较模具和样品梳。

②称取 0.45 g 琼脂糖，加入 30 mL0.5×TBE（1.5% 的胶浓度），加热至熔化，加热过程中要不时的摇匀，勿沸出。

③冷却至 60℃，加 EB1.5 μL（终浓度 0.5 μg/mL），混匀后静置至气泡消失（气泡或胶

不均匀都会影响电泳结果）。

④封缝，插样品梳，倒胶，凝胶 30 min。

⑤小心拔出样品梳，放入电泳槽中，加入凝胶缓冲液（0.5×TBE）至浸没胶面。取 10 μL 样品与上样液（增加重力以便加样，上色使易于观察）混匀，慢慢点入点样孔中。

⑥电泳：恒压 120 V 进行约 60 min，前沿指示剂移至凝胶底部 3/4 左右结束电泳。

⑦将胶版取出，在紫外灯下观察、拍照，用 GellD 凝胶图像分析软件（Ver.3.61）分析谱带，得到谱带的相对迁移率（*Rf*）、强度、面积和碱基数。

附：试剂名缩写与全称

CTAB　　十六烷基三甲基溴化铵
Tris　　三羟甲基氨基甲烷
EDTA　　乙二胺四乙酸
EB　　溴化乙啶
ME　　巯基乙醇

二、豇豆种子 DNA 的快速提取及 SSR 分析

（一）DNA 提取

同 RAPD 法

（二）PCR 扩增

1. PCR 体系设置（25 μL）：

$Mg2^{+}$：2.0 mM（1.5 mM ～ 2.5 mM）
dNTP：2 mM（20 ～ 200 μM）
Tap 酶：1U/25 μL（0.5 ～ 1.5 U/25 μL）
引物（双引物）各：0.25 μM（0.15 μM ～ 0.5 μM）
DNA：100 ng

2. PCR 条件设置

94 ℃预热 5 min ⟹ { 94 ℃变性 30 s；45 ～ 55 ℃退火 30 s；72 ℃延伸 1 min } 40cycles ⟹ 72 ℃延伸 10 min

注：根据引物长度及碱基组成的不同分别计算其退火温度，一般 45 ～ 55 ℃不等。

（三）琼脂糖凝胶电泳

同 RAPD 方法

第八章

Chapter Eight

品种真实性和纯度田间检验

第一节 / 田 间 检 验

一、田间检验的概念

田间检验（Field Inspection）是指在种子生产过程中，在田间对品种真实性进行验证，对品种纯度进行评估，同时对作物的生长状况、异作物、杂草等进行调查，并确定其与特定要求符合性的活动。

品种真实性是指供检验的品种与文件记录（如标签、品种描述等）是否相符。

品种纯度是指在品种的特征特性方面典型一致的程度。

田间检验所述的品种真实性和品种纯度的检查，实质上是一种过程控制，不是严格意义上的产品检验，对于生产杂交种的种子田而言，尤其如此。

所以，在经合组织（OECD）的种子田间检验方法指南中明确指出，田间检验的目的是核查种子田，证实品种特征特性名副其实（品种真实性），证实不可能存在可能有损将要收获种子质量的各种情况（品种纯度）。

在田间检验过程中，经常会遇到以下概念。

①品种的特征特性指品种的植物学形态特征和生物学特性。

② 品种特征指某一作物品种在形态性状上区别于其他品种的征象、标识，如植株的高矮、叶色、叶形、花色等。

③ 品种特性指某一作物品种区别于其他品种的生物学性状，即对作物本身生存和繁殖有利的性状，如作物的生育期、光周期、种子的休眠期、种子的落粒性、抗病、抗旱性等。

④杂株率指检验样区内所有杂株（穗）占检验样区本作物总株（穗）数的百分率。

⑤ 散粉株率指检验样区内花药伸出颖壳并正在散粉的植株占供检样区内本作物总株数的百分率。对于玉米种子田，散粉株是指在花丝枯萎以前超过 50 mm 的主轴或分枝花药伸出颖壳并正在散粉的植株。

⑥ 淘汰值指在充分考虑种子生产者利益和较少可能判定失误的基础上，将样区内观察到的杂株与标准规定值进行比较，作出有风险接受或淘汰种子田决定的数值。

⑦ 原种指用育种家种子繁殖的第一代至第三代，经确认达到规定质量要求的种子。

⑧大田用种指由常规原种繁殖的第一代至第三代或杂交种，经确定达到规定质量要求的种子。

二、田间检验目的与作用

（一）田间检验的目的

田间检验目的是核查种子田的品种特征特性是否名副其实，以及影响收获种子质量的各种情况，从而根据这些检查的质量信息，采取相应的措施，减少剩余遗传分离、自然变异、外来花粉、机械混杂和其他不可预见的因素对种子质量产生的影响，以确保收获时符合规定的要求。

（二）田间检验的作用

①检查制种田的隔离情况，防止因外来花粉污染而造成的纯度降低。

②检查种子生产技术的落实情况，特别是去杂、去雄情况。严格去杂，防止变异株及杂株（包括剩余遗传分离和自然变异产生的变异株）对生产种子纯度的影响。在种子生产过程中，通过田间检验，提出去杂去雄的建议，保证严格按照种子生产的技术标准生产种子。

③检查田间生长情况，特别是花期相遇情况。通过田间检验，及时提出花期调整的措施，防止因花期不育造成的产量和质量降低。同时及时除去有害杂草和异作物。

④检查品种的真实性和鉴定品种纯度，判断种子生产田生产的种子是否符合种子质量要求，报废不合格的种子生产田，防止低纯度的种子对农业生产的影响。

⑤通过田间检验，为种子质量认证提供依据。

三、田间检验的原则

田间检验坚持以下原则。

①田间检验员应识别可区分品种间的特征特性，熟悉种子生产方法和程序；

②应建立品种间相互区别的特征特性描述（即品种描述）；

③依据不同作物和有关信息（尤其是小区种植鉴定的前控结果），策划和实施能覆盖种子田的、有代表性的、符合规定要求的取样程序和方法；

④田间检验员应独立地对田间状况作出评价，出具检验结果报告。如果检验时某些植株难以从特征特性加以确认，在得出结论之前需要进行第二次或更多次的检验。

四、田间检验员的要求和支持

（一）田间检验员的要求

田间检验员应通过培训和考核，达到以下要求。

①熟悉和掌握田间检验方法和田间标准、种子生产的方法和程序等方面的知识，对被检作物有丰富的知识，熟悉被检品种的特征特性；

②具备能依据品种特征特性确认品种真实性，鉴别种子田杂株并使之量化的能力；

③每年保持一定的田间检验工作量，处于良好的技能状态；

④应独立地报告种子田状况并作出评价，检验结果对委托检验的机构负责。

（二）田间检验员的支持

根据需要，要求检验的各方给予田间检验员提供下列方面的支持。

①被检种子田的详细信息；

②小区种植鉴定的前控结果；

③被检品种有效的品种标准描述；

④检验必备的其他手段。

第二节 / 田间检验项目与检验时期

一、田间检验项目

田间检验项目因作物种子生产田的种类不同而不同，一般把种子生产田分为常规种子生产田和杂交种子生产田。

（一）生产常规种的种子田

常规种的种子田主要检查以下项目的内容。

①前作、隔离条件。

②品种真实性。

③杂株百分率。

④其他植物植株百分率。

⑤种子田的总体状况（倒伏、健康等情况）。

（二）生产杂交种的种子田

杂交种生产的成功取决于雄性不育体系和该种杂交可育能力的有效性。虽然杂交中的纯度只能通过收获后的种子经纯度检验后才能鉴定，然而，通过田间以下项目的检查，确保满足规定的要求，可以最大限度地确保杂交品种的品种纯度保持在高水平。

①隔离条件。

②花粉扩散的适宜条件。

③雄性不育程度。

④串粉程度。

⑤父母本的真实性、品种纯度。

⑥适时先收获父本（或母本）。

二、田间检验时期

种子田在生长季节期间可以检查多次，但至少应在品种特征特性表现最充分、最明显的时期检查一次，以评价品种真实性和品种纯度。许多作物进行田间检验最适宜时期是在开花期或花药开裂前不久，而一些作物还需营养器官检查。

一些作物田间检验时期见表 8-1 和表 8-2。

表 8-1　田作物品种纯度田间检验时期

作物种类	检验时期			
	第一期		第二期	第三期
	时期	要求	时期	时期
水稻	苗期	出苗 1 个月内	抽穗期	蜡熟期
小麦	苗期	拔节前	抽穗期	蜡熟期
玉米	苗期	出苗 1 个月	抽穗期	成熟期
花生	苗期		开花期	成熟期
棉花	苗期		现蕾期	结铃盛期
谷子	苗期		穗花期	成熟期
大豆	苗期	2 ～ 3 片真叶	开花期	结实期
油菜	苗期		薹花期	成熟期

表 8-2 蔬菜作物品种纯度田间检验时期

作物种类	检验时期							
	第一期		第二期		第三期		第四期	
	时期	要求	时期	要求	时期	要求	时期	要求
大白菜	苗期	定苗前后	成株期	收获前	结球期	收获剥除外叶	种株花期	抽薹至开花时期
番茄	苗期	定植前	结果初期	第 1 花序开花至第 1 穗果坐果期	结果中期	在第 1 至第 3 穗果成熟		
黄瓜	苗期	真叶出现至四五片真叶止	成株期	第 1 雌花开花	结果期	第 1 至第 3 果商品成熟		
辣（甜）椒	苗期	定植前	开花至坐果期		结果期			
萝卜	苗期	两片子叶张开时	成株期	收获时	种株期	收获后		
甘蓝	苗期	定植前	成株期	收获时	叶球期	收获后	种株期	抽薹开花

第三节 / 种子田生产质量要求

不同作物种类和种子类别的生产要求有所不同，其中种子田不存在检疫性病虫害，是我国有关法律法规规定的强制性要求，此外，还要求前作、隔离要求、田间杂株率和散粉株率符合一定的要求。

一、前作

要求种子田绝对没有或尽可能没有对生产种子产生品种污染的花粉源，种子田都要达到适宜的安全生产要求，从而保证生产的种子保持原有的“品种真实性”。

前作的污染源通常表现为下列 3 种情况。

①同种的其他品种污染。

②其他类似植物种的污染。例如前茬种植某一品种的大麦，这茬种植了某一品种的小麦，那么这茬的小麦很可能受到前茬再生大麦的污染，因为收获后的小麦种子在加工时很难将大麦种子清选干净。

③杂草种子的严重污染。杂草种子有时在大小、形状和重量与该拟认证种子类似，无法通过加工清选而清除；或者杂草种子可以通过加工而清除，但这需要增加成本，因为在清选杂草种子，不得不把一些饱满种子也清除出去。

另外，种子生产者应提供前作档案，证实水稻、玉米、小麦、棉花、大豆种子田不存在自生植株；油菜种子生产时，要求种子田前作若为十字花科植物，则至少间隔两年；西瓜种子生产时，要求种子田前作不应有自生植株，不允许重茬栽培。

二、隔离条件

隔离条件是指与周围附近的田块有足够的距离，不会对生产的种子构成污染的危害。有关隔离条件，存在着以下两种情况。

①与同种或相近种的其他品种的花粉的隔离。

②与同种或相近种的其他品种的防止机械收获混杂的隔离，如欧盟的种子认证方案规定，小麦种子田与另一禾谷类种子田之间，必须有物理阻隔或至少有 2 米宽的沟，以防止机械收获时的混杂。

一些作物的隔离条件见表 8-3。

表 8-3　种子田的隔离要求

作物及类别		空间隔离 /m
水稻	常规种、保持系、恢复系	20 ～ 50
	不育系	500 ～ 700
	制种田	200（籼），500（粳）
玉米	自交系	500
	制种田	300
小麦	常规种	25
棉花	常规种	25
大豆	常规种	2
西瓜	杂交种	—
油菜	原种	800
	杂交种	

三、田间杂株率和散粉株率

主要农作物的田间杂株率和散粉株率见表 8-4。

表 8-4　主要农作物的田间杂株率和散粉株率 %

作物名称		类别		田间杂株（穗）率不高于 /%	散粉株率不超过 /%
水稻	常规种	原种		0.08	—
		大田用种		0.1	—
	不育系、保持系、恢复系	原种		0.01	—
		大田用种		0.08	—
	杂交种	大田用种	父本	0.1	任何一次花期检查 0.2% 或两次花期检查累计 0.4%
			母本	0.1	
玉米	自交系	原种		0.02	—
		大田用种		0.5	—
	亲本单交种	原种	父本	0.1	任何一次花期检查 0.2% 或 3 次花期检查累计 0.5%
			母本	0.1	
	杂交种	大田用种	父本	0.2	任何一次花期检查 0.5% 或 3 次花期检查累计 1%
			母本	0.2	
小麦		原种		0.1	—
		大田用种		1	—
棉花		原种		1	
		大田用种		5	
大豆		原种		0.1	
		大田用种		2	
油菜	亲本	原种		0.1	
		大田用种		2	
	制种田	大田用种		0.1	
西瓜	亲本	原种		0.1	
		大田用种		0.3	
	制种田	大田用种		0.1	

四、田间检验程序

种子生产田基本情况调查包括：了解情况、隔离情况的检查、品种真实性检查、种子生产田的生长状况的调查等内容。

（一）基本情况调查

1. 了解情况

田间检验前检验员必须掌握检验品种的特征、特性，同时通过面谈和检查档案，全面了解以下情况：被检单位及地址；作物、品种、类别（等级）；种子田的位置、种子田的编号、面积、农户姓名和电话；前茬作物情况；播种的种子批号、种子来源、种子世代；栽培管理情况，并检验品种证明书。

2. 隔离情况的检查

种植者应向检验员提供种子田及其周边田块的地图。检验员应围绕种子田绕行一圈，检查隔离情况。对于由昆虫或风传粉杂交的作物种，应检查种子田周边与种子田传粉杂交的规定最小隔离距离内任何作物，若种子田与花粉污染源的隔离距离达不到要求，检验员必须建议部分或全部消灭污染源，以使种子田达到合适的隔离距离，或淘汰达不到隔离条件的部分田块。

检验员也应该检查种子田和相邻的田块中的自生植株或杂草，它们可能是花粉污染源。检查也应该保证种子田与其他已污染种传病害的作物的隔离。

对种子田的整体状况检查后，检验员应该对种子田进行更详细的检查，尤其是四周的情况必须仔细观察，部分田块可能播有不同的作物有可能成为污染源。

3. 品种真实性检查

为进一步核实品种的真实性，有必要核查标签，为此，生产者应保留种子批的两个标签，一个在田间，一个自留。对于杂交种必须保留其父母本的种子标签备查。检验员还必须了解种子田前茬作物情况，以避免来自前几年杂交种的母本自生植株的生长。检验员在进行周围隔离检查的同时，应根据品种田间的特征特性与品种描述的特征特性，实地检查不少于 100 个穗或植株，确认其真实性与品种描述中所给定的品种特征特性一致。

4. 种子生产田的生长状况

对于严重倒伏、杂草危害或另外一些原因引起生长不良的种子田，不能进行品种纯度评价，而应该被淘汰。当种子田处于中间状态时，检验员可以使用小区预控制的证据作为田间检验的补充信息，对种子田进行总体评价确定是否有必要进行品种纯度的详细检查。

（二）取样

1. 样区的频率

同一品种、同一来源、同一繁殖世代，耕作制度和栽培管理相同而又连在一起的地块可划分为一个检验区。

为了正确评定品种纯度，田间检验员应制定详细的取样方案，方案应充分考虑样区（取样区域）大小、样区频率和样区分布。一般来说，总样本大小（包括样区大小和样区频率）应与种子田作物生产类别的要求联系起来，并符合 4N 原则。如果规定的杂株标准为 1/N，总样本大小至少应为4N，这样对于杂株率最低标准为0.1%（即1/1 000），其样本大小至少应为4 000株（穗）。样区大小和样区频率应考虑被检作物、田块大小、行播或散播，自交或异交，以及种子生长的地理位置等因素，具体见表8-5。

表8-5　种子田样区计数最低频率

面积（公顷）	样区最低频率		
	生产常规种	生产杂交种	
		母本	父本
少于2	5	5	3
3	7	7	4
4	10	10	5
5	12	12	6
6	14	14	7
7	16	16	8
8	18	18	9
9～10	20	20	10
大于10	在20基础上，每公顷递增2	在20基础上，每公顷递增2	在10基础上，每公顷递增1

一般来说，样区的数目应随种子田大小成比例的增加，由于原种、亲本种子要求的标准高，这些高纯度作物种子被检植株的数目比大田用种要多。

2. 样区大小

样区的大小和模式取决于被检作物、田块大小、行播或撒播，自交或异交以及种子生长的地理位置等因素。

如大于10公顷的禾谷类常规种子的种子田，可采用大小为1 m宽、20 m长，面积20 m^2与播种方向成直角的样区；对于生产杂交种的种子田检验，可将父母本行视为不同的“田块”，由于父母本的品种纯度要求不同，应分别检查每一“田块”，并分别报告母本和父本的结果；对于宽行距种植的种子田如玉米，通过行或条的样区模式来核查。

对于面积较小的常规种如小麦、水稻、大麦等，每样区至少含500穗；面积较大的易为20 m^2；对于宽行种植的如玉米，样区可为行内500株。

对于杂交制种田，其父母本可视为不同的田块，父母本分别检查和计数，如玉米杂交制种田的样区为行内100株或相邻两行各50株。

3. 样区分布

取样样区的位置应覆盖整个种子田。这要考虑种子田的形状和大小，每一种作物特定的特征。取样样区分布应是随机和广泛的，不能故意选择比一般水平好或坏的样区。在实际过程中，为了做到这一点，先确定两个样区的距离，还要考虑播种的方向，这样每一样区能尽量保证通过不同条播种子。

样区分布如图8-1所示。

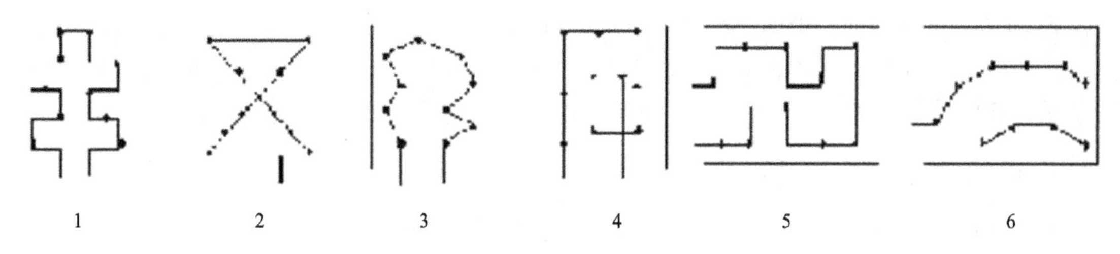

图 8-1　取样时样区的分布路线

1. 观察 75% 的田块；2. 观察 60% ～ 70% 的田块；3. 随即观察；4. 顺时针路线；5. 观察 85% 的田块；6. 观察 60% 的田块

例8-1 现有杂交水稻制种田 150 亩（10 公顷），需要进行田间品种纯度检验，问样区应如何分布？至少应取几个样点？

解：根据田块的形状，可采用随机分布（或顺时针路线或观察 60% ～ 85% 田块的分布）。母本 20 样点，父本 10 样点。

（三）检验

田间检验员应缓慢地沿着样区的预定方向前进，通常是边设点边检验，直接在田间进行分析鉴定，在熟悉供检品种特征特性的基础上逐株观察。应借助于已建立的品种间相互区别的特征特性进行检查，以鉴别被测品种与已知品种特征特性一致性。这些特征特性分为主要性状和次要性状，田间检验员宜采用主要性状来评定品种真实性和品种纯度。当仅采用主要性状难以得出结论时，可使用次要性状。检验时按行长顺序前进，以背光行走为宜，尽量避免在阳光强烈、刮风、大雨的天气下进行检查。一般田间检验以朝露未干时为好，此时品种性状和色素比较明显、必要时可将部分样品带回室内分析鉴定。每点分析结果按本品种、异品种、异作物、杂草、感染病虫株（穗）数分别记载。同时注意观察植株田间生长等是否正常。

田间检验员宜获得相应小区鉴定结果，以证实在前控中发现的杂株。杂株包括与被检株品种特征特性明显不同（如株高、颜色、育性、形状、成熟度等）和不明显（只能在植株特定部位进行详细检查才能观察到，如叶形、叶茸、花和种子等）的植株。利用雄性不育系进行杂交种子生产的田块，除记录父母本杂株率外，还须记录检查的母本雄性不育的质量。记录在样区中所发现的杂株数。

在检查时，如遇下列情况，可采用一些特殊的处理。

① 如果种子田中有杂株，而小区种植鉴定中没有观察到，必须记录和考虑这些杂株，以决定接受与拒绝该田块。委托检验的机构要对小区前控和田间检验的结果进行核实。如果小区鉴定和田间检验结果有较大的偏离，有必要在小区鉴定和种子田中进行进一步的检查，以获得正相关的结果。

② 种子田处于难以检查状态。已经严重倒伏、长满杂草的种子田或由于病虫、其他原因导致生长受阻或生长不良的种子田，不能进行品种纯度的评定，建议淘汰种子田。如果种子田状况处于难以判别的中间状态时，田间检验员应利用小区种植前控鉴定得出的证据作为田间检验的补充信息，加以判断。

③ 严重的品种混杂。如果发现种子田有严重的品种混杂现象，田间检验员只需检查两个样区，取其平均值，推算群体，查出淘汰值。如果杂株超过淘汰值，应淘汰该种子田并停止检查。如果检测值没有超过淘汰值，依此类推，继续检查，直至所有的样区。这种情况只适用于检查品种纯度，不适用于其他情况。

④在某一样区发现杂株而其他样区并未发现杂株。如果在某一样区内发现了多株杂株，而在其他样区很少发现同样的杂株，这表明正常的检查程序不是很适宜。这种现象通常发生在杂株与被检品种非常相似的情况下，只能通过非常接近的仔细检查穗部才行。

（四）结果计算与表示

检验完毕，将各点检验结果汇总，计算各项成分的百分率。

1．品种纯度

（1）淘汰值

对于品种纯度高于 99.0% 或每公顷低于 1 百万株或穗的种子田，需要采用淘汰值。对于育种家种子、原种是否符合要求，可利用淘汰值确定。

淘汰值是在考虑种子生产者利益和有较少失误的基础上，把在一个样本内观察到的变异株数与标准比较，作出符合要求的种子批或淘汰该种子批的决定。不同规定标准与不同样本大小的淘汰值见表 8-6，如果变异株大于或等于规定的淘汰值，就应淘汰该种子批。

表 8-6　总样区面积为 200 m^2 在不同品种纯度标准下的淘汰值

估计群体	品种纯度标准				
（每公顷植株 / 穗）	99.9%	99.8%	99.7%	99.5%	99.0%
	200 M^2 样区的淘汰值				
60 000	4	6	8	11	19
80 000	5	7	10	14	24
600 000	19	33	47	74	138
900 000	26	47	67	107	204
1 200 000	33	60	87	138	—
1 500 000	40	73	107	171	—
1 800 000	47	87	126	204	—
2 100 000	54	100	144	235	—
2 400 000	61	113	164	268	—
2 700 000	67	126	183	298	—
3 000 000	74	139	203	330	—
3 300 000	81	152	223	361	—
3 600 000	87	165	243	393	—
3 900 000	94	178	261	424	—

要查出淘汰值，应计算群体株（穗）数。对于行播作物（禾谷类等作物，通常采取数穗而不数株），可应用以下公式计算每公顷植株（穗）数：

$$P=1\,000\,000\,M/W$$

式中 P——每公顷植株（穗）总数；

M——每一样区内 1 m 行长的株（穗）数的平均值；

W——行宽（cm）。

对于撒播作物，则计数 0.5 m^2 面积中的株数。撒播每公顷群体可应用以下公式计算：

$$P=20\,000\times N$$

式中　P——每公顷植株数；

　　N——每样区内 0.5 m^2 面积的株（穗）数的平均值。

根据群体数，从表 8-6 查出相应的淘汰值。

将各个样区观察到的杂株相加，与淘汰值比较，作出接受或淘汰种子田的决定。如果 200 m^2 样区内发现的杂株总数等于或超过表 8-6 估计群体和品种纯度的给定数目，就可淘汰种子田。

（2）杂株（穗）率

对于品种纯度低于 99.0% 或每公顷超过 1 000 000 株或穗，没有必要采用淘汰值。这是因为需要计数的混杂株数目较大，以致估测值和淘汰值相差较小而可以不考虑。这时直接采用以下公式计算杂株（穗）率，并与标准规定的要求相比较：

$$\text{杂株率（\%）}=\frac{\text{样区内的杂株数}}{\text{样区内供检本作物株数}}\times 100$$

2. 其他指标

$$\text{异作物（\%）}=\frac{\text{异作物株（穗）数}}{\text{供检本作物总株（穗）数}+\text{异作物株（穗）数}}\times 100$$

$$\text{杂草（\%）}=\frac{\text{杂草株（穗）数}}{\text{供检本作物总株（穗）数}+\text{杂草株（穗）数}}\times 100$$

$$\text{病（虫）感染（\%）}=\frac{\text{感染病（虫）株（穗）数}}{\text{供检本作物总株（穗）数}}\times 100$$

杂交制种田，应计算父母本杂株散粉株及母本散粉株。

$$\text{母本散粉株（\%）}=\frac{\text{母本散粉株数}}{\text{供检母本总株数}}\times 100$$

$$\text{父（母）本散粉杂株（\%）}=\frac{\text{父（母）本散粉杂株数}}{\text{供检父（母）本总株数}}\times 100$$

（五）检验报告

田间检验员应根据检验结果，签署下列意见。

① 如果田间检验的所有要求如隔离条件、品种纯度等都符合生产要求，建议被检种子田符合要求。

② 如果田间检验的所有要求如隔离条件、品种纯度等有一部分未符合生产要求，而且通过整改措施（如去杂）可以达到生产要求，应签署整改建议。整改后，还要通过复查，确认符合要求后才可建议被检种子田符合要求。

③ 如果田间检验的所有要求如隔离条件、品种纯度等有一部分或全部不符合生产要求，而且通过整改措施仍不能达到生产要求，如隔离条件不符合要求、严重倒伏等，应建议淘汰被检种子田。

表 8-7　农作物常规种田间检验结果单

字第　号

繁种单位				
作物名称			品种名称	
繁种面积			隔离情况	
取样点数			取样总株（穗）	
田间检验结果	品种纯度 /%		杂草 /%	
	异品种 /%		病虫感染 /%	
	异作物 /%			
田间检验结果建议或意见				

检验单位（盖章）：　　检验员：　　检验日期：　　年　月　日

表 8-8　农作物杂交种田间检验结果单

字第　号

繁种单位				
作物名称			品种（组合）名称	
繁种面积			隔离情况	
取样点数			取样总株（穗）数	
田间检验结果	父本杂株率 /%		母本杂株率 /%	
	母本散粉株率 /%		异作物 /%	
	杂草 /%		病虫感染 /%	
田间检验结果建议或意见				

检验单位（盖章）：　　检验员：　　检验日期：　年　月　日

第四节 / 小区种植鉴定

一、概述

（一）小区种植鉴定的目的

在种子生产和繁殖过程中，田间小区种植鉴定是监控品种是否保持原有的特征特性或符合种子质量标准要求的主要手段之一。小区鉴定的目的有以下两个方面。

①鉴定种子样品的真实性与品种描述是否相符，即通过对田间小区内种植的被检样品的植株与标准样品的植株进行比较，并根据品种描述判断其品种真实性。

②鉴定种子样品纯度是否符合国家规定标准或种子标签标注值的要求。

（二）小区种植鉴定的作用

小区种植鉴定从作用来说可分为前控和后控两种。

当种子批用于繁殖生产下一代种子时，该批种子的小区种植鉴定对下一代种子来说就是前控，如同我国种子繁殖期间的亲本鉴定。在种子生产时，如果对生产种子的亲本种子进行小区种植鉴定，那么亲本种子的小区种植鉴定对于种子生产来说就是前控。前控可在种子生产的田间检验期间或之前进行，作为淘汰不符合要求的种子田的依据之一。

通过小区种植鉴定来检测生产种子的质量便是后控，比如对收获后的种子进行小区种植鉴定就是后控。我国每年在海南岛进行的异地小区种植鉴定就是后控。后控也是我国种子质量监督抽查工作鉴定种子样品的品种纯度是否符合种子质量标准要求的主要手段之一。

前控和后控的主要作用如下。

① 为种子生产过程中的田间检验提供重要信息，是种子认证过程中不可缺少的环节。

② 可以判别品种特征特性在繁殖过程中是否保持不变。

③ 可以鉴定品种的真实性。

④ 可以长期观察，观察时期从幼苗出土到成熟期，随时观察小区内的所有植株。

⑤ 小区内所有品种和种类的植株的特征特性能够充分表现，可以使鉴定记载和检测方法标准化。

⑥ 能够确定小区内有没有自生植物生长和播种设备是否清洁，明确小区内非典型植株是否来自种子样品。

⑦ 可以比较相同品种不同种子批的种子遗传质量。

⑧ 可以根据小区种植鉴定的结果淘汰质量低劣的种子批或种子田，使农民用上高质量的种子。

⑨ 可以采取小区种植鉴定的方法解决种子生产者和使用者的争议。

综上所述，小区种植鉴定主要用于两方面。

① 在种子认证过程中，作为种子繁殖过程的前控与后控，监控品种的真实性和品种纯度是否符合种子认证方案的要求。

② 作为种子检验的目前鉴定品种真实性和测定品种纯度最重要方法。因小区鉴定能充分展示品种的特征特性，所以该方法作为品种纯度检测的最可靠、准确的方法。但小区种植鉴定费工、费时。

我国实施的小区种植鉴定方式多种多样，可在当地同季（与大田生产同步种植）、当地异季（在温室或大棚内种植）或异地异季（如稻、玉米、棉花、西瓜等作物冬季在海南省，油菜等作物夏季在青海省）进行种植鉴定。

（三）标准样品

在鉴定品种真实性时，应在鉴定的各个阶段与标准样品进行比较。设置标准样品作对照的目的是为栽培品种提供全面的、系统的品种特征特性的现实描述。

品种的标准样品最好是由育种家提供，可分为两类：第一类叫标准核准样品，它是品种审定（登记）或品种保护管理机构掌握的官方标准样品，主要用于品种特异性、一致性和稳定性的对照材料。第二类叫标准样品，它是种子认证机构和检验机构作为前控和后控对照的官方标准，其需要量很大。

二、小区鉴定程序

（一）试验地选择

在选定小区鉴定的田块时，必须确保小区种植田块的前作状况符合 GB/T 3543.5—1995 的要求；这可通过检查该田块的前作档案，确认该田块已经过精心策划的轮作，种子收获是散落在田块的作物种子和杂草种子已得到清除。在考虑前作状况时，应特别注意土壤中的休眠种子或未发芽的种子。

为了使种植小区出苗快速而整齐，除考虑前作要求外，应选择土壤均匀、肥力一致、良好的田块，并有适宜的栽培管理措施。

（二）小区设计

为了使小区种植鉴定的设计便于观察，应从以下 6 个方面考虑。

① 在同一田块，将同一品种、类似品种的所有样品连同提供对照的标准样品相邻种植，以突出它们之间的任何细微差异。

② 在同一品种内，把同一生产单位生产、同期收获的有相同生产历史的相关种子批的样品相邻种植，以便于记载。这样，搞清了一个小区内非典型植株的情况后，就便于检验其他小区的情况。

③ 当要对数量性状进行量化时，如测量叶长、叶宽和株高等，小区设计要采用符合田间统计要求的随机小区设计。

④ 如果资源充分允许，小区种植鉴定可设重复。

⑤ 小区鉴定种植的株数，因涉及到权衡观察样品的费用、时间和产生错误结论的风险，由此，究竟种植多少株很难统一规定。但必须牢记，要根据检测的目的而确定株数，如果是要测定品种纯度并与发布的质量标准进行比较，必须种植较多的株数。

为此，OECD（经济合作与发展组织简称经合组织）规定了一条基本的原则：一般来说，若品种纯度标准为 $X\%=(N-1)\times100\%/N$，种植株数 $4N$ 即可获得满意结果。

假如纯度标准要求为 99.0%，即种植 400 株即可达到要求。要根据检测的目的而确定株数，如果是要测定品种纯度并与发布的质量标准进行比较，必须种植较多的株数。

例8-2 标准规定水稻品种纯度为 98%，如果要进行小区纯度种植鉴定，至少应种多少株？

解：$(N-1)\times100\%/N=98\%$，$98N=100N-100$，$2N=100$，$N=50$；种植 $4N=200$ 株即可达到要求。

96% 纯度，种 100 株；

99% 纯度，种 400 株；

99.9% 纯度，种 4 000 株。

⑥ 小区种植的行、株间应有足够的距离，大株作物可适当增加行株距，必要时可用点播和点栽。

《国际种子检验规程》推荐：禾谷类作物及亚麻的行距为 20 ～ 30 cm，其他作物为 40 ～ 50 cm；每米行长中的最适种植株数为：禾谷类作物 60 株，亚麻 100 株，蚕豆 10 株，大豆和豌豆 30 株，芸薹属 30 株。其实，在实际操作中，行株距都是依实际情况而定，只要有足够的行株距能保证植株正常生长就行。

（三）小区管理

小区种植的管理，通常要求如同于大田生产粮食的管理工作，不同的是，不管什么时候都要保持品种的特征特性和品种的差异，做到在整个生长阶段都能允许检查小区的植株状况。

小区种植鉴定只要求观察品种的特征特性，不要求高产，土壤肥力中等即可。对于易倒伏作物的小区鉴定，尽量少施化肥，有必要把肥料水平减到最低程度。

使用除草剂和植物生长调节剂必须小心，因为它们会影响植株的特征特性。

（四）鉴定和记录

小区种植鉴定在整个生长季节都可观察，有些种在幼苗期就有可能鉴别出品种真实性和纯度，但成熟期（常规种）花期（杂交种）和食用器官成熟期（蔬菜种）是品种特征特性表现最明显的时期，必须进行鉴定。记载的数据用于结果判别时，原则上要求花期和成熟期相结合，并通常以花期为主。小区鉴定记载也包括种纯度和种传病害的存在情况。

在小区鉴定中判断某一植株是否划为变异株，需要田间检验员的经验。检验员应对种植样品的该种的形态特征特性有研究，并熟悉该样品种子的品种特征特性，做出主观判断时要借助于官方品种描述，区分是遗传变异还是由环境条件所引起的变异。特别注意两种情况：一是由于某些特征特性（如植株高度与成熟度）易受小区环境条件的影响；二是特征特性可能受化学药品（如激素、除草剂）应用的影响。因此，田间检验员应掌握一个原则，在最后计数时，忽略小的变异株，只计数那些非常明显的变异株，从而决定接受或淘汰种子批。

那些与大部分植株特征特性不同的变异株应仔细检查，并有记录和识别的方法，通常采用标签、塑料牌或其他工具等标记系于植株上，以便于再次观察时区别对待。

估计每一小区的平均植株群体，并与计算变异株的水平。如果小区中的变异株总数接近或大于淘汰值，必须更加准确地估算相应小区的群体。

（五）结果计算与容许差距

品种纯度结果表示有以变异株数目表示和以百分率表示两种方法。

1. 变异株数目表示

GB/T 3543.5 所规定的淘汰值就是以变异株数表示，如纯度 99.9%，种 4 000 株，其变异株或杂株不应超过 9 株（称为淘汰值）；如果不考虑容许差距，其变异株不超过 4 株。见表 8-9。

表 8-9　不同规定标准与不同样本大小的淘汰值（0.05% 显著水平）

规定标准 %	不同样本（株数）大小的淘汰值						
	4 000	2 000	1 400	1 000	400	300	200
99.9	9	6	5	4	—	—	—
99.7	19	11	9	7	4	—	—
99.0	52	29	21	16	9	7	6

表 8-9 栏目中有横线或下画线的淘汰数值并不可靠，因为样本数目不足够大，具有极大的不正确接受不合格种子的危险性，这种现象发生在标准样本内的变异株少于 4N 的情况。

表 8-9 的淘汰值的推算是采用泊松（Poisson）分布，对于其他标准计算可采用下式：

$R=X+1.65\sqrt{X}+0.8+1$（结果舍去所有小数位数，注意不采用四舍五入或六入）

式中　R——淘汰值；

X——标准所换算成的变异株数。

如纯度99.9%，在4 000株中的变异株数为4 000×（100%–99.9%）=4，R=4+1.65+0.8+1=9.1，去掉所有小数后，淘汰值为9。

2．以百分率表示

将所鉴定的本品种、异品种、异作物和杂草等均以所鉴定植株的百分率表示。小区种植鉴定的品种纯度结果可采用下式计算：

$$品种纯度（\%）=\frac{本作物的总株数-变异株（非典型株）}{本作物的总株数}\times 100$$

ISTA规定当鉴定的种子、幼苗或植株不多于2 000株时，这时品种纯度的最后结果用整数的百分率表示；如果多于2 000株，则百分率保留一位小数。由于我国现行《农作物种子质量标准》的品种纯度规定值和GB/T 3543.5—1995的容许差距均保留一位小数，为此，建议小区种植鉴定的品种纯度保留一位小数，以便于比较。

对于有分蘖的植株，如水稻、小麦，联合国粮农组织（FAO）1982年组织专家编写的《禾谷类种子检验技术指南》认为计数应以穗为单位。但GB/T 3543.5—1995规定是以株数为单位，它比规定以穗为单位的要求要严格一些。

使用GB/T 3543.5—1995容许差距表2，如果试样数量不是表中的定数时可用下式进行计算：

$$T=1.65\sqrt{\frac{p\times q}{N}}$$

式中　p——品种纯度的数值；

q——100–p；

N——种植株数。

例如：纯度90%，种植78株，那么p为90，q为10，N为78，求得其容许差距为5.6。

（六）结果填报

田间小区种植鉴定结果除品种纯度外，可能时还填报所发现的异作物、杂草和其他栽培品种的百分率。

我国的田间小区种植鉴定的原始记录统一按表8-10的格式填写。结果报告按GB/T 3543.1执行。

表8-10　真实性和品种纯度鉴定原始记载表（田间小区）

样品登记号：　　　　　　　　种植地区：

作物名称	小区号	品种或组合名称	鉴定日期	鉴定生育期	供检株数	本品种株数	杂株种类及株数				品种纯度/%	病虫危害株数	杂草种类	检验员	校核人	审核人
检测依据																
备注：																

第五节 / 种子的质量纠纷田间现场鉴定

一、概述

（一）田间现场鉴定的含义和性质

农业生产有时会受到种子质量或者其他因素的影响而减产、减收。根据《中华人民共和国种子法》第41条的规定，种子使用者因种子质量问题遭受损失的，出售种子的经营者应当予以赔偿。由此可见，赔偿损失必须同时符合两个条件：一是由于种子质量原因引起，非种子质量原因引起的不包括在内；二是已经造成损失的。因此，客观判定减产、减收的原因，从而明确责任，对于调解和妥善处理种子质量纠纷，保护当事人的合法权益，维护农村的和谐稳定，具有重要意义。

一般来说，在田间发现作物生长情况与期望出现较大差距时，往往会想到这是不是由于品种或者种子存在质量问题，通过田间现场鉴定，就是原因分析和责任确认的主要途径。而且，一旦确认问题的原因在于种子质量本身，当事人双方往往也会因种子带来的减产程度以及由此而来的赔偿幅度产生异议，这也同样需要通过现场观察分析，作出鉴定。为此，农业部与2003年公布了《农作物种子质量纠纷田间现场鉴定办法》，将田间现场鉴定含义界定为，农作物种子在大田种植有，因种子质量或者栽培、气候等原因，导致田间出苗、植物生长、作物产量、产品品质等受到影响，双方当事人为造成事故的原因或（和）损失程度存在分歧，为确定事故原因或（和）损失程度而进行的田间现场技术鉴定工作。应注意其中的关键词：一是造成事故的原因；二是损失程度的估测。

田间现场鉴定是鉴定人向申请人或者委托人提供鉴定结论的一种服务，这种服务不是行政行为。这种鉴定从某种角度而言，是一种技术服务活动，即是一项针对争议或者分歧的质量问题的“诊断”工作。这种“诊断”是由专家进行调查、分析、判定并出具体鉴定书的过程。其“诊断”的权威性由其技术水平所决定。

（二）田间现场鉴定遵循的原则

为保证鉴定结果的准确可靠，田间现场鉴定应当遵循公平、公正、科学、求实的原则。公平、公正是指田间现场鉴定工作不受各方面包括经济的、行政的、感情的干扰，保证争议双方当事人出于平等的法律地位，不能偏袒任何一方；科学、求实是指田间现场鉴定工作要以事实为依据，要尊重科学理论和实践，不能不负责任、凭主观臆断随意下结论。

（三）种子纠纷引起的原因

1. 非种子质量引起的纠纷

在农业生产实践中，因自然灾害或人为因素造成作物不出苗或者出苗较差、生产缓慢或者徒长、成熟偏晚或者提早成熟而导致作物品质低劣、产量下降等，这些都属于非种子质量事故，主要原因包括以下几个。

（1）非正常气候

由于非正常气候引起植株发育异常，发生病害加重、早衰、不结实，表现减产、品质差等现象，这样的气候原因包括光照不足、高温、高湿、冰雹、干旱、霜冻、雨涝等自然因素。例如：棉花、瓜菜、大豆等遭遇长时间阴雨会导致光照不足，容易徒长，营养生长过旺，影响生殖生长，造成籽粒变小；玉米抽雄开花期连续阴雨、高温，授粉不好，造成秃顶、结实率严重降低，甚至不结实；小麦遭遇长时间低温尤其是在拔节期突遇低温天气，造成冻害；成熟期雨水过多，会导致谷物的穗发芽、棉花烂铃和蔬菜腐烂等。

（2）栽培管理不当

栽培技术如茬口、施肥、整地质量、播种期、浸种、催芽、播种质量、种植密度、追肥、浇水、化学除草、杀虫、营养元素缺乏等因素都可能造成生长畸形、缺苗断垄、减产或品质下降，这就是说良种如果不与良法（栽培管理技术）相配套，也不能发挥良种的潜力。所以，《中华人民共和国种子法》第32条规定，向种子使用者提供主要栽培措施、使用条件的说明作为种子经营者的法定义务。

（3）植物病虫害

在作物生长期间，很有可能遭受病虫害的危害，其危害程度与外部环境、栽培技术和病虫防治技术有直接关系，如玉米粗缩病除了品种抗病性稍有区别外，更主要的是苗期病毒传播媒介芽虫、灰飞虱等害虫危害传染造成的。

2. 种子原因引起的纠纷

种子原因诱发的纠纷，主要包括品种适应性纠纷、假种子纠纷、劣种子纠纷和宣传欺骗纠纷。

（1）品种适应性纠纷

农作物种子在适宜的生态环境下才能正常生长发育，超出适宜区域就不能正常发育。在品种非适宜地区推广种植和推广未审定品种两种情况。有些作物对气候反映比较敏感，品种的种植适宜区非常严格，尽管这些品种通过了审定，但种植在审定公告的推荐种植区域之外，就会加大品种的适应性风险。2002年，某企业在夏播玉米区河北省清苑县推广春播品种“蠡玉2号”上万亩，空杆比率过高，造成了一起典型的在品种非适宜地区推广种植而严重减产的纠纷。另一种情况是，生产使用未审定品种，应该规避的品种适应性风险没有被发现，推广后表现出难以克服的缺陷，引发纠纷。值得注意的是，如果种子经营者已向种子使用者明确告知其适用范围，而种子使用者却偏偏在超出适宜区域外种植，则另当别论。

（2）假种子纠纷

《中华人民共和国种子法》列举了五种“假种子”类型，其中包括以非种子冒充种子、一次中种子冒充种种子、一次品种种子冒充他品种种子等三种情况，都有可能会给种子使用者带来财产损害。比如，国家和多数省审定的玉米品种“农大108”是两个自交系杂交而成的品种，但2004年有些企业把使用“雄性不育系”生产的种子标注为“农大108”，销售给农民，因感小斑病严重，与使用自交系生产的种子相比减产严重。这是一种典型的一次品种种子冒充他品种种子的假种子害农事件。

（3）劣种子纠纷

《农作物种子质量标准》规定纯度、发芽率、净度和水分四项检验参数，其中一项不符合标准，即是劣种子。生产实践中，纯度不够或发芽率低，是导致纠纷的主要原因。发芽率低，将导致播种后出苗差或不出苗，迫使种子使用者补种、毁种或改种，而推迟播期和成熟期而减产。种子纯度问题，主要是因种子混有其他品种种子或者亲本种子、或者种子生产田隔离不当生产的非目标品种的种子等原因而降低纯度，影响产量，引发纠纷。种子的净度是否合格，一般在播种前就可以发现，而播种出苗后再检验这两项指标没有实际的意义。

（4）宣传欺骗纠纷

种子经营者夸大宣传，欺骗种子的购买者和使用者，误导农民，或者不向购种农民如实提供该品种的特征特性和栽培要点，甚至隐瞒品种的主要缺陷，更有甚者虚假承诺。一旦种子使用者发现作物生产情况和收益与种子经营者的宣传和承诺的情况相差悬殊，就容易产生纠纷。

二、田间现场鉴定的程序和要求

（一）田间鉴定申请的提出和受理

《农作物种子质量纠纷田间现场鉴定办法》规定田间鉴定的申请人可以包括以下三种：一是种子质量纠纷处理机构，如人民法院、农业行政主管部门、工商管理机关、消费者协会等；二是种子质量纠纷双方当事人共同提出申请；三是当事人双方不能共同申请的，一方可以单独提出鉴定申请。按照公平公正的原则，申请现场鉴定尽可能要求当事人双方共同提出申请，但考虑到由于田间鉴定具有较强的时间性，若当事人双方对鉴定问题久拖不决，则可能错过鉴定作物的典型性形状表现期，从而可能导致种子质量纠纷因缺乏证据而长期得不到处理。因此第三种情况是特例，最好促进双发共同申请，在双方协商不成的情形才可以使用。

田间鉴定申请通常应以书面形式提出。申请时，应当详细说明鉴定的内容和理由，并提供相关材料，这对于确定参加田间鉴定的合适人选是非常重要的。但考虑到实际工作中有各种各样的情况，有时申请人不具备提供书面申请的条件。《农作物种子质量纠纷田间现场鉴定办法》规定，可以口头申请。口头提出鉴定申请的，种子质量纠纷田间鉴定受理机构的工作人员应当制作笔录，并请申请人签字确认。

《农作物种子质量纠纷田间现场鉴定办法》规定，田间鉴定由田间现场所在地县级以上地方人民政府农业行政部门所属的种子管理机构组织实施。种子管理机构对田间鉴定申请进行审查，并作出受理和组织鉴定的安排或者不予受理的决定。田间现场鉴定必须具备一定的条件，缺乏条件就不能正常科学的进行。有下列六种情况之一的，种子管理机构对田间鉴定申请不予受理。

①针对所反映的质量问题，申请人提出鉴定申请时，须鉴定地块的作物生长期已错过该作物典型性状表现期，从技术上已无法鉴别所涉及质量纠纷起因的。

②司法机构、行政主管部门已对质量纠纷作出生效判决和处理决定的。

③受当前技术水平的限制，无法通过田间现场鉴定的方式来判定所提及质量问题起因的。

④纠纷涉及的种子没有质量判定标准、规定或合同约定要求的。

⑤有确凿的理由判定纠纷不是种子质量所引起的。

⑥不按规定交纳鉴定费的（政府农业行政部门指定的鉴定任务除外）。

（二）田间鉴定专家组的组成

关于鉴定专家组的组成，《农作物种子质量纠纷田间现场鉴定办法》规定，现场鉴定由种子管理机构组织专家鉴定组进行。鉴定组由鉴定所涉及植物的育种、栽培、种子管理等方面的专家组成，必要时可邀请植物保护、气象、土肥等方面的专家参加。这是考虑到在大田生产中，作物生长在一个开放的环境中，受到很多外界因素的影响，要找准种子质量纠纷的根本原因，需要相关专业的专家从不同的角度去分析判断。专家组人数应为3人以上的单数，由一名组长和若干成员组成，鉴定的组织机构在提出鉴定专家名单后，要征求申请人和当事人的意见。专家鉴定组组长由鉴定的组织机构指定。

关于专家的资格要求，《农作物种子质量纠纷田间现场鉴定办法》第六条第三款规定参加鉴定的专家应当具有高级专业技术职称、具有相应的专门知识和实际工作经验、从事相关专业领域的工作5年以上。由于育种人对于自己育成品种的熟悉程度是其他专家所不能比的，在鉴定组长纯度或者是真伪方面具有较高的权威性，因此，该条第四款规定，纠纷所涉品种的选育人为鉴定组成员的，其资格不受该条款的限制。

关于专家的回避制度。《农作物种子质量纠纷田间现场鉴定办法》第八条规定，在下列3种情况下，可能影响公正鉴定的，应当回避：一是专家鉴定组成员是种子质量纠纷当事人或者当事人的近亲属的；二是与种子质量纠纷有利害关系的；三是与种子质量纠纷当事人有其他关系的。种子质量纠纷田间鉴定的申请人认为某位专家不适宜参加该纠纷的鉴定，也可以口头或者书面申请其回避。组织鉴定的机构应当考虑申请人提出的回避请求。

（三）田间现场鉴定基本程序

组织田间鉴定的组织管理机构，在确定了鉴定组成人员后，一般需要指定本单位2名以上工作人员，协助鉴定并开展工作。主要工作包括通知申请人或者当事人鉴定活动的时间并要求其按时到场；要求申请人或者当事人提供与该批种子有关的品种说明书、种子标签等各种证据；准备鉴定工作所需要的各种工具；维护鉴定现场的秩序。等等。审定公告和商品种子的说明书在田间现场鉴定过程中具有很重要的作用，要尽量在鉴定工作开始前提供给专家组。

鉴定专家组的鉴定工作由组长负责。专家组可以向当事人了解有关情况，要求申请人提供与现场鉴定有关的材料，在此基础上，协商确定田间调查的取样方法、判定标准以及鉴定的具体内容等。可以根据实际情况，对鉴定组成员进行分工。

田间调查工作应当按照专家的分工进行。专家调查时，要保证对事物判断的独立性，不受干扰。田间取样要按照协商确定的方法进行，一般要随机取样，以确保鉴定结果的客观性。要注意观察普遍现象，并注意对造成这种现象的过程进行了解，还要注意田间的特殊现象，比如，同一小麦品种在同一地点有的地块发生冻害，有的则没有发生，调查清楚为什么会有这种情况，对于发现问题的根本原因至关重要。做好田间调查和观察情况的记录，以便于汇总分析。

要注意考虑搜集更多的证据，为鉴定工作提供帮助。《农作物种子质量纠纷田间现场鉴定办法》第12条列举了应当考虑的情况：作物生长期间的气候环境状况；当事人对种子处理及田间管理情况；该批种子室内鉴定结果；同批次种子在其他地块生长情况；同品种其他批次种子生长情况；鉴定地块地力水平；影响作物生长的其他因素。这些信息应当在鉴定过程中尽可能的加以搜集，并与田间调查结果加以比较。但有时有些信息已经没有或者失去意义，并不影响田间鉴定工作。

田间调查结束后，专家组对田间调查情况进行讨论、分析原因。专家鉴定组现场鉴定实行合议制度。在事实清楚、证据确凿的基础上，根据有关种子法规、标准，依据相关的专业知识，本着公正、公平、科学、求实的原则，及时作出鉴定结论。鉴定结论以专家鉴定组成员半数以上通过有效。专家鉴定组成员在鉴定结论上签名。专家组成员对鉴定结论的不同意见，应当予以说明。

撰写现场鉴定书。现场鉴定书的主要内容：鉴定申请人名称、地址、受理鉴定日期等基本情况；鉴定的目的、要求；有关的调查材料；对鉴定方法、依据、过程的说明；鉴定结论；鉴定组人员名单；其他需要说明的问题。田间现场鉴定书要交负责组织现场坚定的种子管理机构。种子管理机构在5个工作日内将现场鉴定书交付申请人。

鉴定结果异议处理。田间鉴定申请人对现场鉴定有异议的，应当在收到现场鉴定书15日内向原受理单位上一级种子管理机构提出再次鉴定申请，并说明理由。上级种子管理机构对原鉴定的依据、方法、过程等进行审查，认为有必要和可能重新鉴定的，应当按以上程序重新组织专家鉴定。根据《农作物种子质量纠纷田间现场鉴定办法》第16条第2款的规定，再次鉴定申请只能提出一次。当事人双方共同提出鉴定申请的，再次鉴定申请由双方共同提出。当事人一方单独提出鉴定申请的，另一方当事人不得提出再次鉴定申请。

现场鉴定无效的判定。《农作物种子质量纠纷田间现场鉴定办法》第17条规定了鉴定结果无效的三种情况：专家鉴定组组成不符合有关规定的；专家鉴定组成员收受当事人财物或其他利益，弄虚作假；其他违反鉴定程序，可能影响现场鉴定客观、公正的。现场鉴定无效的，应当重新组织鉴定。

现场鉴定的终止。《农作物种子质量纠纷田间现场鉴定办法》第11条规定了终止现场鉴定的情况：申请人不到场的；需鉴定的地块已不具备鉴定条件的；因人为因素使鉴定无法展开的。

三、常见田间现场鉴定示例

在实际工作中，除了依照《农作物种子质量纠纷田间现场鉴定办法》规定和程序外，还要结合具体的实际情况，贯彻公平、公正、科学、求实的原则，确保鉴定结果的准确可靠。

（一）种子田间出苗状况的现场鉴定

1. 鉴定专家组人员的构成

鉴定专家组建议由作物栽培、植物病理、种子检验等方面的专家组成，如有必要可考虑聘请肥料、农药专家参加。

2. 鉴定前的准备工作

鉴定工具需要准备小铲、卷尺、铝盒、种子袋。记录设备需要准备录像机、照相机、天剑记录本。技术资料可以搜集当地出苗期间的气象资料、鉴定地块使用的种子室内发芽率检测结果等。

3. 田间现场调查

①调查情况。向调查地块农户了解购买的品种、数量、日期、种子播前的处理；播种时间、播种量、播种方式方法；施用肥料、农药的种类、数量及方法。

②选择地块及调查点。选择调查地块和调查点应尽量选在对出苗最有利的地块和地段，减少外界因素对出苗的影响，以便更好地反映出自身因素对田间出苗情况的影响。注意不同地块出苗情况的比较，对于区别较大的情况，要分别观察、了解具体情况，通过比较的方法，有利于发现问题。

③出苗情况调查。随机取点，每点选1条或2条垅，每垅取10米行长（或选取一定面积），数出播种的总穴数，其中包括：正常出苗穴数、畸形苗穴数、没出苗穴数。对没出苗穴用铲扒开土壤，分析穴播种粒数、播种深度、种子是否发芽、霉变或坏种。

4. 提出鉴定结论

专家根据田间调查的实际情况和已经掌握的其他证据，在分析讨论的基础上，以合议的方式，提出鉴定结论，形成现象鉴定书。如果时间和条件允许，应当将剩余种子、或者种子批封样，按照种子检验规程，进行种子发芽试验。

（二）品种真实性和品种纯度的田间现场鉴定

1. 鉴定专家组人员的构成

鉴定专家组建议由作物育种、种子检验等专家组成。如果田间表现植株畸形、病虫害，需聘请植物病理、农药、化肥方面专家。

2. 鉴定前准备工作

需要准备的工具：卷尺、计数器；记录设备：录像机、照相机、田间记录本；资料准备：品种说明书、本地气象资料、该品种当地栽培技术特点，如果是主要农作物，还需要准备品种审定公告。

3. 田间现场调查

① 了解情况。向调查地块农户了解购种数量、购种时间、购种地点、播种时间、播种方式方法、使用农药化肥的种类和方法。

② 对调查地块整体观察。根据品种说明书、品种审定公告和田间实际情况，确定典型植株和判定标准。

③ 品种纯度田间调查。按种植户反映的地块数量随机选取一定数量的地块，一般每户选取一块地随机调查 2 ～ 3 个点。每个调查点顺垅数去 200 株，调查本品种株数，异品种株数，对发病株要分析是本品种、还是异品种病株数。调查时，应首先调查田间植株的形状与所付标签描述的性状是否相符，然后调查性状的一致性。

4. 提出鉴定结论

专家根据田间调查的实际情况和已经掌握的其他证据，在分析讨论的基础上，以合议的方式，提出鉴定结论，形成现象鉴定书。

（三）植株发育畸形和品种抗性的田间现场鉴定

在有关种子问题上访投诉的案件中，大多数是由于使用的品种田间表现的抗性相对较差，作物发生病害或对环境条件不适应，表象生长迟缓、植株发育畸形等现象而引起。农民往往认为这些现象因种子质量有问题而造成的。

1. 鉴定专家组人员构成

鉴定专家组建议由植物病理、作物栽培、种子检验等专家组成，如有必要聘请农药、化肥方面的专家（对除草剂由专长的专家）。

2. 鉴定前准备工作

需要准备的工具包括卷尺、计数器、小铲；记录设备包括录像机、照相机、田间记录本；资料包括品种说明书、本地气象资料、该品种当地栽培技术特点，如果属于主要农作物，需携带该品种的审定公告文本。

3. 田间调查

① 了解情况。向农户了解购买种子时间、地点、品种，种子标签标注的生产年份、生产地点、种子处理及使用的农药、化肥类型；播种时间、播种方法、化肥、农药使用的时间、数量及类型；生长期间喷施农药（除草剂、植物激素等）的时间、数量及类型。

② 对调查地块整体观察。观察植株发育正常性状与不正常性状之间的差异，是否在地段

间、垅间、同一垅内存在这种差异。同时应考虑：与相邻地块同一作物，不同品种、同一品种同一种源、同一品种不同种源的植株生长状况进行比较；同一品种同一种源的种子在不同农户间、不同地势地块间生长表象进行比较。

4. 植株发育畸形原因的分析

①由病虫害引起的植株发育畸形：粗缩、扭曲、黄化、疯长等。

②由农药化肥、植物激素使用过量或方法不当引起的植株发育畸形。

③由于严重的旱涝灾害引起的植株发育畸形。

④由于气候原因引起的植株发育畸形。

⑤由于长距离引种造成的生长不正常。

5. 提出鉴定结论

专家根据田间调查的实际情况和已经掌握的其他证据，在分析讨论的基础上，以合议的方式，提出鉴定结论，形成现象鉴定书。

第九章

Chapter Nine

种子水分测定

种子水分是种子质量标准中的四大指标之一。种子水分高低直接关系到种子安全的包装、贮藏、运输，并且对保持种子生活力和活力是十分重要的。本章主要介绍我国农作物种子检验规程中的种子水分测定的标准方法和电子水分仪器速测法。

第一节／种子水分的定义和测定的重要性

一、种子水分定义

种子水分（Seed Moisture Content）是指按规定程序把种子样品烘干所失去的重量，用失去重量占供检样品原始重量的百分率表示。

通常用湿重为基数的水分的百分率来表示。

二、种子水分测定的重要性

从种子研究和生产实际经验表明，种子水分是与种子成熟度、收获的最佳时间、安全包装、人工干燥的合理性、人为和自然伤害（热伤、霜冻、病虫害）、机械损伤等因素有密切的关系，所以测定种子水分，控制种子水分是保证种子质量的重要问题。

随着农业现代化的发展，机械收获将会普遍采用。为了避免机械收获伤害种子，收获前应先测定种子水分，当种子水分降低、硬度增加、对机械抗性提高时，以确定种子的最佳收获时间。在人工干燥种子前，应先测定种子水分，以确定种子干燥的温度、时间和分次干燥方法。在加工后也要测定种子水分，检查水分是否达到要求标准。种子包装和贮藏前也要了解种子水分，确保种子的安全包装和安全贮藏，以及确定保存时间的长短。在种子贮藏期间和调运前也需测定种子水分，以确保种子贮藏期间的安全和运输途中及目的地的种子安全。

研究表明，对大多数属于常规型的农作物、蔬菜和牧草种子而言，种子水分越低，越有利于保持寿命和活力。因此，种子水分测定是很重要的检测项目。

第二节／种子水分测定的理论基础和要求

一、种子水分和油分的性质以及与水分测定的关系

（一）种子水分

种子中的水分按其特性可分为自由水和束缚水两种。

1. 自由水

自由水是生物化学的介质，存在于种子表面和细胞间隙内，具有一般水的特性，可作为溶剂，100 ℃沸腾，0 ℃结冰，易受外界环境条件的影响，容易蒸发。因此在种子水分测定前，

须采取措施尽量防止这种水分的损失。如送检样品必须装在防湿容器中，并尽可能排除其中的空气；样品接收后立即测定（如果样品接收当天不能测定，应将样品贮藏在 4 ～ 5 ℃的条件下，不能在低于 0 ℃的冰箱中贮存）；测定过程中的取样、磨碎、称重须操作迅速；避免蒸发（磨碎转速不能过快，不磨碎种子这一过程所费的时间不得超过 2 min）；高水分种子自由水含量更高，更易蒸发，需磨碎的高水分种子须用高水分预先烘干法测定水分。

2. 束缚水

束缚水与种子内的亲水胶体如淀粉、蛋白质等物质中的化学基团牢固结合，水分子与这些胶体物质中的化学基团，如梭基、氨基与肽基等以氢键或氧桥等相连接。不能在细胞间隙中自由流动，不易受外界环境条件影响。种子烘干时，水分开始蒸发较快，这是由于自由水蒸发容易，随着烘干的进程，蒸发速度逐渐缓慢，这是由于束缚水被种子内胶体牢固结合，因此用烘干法设计水分测定程序时，应通过适当提高温度（如 130 ℃）或延长烘干时间才能把这种水分蒸发出来。

种子中有些化合物如糖类中，含有一定比例的能形成水分的 H 和 O 元素。通常将种子有机物分解产生的水分（H 和 O 元素）称之为化合水或分解水。这不是真正意义上的水分。如果失掉这种水分，糖类就会分解变质。如用较高温度（130 ℃）烘干时间过长，或过高的温度（超过 130 ℃），有可能使样品烘焦，放出分解水，而使水分测定百分率偏高。

（二）油分

含亚麻酸等不饱和脂肪酸较高的油料种子（如亚麻），如果种子磨碎，或剪碎，或烘干温度过高，不饱和脂肪酸易氧化，使不饱和键上结合了氧分子，增加了样品重量，会使水分测定结果偏低，因此，应严格控制烘干温度，并且不应磨碎或剪碎。

一些蔬菜种子和油料种子含有较高的油分，油分沸点较低，尤其是芳香油含量较高的种子，温度过高就易挥发，使样品减重增加，测得的水分百分率偏高。

综上所述，测定种子水分必须保证使种子中自由水和束缚水充分而全部除去，同时要尽最大可能减少氧化、分解或其他挥发性物质的损失，尤其要注意烘干温度、种子磨碎和种子原始水分等因素的影响。

二、常用的水分测定方法

目前最常用的种子水分测定法是：烘干减重法（包括烘箱法，红外线烘干法等）电子水分仪速测法（包括电阻式，电容式和微波式水分速测仪）。一般正式报告需采用烘箱标准法进行种子水分测定，而在种子收购、调运、干燥加工过程等过程采用电子水分仪速测法测定。

第三节 / 种子检验规程规定的种子水分测定方法

本法为恒温烘箱的种子样品烘干减重法。包括低恒温烘箱法，高恒温烘箱法和高水分种子二次烘干法等 3 种测定方法。

一、水分测定仪器设备

应用烘箱法测定种子水分通常需配置下列的仪器设备。

1. 恒温烘箱

烘箱可选用机械对流（强制通风）的电热干燥箱。由恒温调节器或导电表（继电器）控制，绝缘良好，并且使整个烘箱内各部分温度保持相当均匀一致，并使烘架平面上保持规定的温度。烘箱温度控制范围为 0 ～ 200 ℃或 50 ～ 200 ℃。烘箱内还应装有可移动的、多孔的铁丝架及一支精确度可测到 0.5 ℃的温度计，放在靠近上层网的样品旁边。其加温效应能在预热到所需温度后，接着打开烘箱门放入样品盒，可在 15 min 内回到所需要温度。

2. 粉碎（磨粉）机

磨粉机必须符合下列要求。

①需用不吸湿的材料制成。

②其构造要成为密闭系统，以使待磨碎的种子和后来的磨碎样品在磨碎过程中要尽最大可能地避免受室内空气的影响。

③磨碎速度要均匀，不致因转速太快使磨碎成分发热；空气对流会引起水分丧失，应使其降低最低限度。

④磨粉机需备有孔径为 0.5、1.0、4.0 mm 的金属丝筛子。

3. 干燥器和干燥剂

干燥器内须配有一块厚金属片或玻璃片，以便促使样品迅速冷却。金属片或玻璃片下装有合适的干燥剂，如五氧化二磷、活性矾士林或颗粒为 1/16 英寸的 4A 型分子筛，我国常用变色硅胶。吸湿后由蓝色变成粉红色，可用 130 ℃加热除湿复原重用。

4. 天平

必须采用快速天平，最好采用电子天平，感量达到 ±0.001 g。

5. 其他用具

（1）样品盒。由金属（常用铝盒）制成，并有一个合适的紧凑盖子，可使水分的吸收和散发降到最低限度。盒子基部边缘呈弧形、底部平坦、沿口水平。所用样品盒，要求试样样品在盒内的分布，每 cm^2 不超过 0.3 g（建议铝盒规格为：直径 55 mm，高度 15 mm）。盒与盖应当标明相同的号码。使用之前，把样品盒预先烘干（130 ℃，1 h），并放在干燥器中冷却（为了检验是否达到恒重，有人建议重复两次，两次重复的重量相差不超过 0.002 g）。

（2）玻璃瓶、匙子、坩埚钳、手套、标签等用具。

二、预防要求

由于自由水易受外界环境条件的影响，所以应采取一些措施尽量防止水分的丧失。如送验样品必须装在防湿容器中，并尽可能排除其中的空气；样品接收后立即测定；测定过程中的取样、磨碎和称重须操作迅速，避免磨碎蒸发等。在磨碎种子这一过程所需的时间不得超过 2 min。

三、测定程序

（一）低恒温烘干法

1. 适用种类

葱属（*Allium* spp.）、花生（*Arachis* hypogaea）、芸薹属（*Brassica* spp.）、辣椒属

（*Capsicum* spp.）、大豆（*Glycine max*），棉属（*Gossypium* spp.）、向日葵（*Helianthus annuus*）、亚麻（*Linum usitatissimum*）、萝卜（*Raphanus sativus*）、蓖麻（*Ricinus communis*）、芝麻（*Sesamum indicum*）、茄子（*Solanum melongena*）。

该法必须在相对湿度 70% 以下的室内进行。

2. 取样磨碎

供水分测定的送验样品必须符合扦样的要求。用下列一种方法进行充分混合，并从此送验样品中取 15 ～ 25 g。

a. 用匙在样品罐内搅拌。

b. 将原样品罐的罐口对准另一个同样大小的空罐口，把种子在两个容器间往返倾倒。

烘干前必须磨碎的种子种类及磨碎细度见表 9-1。

表 9-1　必须磨碎的种子种类及磨碎细度

作物种类	磨碎细度
燕麦属（*Avena* spp.） 水稻（*Oryza sativa* L.） 甜荞（*Fagopyrum esculentum*） 苦荞（*Fagopyrum tataricum*） 黑麦（*Secale cereale*） 高粱属（*Sorghum* spp.） 小麦属（*Triticum* spp.） 玉米（*Zea mays*）	至少有 50% 的磨碎成分通过 0.5 mm 筛孔的金属丝筛，而留在 1.0 mm 筛孔的金属丝筛子上不超过 10%
大豆（*Glycine max*） 菜豆属（*Phaseolus* spp.） 豌豆（*Pisum sativum*） 西瓜（*Citrullus lanatus*） 巢菜属（*Vicia* spp.）	需要粗磨，至少有 50% 的磨碎成分通过 4.0 mm 筛孔
棉属（*Gossypium* spp.） 花生（*Arachis hypogaea*） 蓖麻（*Ricinus communis*）	磨碎或切成薄片

进行测定需取两个重复的独立试验样品，必须使试验样品在样品盒的分布为每平方厘米不超过 0.3 g。

取样勿直接用手触摸种子，而应用勺或铲子。

（3）烘干称重

先将样品盒预先烘干、冷却、称重，并记下盒号，取得试样两份（磨碎种子应从不同部位取得），每份 4.500 ～ 5.000 g，将试样放入预先烘干和称重过的样品盒内，再称重（精确至 0.001 g）。使烘箱通电预热至 110 ～ 115 ℃，将样品摊平放入烘箱内的上层，样品盒距温度计的水银球约 2.5 cm 处，迅速关闭烘箱门，使箱温在 5 ～ 10 min 内回升至（103±2）℃时开始计算时间，烘 8 h，《2004 国际种子检验规程》规定时间为（17±1）h。用坩锅钳或戴上手套盖好盒盖（在箱内加盖），取出后放入干燥器内冷却至室温，约 30 ～ 45 min 后再称重。将结果填入表 9-2 水分测定记载表。

表 9-2　水分测定记载表

检测号	作物名称	盒号	盒重 /g	烘前样品和盒重 /g	烘前样品重 /g	烘后样品和盒重 /g	失重 /g	水分 /%	平均值 /%

（二）高温烘干法

1. 适用种类

芹菜（*Apium graveolens*）、石刁柏（*Asparagus officinalis*）、燕麦属（*Avena* spp.），甜菜（*Beta vulgaris*）、西瓜（*Citrullus lanatus*）、苦荞（*Fagopyrum tataricum*）、大麦（*Hordeum vulgare*）、莴苣（*Lactuca sativa*）、番茄（*Lycopersicon lycopersicum*）、苜蓿属（*Medicago* spp.）、草木樨属（*Melilotus* spp.）、烟草（*Nicotiana tabacum*）、水稻（*Oryza sativa*）、黍属（*Panicum* spp.）、菜豆属（*Phaseolus* spp.）、豌豆（*Pisum sativum*）、鸦葱（*Scorzonera hispanica*）、黑麦（*Secale cereale*）、狗尾草属（*Setaria* spp.）、高粱属（*Sorghum* spp.）、菠菜（*Spinacia oleracea*）、小麦属（*Triticum* spp.）、巢菜属（*Vicia* spp.）、玉米（*Zea mays*）。

2. 测定方法

其程序与低恒温烘干法相同。必须磨碎的种子种类及磨碎细度见表 9-1。

首先将烘箱预热至 140 ～ 145 ℃，打开箱门 5 ～ 10 min 后，烘箱温度须保持 130 ～ 133 ℃，样品烘干时间为 1 h。《2004 国际种子检验规程》中烘干时间，玉米需 4 h，其他禾谷类需 2 h，其他作物需 1 h。

（三）高水分预先烘干法

1. 适用种类

需要磨碎的种子。如果禾谷类种子水分超过 18%，豆类和油料作物水分超过 16% 时，必须采用预先烘干法。

2. 测定方法

称取两份样品各（25.00±0.02）g，置于直径大于 8 cm 的样品盒中，在（103±2）℃烘箱中预烘 30 min（油料种子在 70 ℃预烘 1 h）。取出后放在室温冷却和称重。此后立即将这两个半干样品分别磨碎，并将磨碎物各取一份样品采用低恒温烘干法或高恒温烘干法进行测定。

四、结果计算

1. 结果计算

根据烘后失去的重量计算种子水分百分率，按下式计算到小数点后一位：

$$种子水分（\%）= \frac{M_2-M_3}{M_2-M_1} \times 100$$

式中 M_1——样品盒和盖的重量（g）；

M_2——样品盒和盖及样品的烘前重量（g）；

M_3——样品盒和盖及样品的烘后重量（g）。

若用预先烘干法，可从第一次预先烘干和第二次按上述公式计算所得的水分结果换算样品的原始水分，按下式计算。

$$种子水分（\%）= S_1+S_2-\frac{S_1 \times S_2}{100}$$

式中 S_1——第一次整粒种子烘后失去的水分（%）；

S_2——第二次磨碎种子烘后失去的水分（%）。

2. 容许差距

若一个样品的两次测定之间的差距不超过0.2%，其结果可用两次测定值的算术平均数表示。否则，重做两次测定。

结果填报在检验结果报告单的规定空格中，精确度为0.1%。

第四节 / 水分快速测定方法

种子水分快速测定主要采用电子仪器，可分为3类，即电阻式、电容式和微波式。各种类型都有多种型号仪器，使用方法也各不相同，以下介绍常用的电阻式和电容式水分测定仪。

一、电阻式水分仪

1. 测定原理

种子中含有水分，其含量越高，导电性越大。在一闭合电路中，当电压不变时，则电流强度与电阻成反比。如把种子作为电阻接入电路中，种子水分越低，电阻越大，电流强度越小；反之，则电流强度越大。因此种子水分与电流强度成正相关的线性关系。这样只要有不同水分的标准样品，就可在电表上刻出标准水分与电流量变化的对应关系，即把电表的刻度转换成相应水分的刻度，或者经电路转换，数码管显示，就可直接读出水分的百分率。

但是，种子水分与电流强度的关系在某一范围，并非是完全的直线关系，因此在电表上的刻度不是均等的刻度，并且每种种子由于内外部构造的差异，也会造成电流量的变化，因而，每种种子应有相应的刻度线，或者选择品种按钮。

同时，电阻是随着温度的高低而变化的，水分一定时，温度高，电离度增加，电阻降低，测定值偏高；反之，则低。因此，在不同温度条件下测定种子水分，就需进行温度校正。一般仪器以20 ℃为准，高于或低于20 ℃时都要对读数进行校正，有些仪器已设定自动校正。如LSKC-4型粮食水分测试仪是在20 ℃下标定其表盘水分读数的。当测定温度高于20 ℃时，温度每高 1 ℃应减去水分 0.1%，因为随着温度升高，电阻变小，电流变大。当测定温度低于 20 ℃时，同样原理，每降低 1 ℃，应加上水分 0.1%，才能校正由于温度变化所引起的偏差。但目前的先进水分仪，如 Kett L 型数字显示谷物水分仪已用热敏补偿方法来解决，已不需进行温度校正。

但据 J. R. Hart 等研究，这种仪器在种子水分与仪器读数没有良好的线性关系。因此认为，这种水分速测仪是不够理想的，但作为种子水分的粗略估计，仍然是有用的。因为其具有构造简单，价格低廉，测定方便等特点。

2. Kett L 型数字显示谷物水分测定仪的构造和使用方法

这种水分仪是日本 Kett 电子实验室根据最新技术和长期经验而设计的新型电阻式谷物水分测定仪。其内部装有微型计算器可对样品和仪器温度进行自动补偿和感应调节，不需换算就可测水稻、小麦、大麦等 5 种谷物的水分。

（1）仪器构造和附件（图 9-1）

（2）仪器性能

①测定原理，电阻。

②显示方式，数字显示。

③应用和测量范围：

种类	水分（%）
米（糙米或精米）	11.0 ～ 20.0
稻谷	11.0 ～ 30.0
干燥机中稻谷	11.0 ～ 20.0
大麦	10.0 ～ 30.0
裸大麦	10.0 ～ 20.0
小麦	10.0 ～ 30.0

④测定精确度：±0.1000。

⑤温度补偿：对偶自动补偿。

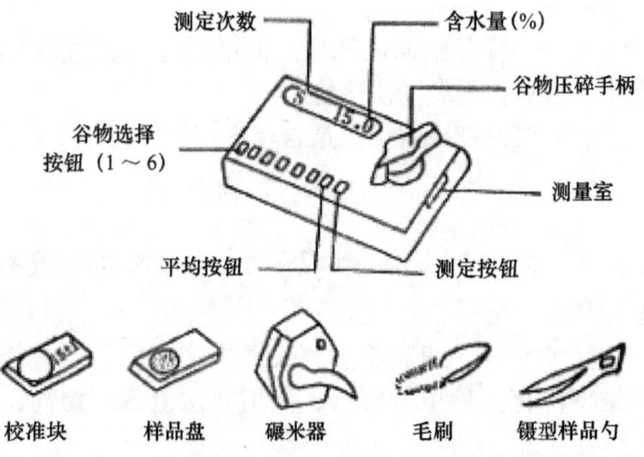

图 9-1　Kett L 型数字显示谷物水分测定仪的构造和附件

（3）仪器校准

①用毛刷清理测量室和压碎手柄的压头。

②同时按下稻米（Rice）和小麦（Wheat）两个按钮。

③将“校准测定”（Tester）块完全放入测量室，旋动压碎手柄至完全接触到“校准测定”块为止。

④按下测量（Measure）按钮，仪器读数应为 15.0±0.1，则仪器是可靠的，可用于测定。如果仪器读数大于或少于 15.0±0.100，这可能仪器中存在灰尘，应清理后重新校准。

（4）使用说明

①测定前按下测量按钮，显示出 8 次 88.8% 数字，则仪器是正常的。如发生数字闪烁或不显示，则说明电池已用完，那么需按电池室图示，全部换上新电池。

②按照欲测种子的种类，按下谷物选择按钮。

③用镊子形样品勺取一满勺种子，倒于样品盘中，摊成均匀一层。但为了避免误差，应从样品盘中挑去未成熟或已变质的谷粒，并补上，铺满一层。

④待样品盘完全放进测量室后，旋动压碎手柄，直至达到样品很好接触为止。

⑤按下测量按钮，则显示出水分百分率。

注意：

当测定样品水分不到该仪器测定范围时，则会显示出“∪”记号。

当测定样品水分超过测定范围时，则显示出“∩”记号。

⑥该仪器可显示 2 ～ 9 次测定的平均水分。经测定 2 min 后按下平均（AVE）按钮。但测定后已超过 2 min 时，测定结果已平均好，或测定已超过 9 次时，则测定次数只显示出 1。

二、电容式水分速测仪

1. 测定原理

电容是表示导体容纳电量的物理量。若将种子放入电容器中，其电容量跟组成它的导体大小形状，两导体间相对位置以及两导体间的电介质有关。把电介质放进电场中，就出现电介质的极化现象，结果使原有电场的电场强度被削弱。被削弱后的电场强度与原电场强度的比叫做电介质的电介常数（ε），各种物质的介电常数不同，空气为 1.000585，种子干物质为 10，水为 81。如图 9-2 所示，当传感器（电容器）中种子高度（h），外筒内径（D），内圆柱外径（d）一定时，则传感器的电容量为：

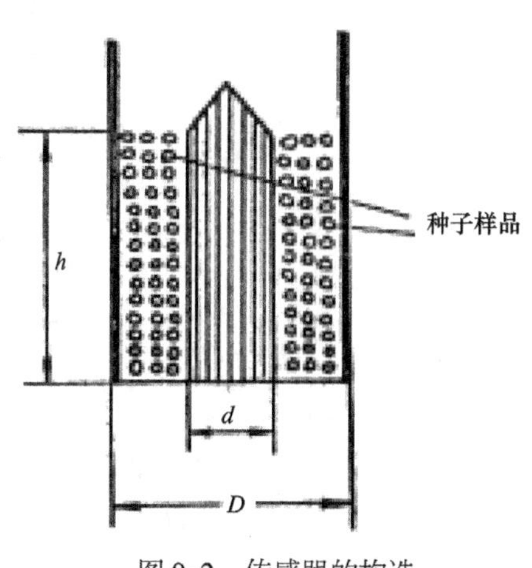

图 9-2　传感器的构造

$$C=0.24\frac{\varepsilon h}{\lg\dfrac{D}{d}}$$

当被测样品放入传感器中时，C 的数值将取决于该样品的介电常数，而种子样品的介电常数主要随种子水分的高低而变化，因此，通过测定传感器的电容量，就可间接地按样品容量与水分的对应关系，测定被测样品的水分。如果将传感器接入一个高频振荡回路中，这样种子样品水分的变化，通过传感器和振荡回路，就变为振荡频率的变化，再经混频器输出差频信号，然后经放大整形，计数译码，就可直接显示出种子样品水分百分率数值。

但在实际测定中，由于种子形状、器中的密度、成熟度和混入的夹杂物不同就会引起传感器中样品高度，相同重量的种子传感结果的正确性。因此为准确测定不同作物、h 的变化和介电常数的变化，而影响测定结果不同品种的种子水分，就应分作物或分品种准备高、中、低 3 种水平的标准水分进行仪器标定。当种子水分在一定范围时，表现为线性关系。如洋葱种子水分在 6% ～ 10% 时基本上成线性关系，即电容量与种子水分成线性关系，测定结果比较准确；但在 2% ～ 6% 或 10% ～ 14% 时，并非是线性关系，则测定准确性就较差。因此，在配制标准水分样品时，其水分的差异不宜相差悬殊。

同时，电容量还受温度的影响，一般来说，电容式水分仪装有热敏电阻补偿，测定水分的影响是比较小的。经用 7 种种子测定结果认为温度影响极小。所以认为电容式水分仪是比较好的电子水分速测仪的类型，已在全世界普遍采用。

2. DSR 型电脑水分仪使用方法

该仪器由杭州工业仪器仪表厂制造，几经改进，采用微电脑储存计算 K.b 值公式和自动双温度补偿，大大简化了标定手续，提高测定的准确性，这是目前国内较好的电子水分速测仪（图 9-3）。

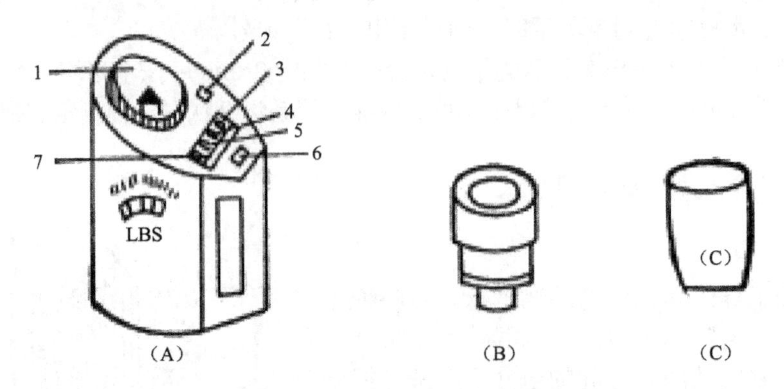

图 9-3　DSR 型电脑水分仪的构造

（A）水分仪；（B）漏斗；（C）量杯

1. 传感器　2. 数字转盘　3. 电源开关　4. 测试键　5. 标定键　6. 功能键　7. 水分显示器

（1）技术指标适用种类

适用各种粮食、蔬菜和油料种子。

①测量范围：5 ～ 30.0%。

②测量误差：< ±0.5%。

③测量重复误差：≤ 0.2%。

④温度自动双温度补偿：-10 ～ 40 ℃。

（2）浮动标定方法

①标准水分样品准备预先准备两个或 3 个不同水分样品，用 105 ℃低恒温烘箱法测定水分，但样品之间水分差数应少于 6.5%。谷类种子测定重量最好为 100 g，蔬菜为 30 g。

②定标方法假定稻谷标准样品水分分别为 6.5% 和 11.8%，品种编号定为 12。

a. 接通电源，开机等待。

b. 将右侧两只拨盘拨至 12。该品种定在 12 号。

c. 按下定标键。等待倒入第一个样品。

d. 将落料筒放在仪器上，并通过该筒倒入高水分（11.8%）样品后，立即拿去落料筒。

e. 逐个拨动拨盘，输入水分数值（11.8）。显示出 11.8% 水分数值。

f. 倒出第一个样品，按下功能键。等待倒入第二个样品。

g. 同第三个步骤，输入第二个样品水分数值（6.5）。显示出 6.5% 水分数值。

h. 倒出第一个样品，按下功能键。定标即告结束。

若经第七步出现 E，则说明标定已好，但若出现等号，则说明两份样品水分之差大于等于 6.5% 或相等，那么需重定标准水分，重新定标。

③ 验证。倒入第一或第二份样品进行验证，如所显示数值与标准水分一致，或误差在 ±0.2% 以内，则仪器已被定标成功。只要记录下品种名称、重量、测定编号，就可对未知样品测定。

如果验证时显示数字与标准水分不一致，可能定标准水分有错误，则需要重新做标准水分。

（3）未知样品测定

仪器厂家或自己所定标的品种，就可进行未知样品测定。测定前称取定标时等量的样品，查出测定编号。

①按下测定按钮，再按下电源开关，待显示器显示到测定编号，如 12 时，按下功能键，则显示数字停留在 12 位上。再开机，选定品种测定编号，并显示出小数点。

②将落料筒放在仪器上，倒入定量样品，向上拉外筒，使种子落入传感器随即拿去该筒。此时显示出水分数值。

③倒出被测样品，按下功能键。待另外样品测定。

在测定时，如出现 L，则表示电压偏低，应更换电池后，才能使用。现研制和生产 DSR-6 型电脑水分仪。由厂家选用代表性样品的标准水分预先定标，出厂后，用户如需要更准确地测定，只要用标准水分样品校正就可使用。

使用电子仪器法测定种子水分具有快速、简便的特点，尤其适于种子收购入库及贮藏期的一般性检查，可以减少大量的工作。但这类仪器的使用也有其局限性，应注意以下两点。

① 使用电子仪器测定水分前，必须和烘干减重法进行校对，以保证测定结果的正确性，并注意仪器性能的变化，及时校验。

② 样品中的各类杂质应先除去，样品水分不可超出仪器量程范围，测定时所用样品量需符合仪器说明要求。

实训 种子水分测定技术

一、原理

种子含水量是影响种子寿命的主要原因之一，通过测定种子水分含量，能及时了解种子是否达到安全含水量，对种子的加工和贮藏具有重要意义。种子水分测定常用烘干减重法和电子水分仪速测法。

烘干减重法是种子水分测定的标准方法，它主要利用水遇热可蒸发为水蒸气的原理，采用加热烘干进行种子含水量的测定。

电阻式水份仪是根据导电性进行测定的，种子中含有水分，其含量越高，导电性越大。从电学理论说，在一闭合电路中，当电压不变时，则电流强度与电阻成反比。如把种子作为电阻接入电路中，种子水分越低，电阻越大，电流强度越小；反之，则电流强度越大。因此种子水分与电流强度成正相关的线性关系。这样只要有不同水分的标准样品，就可在电表上刻出标准水分与电流量变化的对应关系，即把电表的刻度转换成相应水分的刻度，或者经门电路转换，数码管显示，就可直接读出水分的百分率。据 J.R.Hart 等人的研究，这种仪器在种子水分与仪器读数之间没有良好的线性关系。因此认为，这种水分速测仪是不够理想的，但作为种子水分的粗略估计，仍然是有用的。因为其具有构造简单、价格低廉、测定方便等特点。

电容是表示导体容纳电量的物理量。若将种子放入电容器中，其电容量跟组成它的导体大小形状、两导体间相对位置以及两导体间的电介质有关。把电介质放进电场中，就出现电介质的极化现象，结果使原有电场的电场强度被削弱。被削弱后的电场强度与原电场强度的比叫做电介质的电介常数（ε），各种物质的介电常数不同，空气为 1.000 585，种子干物质为 10，水为 81。当传感器（电容器）中种子高度（h）、对筒内径（D）、内圆柱外径（d）一定时，则传感器的电容量为：$C = 0.24\frac{\varepsilon h}{\lg\frac{D}{d}}$

当被测样品放入传感器中时，C 的数值将取决于该样品的介电常数，而种子样品的介电常数主要随种子水分的高低而变化，因此，通过测定传感器的电容量，就可间接地按样品容量与水分的对应关系，测定被测样品的水分。如果将传感器接入一个高频振荡回路中，这样种子样品水分的变化，通过传感器和振荡回路，就变为振荡频率的变化，再经混频器输出差频信号，然后经放大整形、门电路、计数译码，就可直接显示出种子样品水分百分率数值。

但在实际测定中，由于种子形状、成熟度和混入的夹杂物不同，相同重量的种子在传感器中的密度就不同，就会引起传感器中样品高度 h 的变化和介电常数的变化，而影响测定结果的正确性。因此为准确测定不同作物、不同品种的种子水分，就应分作物或分品种准备高、中、低 3 种水平的标准水分进行仪器标定。当种子水分在一定范围时，表现为线性关系。如洋葱种子水分在 6% ～ 10% 时基本上成线性关系，即电容量与种子水分成线性关系测定结果比较准确。但在 2% ～ 6% 或 10% ～ 14% 时，并非是线性关系，则测定准确性就较差。因此在配制标准水分样品时，其水分的差异不宜相差悬殊。

同时，电容量还受温度的影响，一般来说，电容式水分仪装有热敏电阻补偿，测定水分的影响是比较小的。

二、目的要求

①了解电烘箱的结构、原理及使用方法。

②掌握低恒温烘干法及高恒温烘干法的测定水分的方法及操作技术，并了解隧道式水分测定仪的使用方法。

③了解电阻式和电容式速测仪的构造原理和使用方法。

三、材料用具

1. 材料

水稻、小麦、棉花、大豆、蔬菜等种子

2. 用具

电热式恒温鼓风干燥箱（电烘箱），隧道式水分测定仪，包括不同类型的恒温控制器。感量为 l/1 000 g 的天平，样品盒（直径 4.5 cm，高 2.5 cm）、温度计、干燥器、干燥剂（变色硅胶）、粗天平、粉碎机、广口瓶、坩埚钳、手套、角匙、毛笔等以及当地常用的电阻式和电容式水分仪。

四、方法和步骤

1. 低恒温烘干法（（103±2）℃烘箱法）

①把电烘箱的温度调节到 110 ～ 115 ℃进行预热，之后让其保持在（103±2）℃。

②把样品盒置于（103±2）℃烘箱中约 1 h 左右，放干燥器内冷却后用感量 1/1 000 g 天平称量，记下盒号和重量。

③把粉碎机调节到要求的细度，从送验样品中取出 15 ～ 25 g 种子进行磨碎（禾谷类种子磨碎物至少 50% 通过 0.5 mm 的铜丝筛，而留在 1.0 mm 铜丝筛上的不超过 10%；豆类种

子需要粗磨，至少有 50% 的磨碎成分通过 4.0 mm 筛孔；棉花种子要进行切片处理）。

④称取试样两份（放于预先烘干的样品盒内称重），每份 4.5 ～ 5.0 g，并加盖。

⑤打开样品盒盖放于盒底，迅速放入电烘箱内（样品盒距温度计水银球 2 ～ 2.5 cm），待 510 min 内温度回升至（103±2）℃时，开始计算时间。

⑥（103±2）℃烘干 8 h 后，打开箱门，戴好手套迅速盖上盒盖（最好在箱内盖好），立即置于干燥器内冷却，经 30 ～ 45 min 取出称重，并记录。

⑦结果计算

水分（%）=（（样品烘前重量 − 样品烘后重量）/ 样品烘前重量）×100

若一个样品两次测定之间的差距不超过 0.2%，则用两次测定的算术平均数来表示。否则，须重做两次测定。

2. 高恒温烘干法（130 ～ 133 ℃烘箱法）

①把烘箱的温度调节到 140 ～ 145 ℃。

②样品盒的准备，样品的磨碎，称取样品等与（103±2）℃烘箱法相同。

③把盛有样品的称量盒的盖子置于盒底，迅速放入烘箱内，此时箱内温度很快下降，在 5 ～ 10 min 回升至 130 ℃时，开始计算时间，保持 130 ～ 133 ℃，不超过 ±2 ℃，烘干 1 h。ISTA 规程烘干时间为：玉米 4 h，其他禾谷类 2 h，其他作物种子 1 h。

④到达时间后取出，将盒盖盖好，迅速放入干燥器内，经 15 ～ 20 min 冷却，然后称重，记下结果。

⑤结果计算同低恒温烘干法。

3. 高水分种子预先烘干法

①从水稻或小麦高水分种子（水分超过 18%）的送验样品中称取（25.00±0.02）g 种子，用感量为 1/1 000 g 的天平称重。

②将整粒种子样品置于 8 ～ 10 cm 的样品盒内。

③把烘箱温度调节至（103±2）℃，将样品放入箱内预烘 30 min 至 1 h。

④达到规定时间后取出，至室内冷却，然后称重，求出第一次烘后失去的水分。

⑤将预烘过的种子磨碎，称取试样两份，各 4.5 ～ 5.0 g。

⑥用（103±2）℃烘箱法或 130℃高温法烘干，冷却、称重，求出第二次烘失的水分。

⑦计算出总的种子水分（%）

种子水分（%）$=S_1+S_2-((S_1\times S_2)/100)$

式中 S_1——第一次烘后失去的水分 %；

S_2——第二次烘后失去的水分 %。

4. LSKC-4 型粮食水分快速测试仪法（电阻式）

①准备：打开侧门取出附件，用毛刷将测量孔内上下电极、磨子滚轮和漏斗打扫干净，将压杆和摇把装入压杆轴和摇把轴，把盛料盘插入磨子漏斗孔内。

②操作：按下调整开关，拨动调整旋扭，使表头指针与右端末线重合，不能重合应打开箱底电仓盖换电池，若换新电池后仍不能重合应检查振荡线路和测量线路的故障。

③磨碎：用定量勺取一平勺稍多的样品，倒入磨子内，合上磨子盖，转动磨子，被磨碎样品落入盛料盘内，用刷子将磨子滚轮和漏斗所粘样品也刷入盛料盘内。

④测量：磨碎后迅速将盛料盘插到测量孔内，按下压杆、表头指针随即偏转，如粳稻就

读粳稻刻度，本仪器是以第一次压下的读数为准。

⑤温度校正：相同水分的样品，在不同温度下测量，温度较高时表头读数偏高，反之则低。因此，必须进行温度校正，以 20 ℃为标准，每升高 1 ℃，水分读数减去 0.1%，反之，每降低1℃，水分读数就加上 0.1%。仪器上的温度表刻度已将温度值改为温度校正值。其中“0”就是 20 ℃，“0.5”就是 15 ℃，“–0.5”就是 25 ℃，例如在 25 ℃测定的水分读数是 14.5%，实际水分应为 14.5–0.5=14%。

粮温与仪器温度相差悬殊时，应将粮食与仪器同置一处十余分钟，使粮食与仪器保持相同温度，测量才能准确。

⑥结束：测量结束后，按下调整开关，拨动调整旋钮，仍使指针回到右端末线上。

一般测定两次重复。

注意事项：

a. 使用时样品与仪器温度应保持相同，两者温差只允许有 3 ℃的范围。

b. 样品的水分不均匀时，要特别注意取样的代表性和混合均匀，同时可多测几次（如 3 ～ 5 次）取其平均数。

c. 种子样品中的杂质，对测量结果有影响，应将其中的泥块石子等杂质除去。

d. 仪器应防止受震，保持清洁干燥，以免损坏部件，影响测量的准确性能。

5. 凯特（Keet）谷物水分测定仪

①仪器校正：先将 4 节 5 号电池装入仪器底部，用毛刷清理测量室和压碎手柄的压头，按下稻米（Rice）和小麦（Wheat）按钮；将校准测定器（Tester）放入测量室，旋动压碎手柄的压头完全碰到“校准测定器”为止；按下测量钮，仪器读数为“15.0 ± 0.1%”即可测试。

②测定前按下测量按钮，显示出“8888”数字则表示仪器正常。

③按照欲测样品种类按下谷物按钮。

④用镊型样品勺取一定数量种子，放入样品盘中摊成均匀一层，剔去霉烂和空秕粒，铺满一层。

⑤将样品放入测量室，旋转压碎手柄直至压头与样品种子良好接触为止。

⑥按下测定按钮，显示出样品的水分百分率值，但还应注意下列情况。

a. 当测定样品水分不到该仪器测定范围时，会显示出“∪”记号。

b. 当测定样品水分超过测定范围时，会显示出“∩”记号。

⑦仪器显示屏上显示出 2 ～ 4 次，按下平均（AVE）按钮，求其平均值。

6. TL-4 型粮食水分测定仪

（1）仪器调整

①将钳式传感器的三芯轴头插入讯号输入插孔“I”，再将选择开旋钮“5”拔至欲测品种位置，此时电源已经开始。

②将旋钮“b”拨至“校正”，调整“校正”旋钮“7”，使仪表指针达满度。

③将旋钮“b”拨至“满度”，调整“满度”旋钮“8”，使仪表指针达满度。

④将旋钮“b”拨至“测量”，调整“零点”旋钮“9”，使仪表指针达零点（即起始线）。为了保证测量精度、满度和零点，最好反复调 2 次（调零点时，钳口之间不准有任何物体接触，并保持清洁干净）。

（2）水分测量

①将试样放入钳口的盛样盘内（试样数量以一平盘为准）。然后将钳柄卡紧，卡至定压销与其对面钳柄接触，观察仪表指针的水分值。

②查看温度修正计所指示的修正值，然后将指针所指水分值加上或减去修正值，即为试样的实际水分值。

③重复 2 ～ 3 次，求其水分平均值。

④测试完毕后，将旋钮“5”拨至“关”，即关闭电源。

（3）注意事项

①测小麦、稻谷、大米、谷子用橙色塑料柄，盛样盘较浅的钳子；测玉米用红色塑料钳柄，盛样盘较深的钳子。

②传感器应保持清洁、干燥，实验结束后仪器用外套包装好。

③仪器温度与种子（试样）温度，尽可能保持一致；应将杂质（石子、土块）除后测试。

④试样的杂质对测试结果影响很大。

（4）测量范围

稻谷 8.5% ～ 20%、小麦 9% ～ 20%、玉米 8% ～ 18%、谷子 9% ～ 17%、大米 8% ～ 20%、高粱 8% ～ 17%。

7. DSR-6A 型电脑水分测定仪（电容式）

（1）直接测定法

①将仪器放平接通电源按下开关，显示屏上出现“——”即通。

②将显示屏上的光标移至待测定的作物名称下，如测定小麦，则将光标移至小麦处。

③将落料筒放在传感器上，然后将被测种子倒入落料筒，拉起落料筒内斗，种子则均匀落入传感器内，待约 3 ～ 5 s 后显示水分百分率。

④倒出种子，重复 2 ～ 3 次，计算平均水分 %。

（2）注意事项

①为了测试准确，在定标和测试时，样品的重量必须绝对相等。

②样品倒入落料筒内，每次提拉落料的速度必须一致，切忌有快有慢。

③接通电源开关时显示出现 L，则表示电源（电池）电压偏低，应更换电池。

④用户在使用外接电源时，电池不必取出，仪器长期不使用时，将四节 5 号电池取出。

⑤在测试过程中若显示“UUU”表示该序号未定过标。

五、结果报告

将测定结果记载于表 9-3、表 9-4 中。

六、思考题

1. 您认为在种子烘干前，将其磨碎有什么好处？假若不磨碎烘干，最后测定的结果是偏高还是偏低？

2. 当采用高恒温烘干时，会有哪些不利的因素？

3. 根据上述水分测定的原理、可操作性和准确性，您更愿采用哪种方法进行种子分测定，为什么？

表 9-3　种子水分测定标准法记载表

					试样加盒重		烘失水分	
测定方法	作物	样品	称量样品 /g	试样 /g	烘前	烘后	g	%
		1						
低恒温		2						
烘干法		平						
		1						
高恒温		2						
烘干法		平						
高水分种子预先烘干法			整粒样品重量 /g	整粒样品烘后重量 /g	磨碎试样重量 /g	磨碎试样烘后重量 /g	水分 /%	
		1						
		2						
		平						

表 9-4　种子水分电子仪器速测法记载表

测定方法	作物编号	1	2	3	平均
LSKC-4 型					
Keet					
TL-4 型水分仪					
DSR-6A					

第十章
Chapter Ten
种子重量测定

第一节 / 种子千粒重的含义及测定的必要性

一、种子千粒重含义

种子重量测定是指测定一定数量种子的重量，通常是指测定 1 000 粒种子的重量，即千粒重。

种子千粒重（Weight per 1 000 Seeds）涵义通常是指自然干燥状态的 1 000 粒种子的重量；我国 1995 年《农作物种子检验规程》中是指国家标准规定水分的 1 000 粒种子的重量，以克为单位。

千粒重测定原则是从充分混合的净种子中随机数取一定数量的种子，称其重量，由于不同种子批在不同地区和不同季节，其水分差异很大，为了便于比较不同水分下的种子千粒重，将实测水分换算成相同的规定水分条件下的 1 000 粒种子的重量。

二、千粒重测定的必要性

种子千粒重对农业生产具有重要意义，主要体现在以下几方面。

① 种子千粒重反映了种子的饱满程度，是种子活力的重要指标之一。一般来说，在标准水分条件下，同一作物品种，千粒重高的种子质量就好，其内部的贮藏营养物质多，通常具有充实、饱满、均匀等优良特性，播种后往往表现发芽迅速整齐，出苗率高，幼苗健壮，并能保证田间的成苗密度，从而增加作物产量。

② 粒重是正确计算种子播种量的必要依据。计算播种量的另两个因素是种子用价和田间栽培密度。同一作物不同品种的千粒重不同，则其播种量也应有所差异。在农业生产上确定作物播种量时，可根据种植株数或栽插密度、种子千粒重和发芽率等，准确计算实际播种量。

③ 千粒重是作物产量构成的要素之一。在预测作物产量时，要做好千粒重测定。如水稻大田测产时，根据有效穗数、每穗实粒数和千粒重，可计算理论产量。

另外，粒重是作物品种的主要农艺性状之一，同一作物不同品种千粒重不同，但同一品种的千粒重基本上是一致的。千粒重是多项品质的综合指标，测定方便。种子千粒重与种子饱满、充实、均匀、粒大成正相关。如要分别测定这四项品质指标就较为麻烦。饱满度需用量筒测量其体积，充实度则需用比重计测量比重；均匀度须用一套筛子来测得；种子大小则须用长、宽测量器测量其长、宽、厚度，而测定千粒重则简单得多。

第二节 / 测 定 方 法

一、试验样品

将净度分析后的全部净种子均匀混合，分出一部分作为试验样品。

二、测定方法

GB/T 3543.7—1995《农作物种子检验规程 其他项目检验》中，种子千粒重测定列入了百粒法、千粒法和全量法3种测定方法，可任选其中一种方法进行测定。种子重量测定所用的仪器设备包括数粒仪或供发芽试验用的数种设备和感量为0.1 g、0.01 g的天平。

下面分别介绍3种方法的测定程序。

（一）百粒法测定程序

1. 数取试样

从净度分析后充分混合的净种子中，随机数取试验样品8个重复，每个重复100粒。

2. 试样称重

8个重复分别称重（g），称重的小数位数与净度分析的规定相同。

3. 检查重复间的容许变异系数，计算实测千粒重

按下列公式计算8个重复的标准差、平均重量及变异系数：

$$标准差（S）=\sqrt{\frac{n\left(\sum X^2\right)-\left(\sum X\right)^2}{n(n-1)}}$$

式中 X——各重复重量，g；

n——重复次数。

$$变异系数（CV）=\frac{S}{\overline{X}}\times 100$$

式中 S——标准差；

$\overline{X}$——100粒种子的平均重量，g。

如带有稃壳的禾本科种子（见净度分析）变异系数不超过6.0，或其他种类种子的变异系数不超过4.0。如果变异系数未超过上述的容许变异系数，则可计算实测的千粒重；如果变异系数超过上述限度，则再测定8个重复，并计算16个重复的标准差，凡与平均数之差超过两倍标准差的重复略去不计。

将8个或8个以上的每个重复100粒种子的平均重量乘以10即为实测千粒重。

4. 换算成规定水分下的千粒重

按下式换算成国家种子质量标准规定水分的千粒重：

$$千粒重（规定水分，g）=\frac{实测千粒重（g）\times[1-实测水分（\%）]}{1-规定水分（\%）}$$

5. 结果报告

将规定水分下的种子千粒重测定结果填入结果报告单中，其保留小数的位数与测定时所保留的小数位数相同。

（二）千粒法测定程序

1. 数取试样

从净度分析后充分混合的净种子中，随机数取试验样品2个重复，每个重复大粒种子为

500粒、中小粒种子为1 000粒。

2. 试样称重

2个重复分别称重（g），称重的小数位数与净度分析的规定相同。

3. 检查重复间容许差距，计算实测千粒重

两份重量的差数与平均数之比不应超过5%，如果超过，则需再分析第三份重复，直至达到要求。

中小粒种子1 000粒测定的，取差距小的两份重复的重量平均数即为实测千粒重；大粒种子500粒测定的，取差距小的两份重复的重量平均数乘以2即为实测千粒重。

4. 换算成规定水分下的千粒重

方法同百粒法，按公式换算成国家种子质量标准规定水分的千粒重。

5. 结果报告

将规定水分下的种子千粒重测定结果填入结果报告单中，其保留小数的位数与测定时所保留的小数位数相同。

（三）全量法测定程序

1. 数取试样总粒数

数取净度分析后的全部净种子的种子总粒数。

2. 试样称重

称其重量（g），称重的小数位数与净度分析的规定相同。

3. 换算成在规定水分下的千粒重

将上述的试样重量和粒数，按下列公式求得种子的实测千粒重：

$$实测千粒重（g）=W/n\times 1\ 000$$

式中 W——净种子总重量，g；

n——净种子总粒数。

方法同百粒法，按公式换算成国家种子质量标准规定水分的千粒重。

4. 结果报告

将规定水分下的种子千粒重测定结果填入结果报告单中，其保留小数的位数与测定时所保留的小数位数相同。

丸化种子的重量测定按上述3种方法任选一种测定，计算净度分析后的净丸化粒1 000粒的重量。

三、结果表示与报告

如果是用全量法测定的，则将整个试验样品重量换算成1 000粒种子的重量。

如果是用百粒法测定的，则从8个或8个以上的每个重复100粒的平均重量（$\overline{X}$），再换算成1 000粒种子的平均重量。

四、规定水分千粒重的换算

根据实测千粒重和实测水分，按GB 4404～4409—1989和GB 8079～8080—1987种

子质量标准规定的种子水分，折算成规定水分的千粒重。

在种子检验结果报告单“其他测定项目”栏中，填报结果。

例10-1 有一批小麦种子，分取试样8份重复，每重复为100粒，分别称重（3.650，3.580，3.400，3.500，3.300，3.320，3.250和3.550）。种子水分经测定为14.0%，试求千粒重。

解：已知：X为3.650，3.580，3.400，3.500，3.300，3.320，3.250，3.550，n=8。

求得：ΣX^2=（3.650）^{2}+（3.580）^{2}+……+（3.550）^{2}=95.026

（ΣX）^{2}=（3.650+3.580+……+3.550）^{2}=759.003

将以上各数代入标准差公式

$$标准差（S）=\sqrt{\frac{8\times95.026-759.003}{8\times7}}=0.147$$

$$平均重量（\overline{X}）=\frac{\Sigma X}{n}=\frac{27.550}{8}=3.444$$

$$变异系数（CV）=\frac{0.147}{3.444}\times100=4.27$$

小麦为不带稃壳的种子，容许的变异系数不得超过4.0，而实测的变异系数为4.27，超过了规定限度，故应再做8次重复，并计算16次重复的标准差。

再次测定8次重复，其各重复的重量分别为3.450，3.350，3.550，3.300，3.400，3.600，3.500，3.550，求16次重复的标准差：

已知：X为3.650，3.580，……，3.5050，3.5500，n=16

求得：ΣX^2=（3.650）^{2}+（3.580）^{2}+（3.400）^{2}+……+（3.500）^{2}+（3.550）^{2}=191.016

（ΣX）^{2}=（3.650+3.580+3.400+……+3.500+3.550）^{2}=3 052.565

代入标准差公式

$$标准差（S）=\sqrt{\frac{16\times191.016-3052.565}{16\times15}}=0.124$$

$$16次重量的平均数\overline{X}=\frac{\Sigma X}{n}=\frac{55.250}{16}=3.453$$

分别计算16次重复的重量与平均数的差距，如3.650−3.453=0.197<（2×0.124=0.248），该重复可计入。最后16次重复均未超过2倍标准差值。因此，用16次重复的平均数3.453求得千粒重：3.453×10=34.53 g。

GB/T 4404.1—1996《粮食作物种子禾谷类》规定，小麦种子水分不得高于13%，本例规定水分下的千粒重为：

$$千粒重（规定水分）（g）=\frac{3\,453\times（1-14\%）}{1-13\%}=34.13$$

实训 种子粒重测定技术

一、实验目的和要求

千粒重是种子活力的重要指标之一，也是正确计算种子播种量的必要依据。通过本实验，掌握国家标准中规定的 3 种千粒重测定方法，并熟悉自动数粒仪的构造原理及使用方法。

二、材料和器具

① 材料：水稻、小麦、玉米或油菜等种子。

② 器具：电子自动数粒仪，感量为 0.1 g、0.01 g、0.001 g 的电子天平、小刮板、镊子等。

三、方法和步骤

1. 试验样品的分取

将净度分析后的全部净种子均匀混合，分出一部分作为试验样品。

2. 测定方法

种子千粒重测定有百粒法，千粒法和全量法 3 种方法。可任选其中一种方法进行测定。

3. 结果表示与报告

如果是用全量法测定的，则将整个试验样品重量换算成 1 000 粒种子的重量。

如果是用百粒法测定的，则从 8 个或 8 个以上的每个重复 100 粒的平均重量 $\overline{X}$，再换算成 1000 粒种子的平均重量（即 $10\times\overline{X}$）。

根据实测千粒重和实测水分，按 GB 4404 ～ 4409—1987 和 GB 8079 ～ 8080—1987 种子质量标准规定的种子水分，折算成规定水分的千粒重。

其结果为测定时所用的小数位数表示。

在种子检验结果报告单“其他测定项目”栏中，填报结果。

四、实验结果报告

记录 3 种方法测定种子千粒重的原始数据，并填报种子重量测定结果。并换算成国家标准规定水分的种子千粒重。

表 10-1　种子重量测定结果记载表

<table>
<tr><th>作物名称</th><th>方法</th><th>重复</th><th>重量 /g</th><th>千粒重 /g</th></tr>
<tr><td rowspan="9"></td><td rowspan="4"></td><td>1</td><td></td><td rowspan="9"></td></tr>
<tr><td>2</td><td></td></tr>
<tr><td>3</td><td></td></tr>
<tr><td>4</td><td></td></tr>
<tr><td rowspan="5">百粒法</td><td>5</td><td></td></tr>
<tr><td>6</td><td></td></tr>
<tr><td>7</td><td></td></tr>
<tr><td>8</td><td></td></tr>
<tr><td>平均</td><td></td></tr>
<tr><td rowspan="3"></td><td rowspan="3">千粒法</td><td>1</td><td></td><td rowspan="3"></td></tr>
<tr><td>2</td><td></td></tr>
<tr><td>平均</td><td></td></tr>
<tr><td></td><td>全量法</td><td></td><td></td><td></td></tr>
</table>

第十一章

Chapter Eleven

种子健康测定

第一节 / 种子健康测定概述

种子健康测定主要是测定种子是否携带病原菌（如真菌、细菌、病毒）、有害的动物（如线虫、害虫）等健康状况。随着种子产业和农业生产的发展对种子质量提出了更高要求，为保证种子流通和对外贸易的顺利发展，完善种子质量检验技术，与国际种子检验规程接轨，开展种子健康测定势在必行。

一、种子健康测定的概念

种子健康测定是通过对种子的培养或未经培养的检验以及对生长植株检查，测定种子健康状况。种子健康状况是指种子是否携带病原菌（如真菌、细菌、病毒）及有害动物（如线虫、害虫等）。另外，如受到病原害虫和不利因素如元素缺乏症影响，引起的生物或生理性病害或损害也包括在内。

二、开展种子健康检验的必要性

在农业生产中，病虫害对农作物生长影响很大，往往会造成严重减产甚至绝收。种传病害是很多农作物病害的重要初次侵染源，是引起植物在田间和种子在贮藏期发病的主要原因。据报道，有 700 多种病虫害是种子传播的。进行种子健康检验，是防止种传病害传播的有效方法，有着较高的经济、社会效益。

① 种子健康测定，是种子产业发展的需求。种子健康测定作为种子检验项目，世界上一些发达国家如丹麦、美国、日本等先后成立了种子健康测定研究室。我国常规种子检验开展较迟。所以，开展种子健康检验工作，是种子产业发展的需求，也是我国检验技术与国际接轨的需要。

② 种子健康测定，是评定种子种用价值的重要手段。有些病害，在标准发芽条件下，幼苗期不显现任何病状，这样的种子批发芽率即使很高，但在大田生产中，种植价值也会降低，因在土壤里，种子携带的病原菌会侵染幼苗或植株，导致病害发生而减产。进行种子健康测定，了解幼苗价值，以及查明室内发芽不良和出苗差的原因，从而弥补发芽试验的不足。

③ 进行种子健康测定，为植保工作提供科学依据。对带病菌种子防治比对发病植株防治效果好、费用低。在播种前进行健康测定，根据检测结果，决定是否需要进行种子处理及方法，对症下药，使损失减到最小。

④ 种子健康测定，防止区域性种传病害传播。种子经营者（或用户）根据种子健康测定结果，判断种子是否携带本地区或其他地区特有的种传病害，从而决定此种子批是否可以调入或调出，防止区域性种传病害传播。

⑤ 进行种子健康测定，确保种子安全贮藏。通过种子健康测定，检验种子是否携带储藏

霉菌、曲霉菌等和害虫（螨类），结合种子水分检测，选择适宜的储存条件，防止种子在储存期发生病害或虫害。

三、种子健康检验的方法和标准

① 国家质量技术监督局于 1995 年颁布的《农作物种子检验规程》中明确了种子健康测定是种子检验工作的组成部分，并制定了几种病原菌测定方法。这几种病原菌虽然只是大量种传病原菌中的很小部分，却奠定了开展这项工作的基础，指出了发展方向。

种子检验员在工作中应结合田间农作物病害发生情况，对有疑问的种子批按《农作物种子检验规程》要求进行种子健康测定，发现种子携带种传病害，一定要在检验结果中注明种子批带菌种类和带菌率。

在检测中，《农作物种子检验规程》规定的方法有：洗涤检查，染色检查，吸水纸法，琼脂皿法和其他方法（如整胚检验）。对于规程中没有提到的病原菌的检测方法，可参照 ISTA 出版的《种子健康检验手册》。ISTA 制定了一系列相应的病原菌的标准检测方法。种传病原菌的鉴别可根据病原菌的形态、特征（如孢子形状、大小、颜色），菌丝形状、有无隔膜，菌落形态、颜色等判断。《农作物种子检验规程》及《种子健康检验手册》中有详细的病原菌描述。

② 制定种子健康标准，推动种子健康检验技术普及。许多国家已制定出本国的一些主要种传病原菌的容许量（标准），并加以实施，取得了显著成果。例如，英国对种子条例中包括的种子种传病害制定了标准，有效地控制了小麦散黑穗病的发生。这也是我国种子健康检验技术发展方向，政府有关部门应加强种子健康检验技术研究，分析植株发病率与减产百分率之间相关性，制定出适合我国农业情况的种传病原菌容许量（标准）及种子健康标准测定方法，推动种子健康检验技术普及与应用。

健康测定主要是测定种子是否携带病原菌（如真菌、细菌、病毒）、有害的动物（如线虫、害虫）等健康状况。

第二节 / 检测的基本方法

一、试验样品

根据测定方法，可把整个送验样品或其中的一部分作为试验样品。当将送验样品的一部分作为试验样品时，按净度分析中实验室分样程序的规定进行分取。试验样品一般不得少于 400 粒或相当重量的净种子，必要时，可设重复。特殊情况下，要求送验样品大于净度分析中送验样品所规定的数量时，须预先通告扦样员。

二、仪器设备

①体视显微镜（40 倍）；

②显微镜（400 倍）；

③培养箱（光、温控制）；

④冰箱（5 ～ 20 ℃）；

⑤高压消毒锅；

⑥超净工作台；
⑦离心机；
⑧振荡器。

三、测定方法和程序

（一）未经培养的检验

未经培养的检验不能说明病原菌的生活力。

1. 直接检查

适用于较大的病原体或杂质外表有明显症状的病害，如麦角、线虫瘿、虫瘿、黑穗病孢子、螨类等。必要时，可应用双目显微镜对试样进行检查，取出病原体或病粒，称其重量或计算其粒数。

（1）肉眼检验

从平均样品中取出一半种子作试样，放在白纸或玻璃板上，用肉眼或 5 ～ 10 倍的扩大镜检查，取出病原体、害虫或病粒、虫蛀粒，称其重或计其粒数，按下列公式计算病害感染率、虫害种子百分率及每千克种子中害虫的头数。

$$感染病害（\%）=\frac{病粒或病原体重量（g）}{试样重量（g）}\times100$$

$$虫害种子（\%）=\frac{被虫蛀食或损伤的种子数}{供检种子粒数}\times100$$

$$种子害虫数（头/kg）=\frac{拣出害虫头数}{供检试样重量（g）}\times1000$$

此法适用于有较大病原体或种子外表有明显症状的病害。如小麦赤霉病、水稻稻瘟病、马铃薯晚疫病等。适用于害虫自由活动在种子堆中或种子受害虫损伤后有明显特征的虫害测定。

（2）过筛检验

从平均样品中取出一半种子作试样，用规定孔径的筛子过筛，不同作物种子所用筛孔不同。取筛子按孔径大小叠好（孔径上层大，下层小），将试样倒入上层筛内，筛理 2 min，最好用电动筛选器进行。然后将各层筛上物倒入白瓷盆内，用肉眼或 10 ～ 15 倍扩大镜检查。将底层的细小筛出物倒于黑底玻璃板上，用 50 ～ 60 倍双目扩大镜检查。最后计算病、虫害感染率和每公斤含量。

$$病原体含量（\%）=\frac{病原体重量（g）}{试样重量（g）}\times100$$

$$种子害虫数（头/kg）=\frac{拣出害虫头数}{供检试样重量(g)}\times1000$$

此法适用于较大病原体，其形状、大小与种子不同。如菌瘿、病核、虫瘿及赤霉病粒等。凡是成虫或幼虫散布在种子中间的害虫适用。

2. 吸胀种子检查

为使子实体、病症或害虫更容易观察到或促进孢子释放，把试验样品浸入水中或其他液体中，种子吸胀后检查其表面或内部，最好用双目显微镜。

3. 洗涤检查

用于检查附着在种子表面的病菌孢子或颖壳上的病原线虫。

分取样品两份，每份 5 g，分别倒入 100 mL 三角瓶内，加无菌水 10 mL，如使病原体洗涤更彻底，可加人 0.1% 润滑剂（如磺化二羧酸酯），置振荡机上振荡，光滑种子振荡 5 min，粗糙种子振荡 10 min。将洗涤液移入离心管内，在 1 000 ～ 1 500 r/min 的速度下离心 3 ～ 5 min。用吸管吸去上清液，留 1 mL 的沉淀部分，稍加振荡。用干净的细玻璃棒将悬浮液分别滴于 5 片载玻片上。盖上盖玻片，用 400 ～ 500 倍的显微镜检查，每片检查 10 个视野，并计算每视野平均孢子数，据此可计算病菌孢子负荷量，按（1）式计算：

$$N=(n_1 \times n_2 \times n_3)/n_4 \quad (1)$$

式中 N——每克种子的孢子负荷量；

n_1——每视野平均孢子数；

n_2——盖玻片面积上的视野数；

n_3——1 ml 水的滴数；

n_4——供试样品的重量。

4. 剖粒检查

取试样 5 ～ 10 g（玉米、豌豆等大粒种子 10 g，稻、麦等中粒种子 5 g），用刀开或切开种子的被害或可疑部分，检查害虫头数，包括隐蔽害虫的卵、幼虫、蛹及成虫。计算出每公斤种子害虫头数或虫害种子百分率。

此法适用于隐藏在种子内部的害虫测定，如蚕豆象、豌豆象等。

5. 染色检查

（1）高锰酸钾染色法

适用于检查隐蔽的米象、谷象。取试样 15 g，除去杂质，倒入铜丝网中，于 30 ℃水中浸泡 1 min 再移入 1% 高锰酸钾溶液中染色 1 min。然后用清水洗涤，倒在白色吸水纸上用放大镜检查，挑出粒面上带有直径 0.5 mm 的斑点，即为害虫籽粒。计算害虫含量（头 /kg）。

（2）碘或碘化钾染色法

适用于检验豌豆象。取试样 50 g，除去杂质，放入铜丝网中或用纱布中包好，浸入 1% 碘化钾或 2% 碘酒溶液中 1 ～ 1.5 min。取出放入 0.5% 的氢氧化钠溶液中，浸 30 s，取出用清水洗涤 15 ～ 20 s，立即检验，如豆粒表面有 1 ～ 2 mm 直径的圆斑点，即为豆象感染粒，计算害虫含量。

6. 比重检查

取试样 100 g，除去杂质倒入饱和食盐溶液中（20 ℃条件下，100 mL 水中溶入 35 g 食盐），充分搅拌 10 ～ 15 min，静止 1 ～ 2 min，将浮在上层的种子取出，结合剖粒检验，计算害虫含量（头 /kg）。

7. 软 X 射线检查

用于检查种子内隐匿的虫害（如蚕豆象、玉米象、麦蛾等），通过照片或直接从荧光屏上观察。

（二）培养后的检查

试验样品经过一定时间培养后，检查种子内外部和幼苗上是否存在病原菌或其症状。常用的培养基有以下3类。

1. 吸水纸法

吸水纸法适用于许多类型种子的种传真菌病害的检验，尤其是对于许多半知菌，有利于分生孢子的形成和致病真菌在幼苗上的症状的发展。取试样400粒，置于2～3层湿润滤纸上，种子间保持一定距离。检查种子内部病菌时，种子应进行表面消毒，即用1%有效氯的次氯酸钠浸种10 min，然后置于消毒过的培养皿和湿润滤纸上，在20～25 ℃的保温箱或发芽箱内培养4～7天检查。根据种子和幼苗病斑、病症、腐烂情况鉴定或用显微镜检查病原菌种类。

此法常用于稻瘟病、甘蓝黑腐病以及各种作物炭疽病等的检验。

（1）稻瘟病（Pyriculana oryzae CaV.）

取试样400粒种子，将培养皿内的吸水纸用水湿润，每个培养皿播25粒种子，在22 ℃下用12 h黑暗和12 h近紫外光照的交替周期培养7 d。在12～50倍放大镜下检查每粒种子上的稻瘟病分生孢子。一般这种真菌会在颖片上产生小而不明显、灰色至绿色的分生孢子。这种分生孢子成束地着生在短而纤细的分生孢子梗的顶端。菌丝很少覆盖整粒种子。如有怀疑，可在200倍显微镜下检查分生孢子来核实。典型的分生孢子是倒梨形，透明，基部钝圆具有短齿，分两隔，通常具有尖锐的顶端，大小为（20～25）μm×（9～12）μm。

（2）水稻胡麻叶斑病（Drechslera oryzae Subram & Jain Not.　）

取试样400粒种子，将培养皿里的水纸用水湿润，每个培养皿播25粒种子。在22 ℃下用12 h黑暗和12 h近紫外光照的条件下交替周期培养7 d。在12～50倍放大镜下检查每粒种子上的胡麻叶斑的分生孢子。在种皮上形成分生孢子梗和淡灰色气生幼稚丝，有时病菌会蔓延到吸水纸上。如有怀疑，可在200倍显微镜下检查分生孢子来核实。其分生孢子为月牙形（35～170）μm×（11～17）μm，淡棕色至棕色，中部或近中部最宽，两端渐渐变细变圆。

（3）十字花科的黑胫病（Leptosphaeria maculans Ces. et & de Not.），即甘蓝黑腐病（Phomalingam Desm.）

取试样1 000粒种子，每个培养皿垫入三层滤纸，加入5 mL0.2%（m/V）的2，4-氯苯氧基乙酸钠盐（2，4-D）溶液，以抑制种子发芽。沥去多余的2，4-D溶液，用无菌水洗涤种子后，每个培养皿播50粒种子。在20 ℃用12 h黑暗交替周期下培养11 d。经6 d后，在25倍放大镜下，检查长在种子和培养基上的甘蓝黑腐病松散生长的银白色菌丝和分生孢子器原基。经11 d后，进行第二次检查感染种子及其周围的分生孢子器。记录已长有的甘蓝黑腐病分生孢子器的感染种子。

2. 沙床法

适宜于某些病原体的检验。用砂时应去掉砂中杂质并通过1 mm孔径的筛子，将砂粒清洗，高温烘干消毒后，放入培养皿内加水湿润，种子排列在沙床内，然后密闭保持高温，培养温度与纸床相同，待幼苗顶到培养皿盖时进行检查（约经7～10 d）。

3. 琼脂皿法

主要用于发育较慢的致病真菌潜伏在种子内部的病原菌，也可用于检验种子外表的病原菌。

（1）小麦颖枯病（Septoria nodorum Berk.）

先数取试样400粒，经1%（m/m）的次氯酸钠消毒10 min后，用无菌水洗涤。在含0.01%

硫酸链霉素的麦芽或马铃薯左旋糖琼脂的培养基上，每个培养皿播 10 粒种子于琼脂表面，在 20 ℃黑暗条件下培养 7 d。用肉眼检查每粒种子上缓慢长成圆形菌落的情况，该病菌菌丝体为白色或乳白色，通常稠密地覆盖着感染的种子。菌落的背面呈黄色或褐色，并随其生长颜色变深。

（2）豌豆褐斑病（Ascochyta pisi Lib）

先数取试样 400 粒，经 1%（m/m）的次氯酸钠消毒 10 min 后，用无菌水洗涤。在麦芽或马铃薯葡萄糖琼脂的培养基上，每个培养皿播 10 粒种子于琼脂表面，在 20 ℃黑暗条件下培养 7 d。用肉眼检查每粒种子外部盖满的大量白色菌丝体。对有怀疑的菌落可放在 25 倍放大镜下观察，根据菌落边缘的波状菌丝来确定。

（三）其他方法

（1）漏斗分离检验

将样品放在漏斗内的过滤纸上，在漏斗的排水口处套一像皮管，其上装有螺旋节流夹，将种子用恒温细喷雾 24 h，多余的水会自种子与漏斗的边缘流掉，这样线虫通过滤纸下沉到螺旋夹以上的橡皮管内，然后打开螺旋节流夹搜集下沿液，便可检验出线虫并计算出含量。此法专门用于检验洋葱等病原线虫病。

（2）整胚检验

大麦的散黑穗病菌可用整胚检验。两次重复，每次重复试验样品为 100 ～ 120 g（根据千粒重推算含有 2 000 ～ 4 000 粒种子）。先将试验样品放入 1 L 新配制的 5%（V/V）氢氧化钠溶液中，在 20℃下保持 24 h。用温水洗涤，使胚从软化的果皮里分离出来。收集胚在 1 mm 网孔的筛子里，再用网孔较大的筛子收集胚乳和稃壳。将胚放入乳酸苯酚（甘油、苯酚和乳酸各 1/3）和水的等量混合液里，使胚和稃壳能进一步分离。将胚移置盛有 75 mL 清水的烧杯中，并在通风柜里，保持在沸点大约 30 s，以除去乳酸苯酚，并将其洗净。然后将胚移到新配制的微温甘油中，再放在 16 ～ 25 倍放大镜下，配置适当的台下灯光，检查大麦散黑穗病所特有的金褐色菌丝体，每次重复检查 1 000 个胚。

测定样品中是否存在细菌、真菌或病毒等，可用生长植株进行检查，可在供检的样品中取出种子进行播种，或从样品中取得接种体，以供对健康幼苗或植株一部分进行感染试验。应注意植株从其他途径传播感染，并控制各种条件。

四、结果表示与报告

以供检的样品重量中感染种子数的百分率或病原体数目来表示结果。

填报结果要填报病原菌的学名，同时说明所用的测定方法，包括所用的预措方法，并说明用于检查的样品部分样品的数量。

实训 种子健康测定

一、实训目的和要求

种子健康测定主要是测定种子是否携带有病原菌（如真菌，细菌及病毒），有害的动物（如线虫及害虫）等健康状况。通过本实验，主要掌握几种常见的种子病害检查方法，并了解主要种子病害的症状及病原的形态特征。

二、材料和器具

①材料：水稻、大小麦、大豆、豌豆等种子。

②器具：放大镜、高倍显微镜、套筛、恒温光照培养箱、近紫外灯、冷冻冰箱、高压消毒锅、玻璃培养皿、滤纸、载玻片、量筒、烧杯、吸管、玻璃棒、无菌水、琼脂、离心机、振荡器、剪刀、镊子等。

三、方法和步骤

1. 未经培养的检查
2. 培养后的检查

注：具体操作步骤见本章第二节。

四、实训结果报告

以供检的样品重量中感染种子数的百分率或病原体数目表示结果。填报结果要填报病原菌的学名，同时说明所用的测定方法，包括所用的预措方法，并说明用于检查的样品或部分样品的数量。

第十二章

Chapter Twelve

计算机技术在种子检验中的应用

一、种子检验数据计算机处理的必要性

针对种子质量全面检验时，数据多、结果计算与容许差距核查过程费时，且极易出差错的现象，1986年浙江大学种子科学中心和计算机中心共同编制了“种子检验数据计算机处理软件”，以解决当时的检验数据处理问题。随着《农作物种子检验规程》（1995年制定）和《农作物种子分级标准》（1996年制定）的颁布实施，将有关各项计算公式、容许差距数值修约、分级标准等公式和表格编入软件中，计算机能自动进行运算和查对。重新编制了更加方便、实用的新版“种子检验数据处理软件系统”，供各地种子检验部门使用，以期促进我国种子检验工作现代化的发展。

二、种子检验数据计算机处理软件编制说明和特点

（一）操作界面良好、系统维护简便、提供帮助信息

本系统采用窗口菜单操作方式，功能选择十分方便，且各子选项有快捷键便于快速操作；选取帮助选项，则可获得菜单功能的详细信息；用户能对净度、发芽率和生活力等容许差距表进行修改，自行维护。

（二）数据计算迅速、结果准确可靠、自动评定种子级别

检验数据的计算、重复间容许差距的核查以及种子级别的确定，均由计算机自动完成；数据输入完毕，立即得出结果，真正实现零等待。

（三）提供各项质量的检验结果报表，满足用户不同需求

本系统除提供综合结果报表外，还提供了各单项质量的结果报表；另外还保留了各样品的检验原始数据，以方便用户取用与复查。

（四）符合新规程和新标准的要求，并有必要的补充

系统所采用的计算公式、容许差距表、核查方法以及种子级别的判定，均按照国家的新规程和新分级标准进行；鉴于新分级标准中，对一些作物名称区分较细，如稻就分成常规籼稻、常规粳稻、杂交稻三系和杂交稻四种不同的分级标准，其他的杂交作物都有类似情况。所以，在基本信息数据输入选项下，作物名称列表中增加了相应的名称；并且为了方便查阅，作物名称主要以汉语拼音顺序排列（个别作物以笔画数排序），此外，考虑到包衣种子的使用日益增多，在作物名称列表中补充了许多可能出现的包衣种子作物名称。

（五）任意选项，使用方便

软件考虑到用户检验项目多少不同，如仅检验其中某一项目，则只需输入基本信息和该

项目检验的原始数据，就能自动计算出该项目的结果。而在结果报告中仅有该项目的结果数据，其他各项则标记“未测定”或空白。

（六）编制专用程序段，以满足纯度测定的特殊要求

新规程规定，品种纯度测定结果要与标准规定纯度、合同或标签规定的纯度相比较。因此，本软件补充了比较专用程序段。通过比较，若差距在容许范围内，则揭示“结果允许”和纯度百分率，若超出容许范围，则提示“未达标（纯度百分率）”，以便用户判定。而且，鉴于新规程规定，实测纯度与规定标准比较的试验样品数量为 75 ～ 1000 粒（或苗、穗、株），范围太小，当田间小区鉴定试验样品数量超过 1 000 时，就不能直接进行比较。为此，本系统引入 S. R. Miles（1963）的校正系数资料，任何 1 000 以上试样数量，都能进行自动校正后再与规定标准比较，然后根据比较情况得出最后结果。

三、种子检验原始数据登记表

在收到样品后和在检验时，可将有关送验样品的基本信息和测定的原始数据记录入种子检验原始数据登记表，以便种子检验数据处理输入时使用。

四、系统要求环境

（一）硬件环境

386 或以上电脑、5MB 以上硬盘空间（不包括汉字系统）、3 英寸软驱及 2MB 以上的内存、普通打印机。

（二）软件环境

DOS 5.0 及以上版本、UCDOS 3.0 及以上版本，或其他中西文兼容的汉字系统。

五、系统启动及菜单操作方法

（一）系统启动和退出系统

在启动汉字系统后，进入 ZZMG 子目录，键入 ZZMG 命令开始运行本系统，最先出现的是版权和使用者信息窗口，可按任意键进入主窗口。

在主窗口状态下，无论光标在哪个位置，都能通过组合键 <Atl> <Q> 退出本系统，也可通过移动光标选择退出。

（二）基本信息选项

此功能可由光标键或组合键 <Atl> <I> 选中，有以下四个子功能。

1. 数据输入

通过光标键或 I 键选中，目的是输入新的检验数据，其中样品编号必须是唯一的编号（电脑会自动产生一序列编号，可按需要修改），因为基本信息以外的其他检验数据也是由样品编号来定位的。进入该功能后，若不想输入新的检验数据，可输入全 0 的样品编号中止该功能。

在输入一个新的样品编号后，就可进一步输入相应的检验数据基本信息，这些信息包括：检验编号、送检单位、代表数量、品种名称、检验日期及作物名称等，其中作物名称可从系统所提供的列表中选择。

2. 查找记录

通过光标键或 S 键选中，目的是修改或查看已输入的检验数据，系统会自动列出已输入检验数据的样品编号，供用户选择，当选中某一样品编号后，其后所有的操作都将针对该检验数据。最后可根据需要修改一项或多项基本信息的内容。

3. 清除记录

通过光标键或 C 键选中，作用是清除以前输入的所有检验数据。因这些数据所占磁盘空间很少，一般情况下不作清除。所有原始数据都存在扩展名为 DBF 和 IDX 的数据库文件中，可将这些数据库文件复制到软盘以作备份。

4. EXIT

通过光标键或 E 键选中，作用是结束基本信息功能，自动进入检验数据菜单。

（三）检验数据选项

此功能可通过光标键或组合键 <Alt> <D> 选中，共包括了检验数据中六类信息的输入和修改的子功能。该功能对所操作的检验数据有以下规定：

① 若在基本信息功能中选择了数据输入功能，则本功能就进一步完成各项检验数据的输入和计算等操作。

② 若在基本信息功能中选择了查找记录功能，则本功能就根据所查的样品编号，显示或修改相应的信息并进行重新计算。

③ 若未进入基本信息功能而直接进入该功能，则系统就会自动定位样品编号为最大的检验数据。

实验室所得各数据可先填入“种子检验原始数据登记单”，然后按各项测定数据分别输入。

1. 净度

通过光标键或 J 键选中，目的是输入或显示修改由样品编号所指定的样品的净度检验数据。其中“两份半试样间”和“有稃壳种子”两项是通过复选框选择，其左边的方括号中有“×”，则代表未选中，其意义分别是“两份试样间”和“无稃壳种子”。可通过空格键或回车键改变复选框的选择，若不需要改变则可用光标键移动。其余的项目都是直接输入相应的数据，在数据输入过程中，可通过光标键上下左右移动和修改。

其中“送验样品”“试验样品 1”和“试验样品 2”的重量不能为 0；“重型混杂物”的重量应等于“异植物种子”和“杂质”的重量之和；“试验样品 1”和“试验样品 2”的重量与相应的“净种子”“异植物种子”和“杂质”三项的重量之和应基本相等，否则系统会提示出错信息，要求重新输入。“其他植物种子数目测定试验样品重量”为 0 则表示该项目未测。

数据输入或修改完毕后，系统立即自动进行计算与核查重复间差距是否容许，然后给出计算结果以及检验结果允许或不允许的提示信息。

注：其他项目的检验数据输入或对原数据修改完毕后，均有此计算、核查容许差距与提示信息的功能步骤，以下不再赘述。

2. 发芽率

通过光标键或F键选中，目的是输入或显示修改由样品编号所指定的样品的发芽试验数据。所有的选项都需直接输入相应的数据或文字，或是修改数据。

3. 水分

通过光标键或S键选中，目的是输入或显示修改由样品编号所指定的样品的水分检验数据，所有的选项都可直接输入或修改数据。

其中“烘前试样1”和“烘前试样2”的值不能为0，否则系统会提示出错信息并要求重新输入。

4. 纯度

通过光标键或C键选中，目的是输入或显示修改由样品编号所指定的样品的纯度检验数据。

5. 生活力

通过光标键或H键选中，目的是输入或显示修改由样品编号所指定的样品的生活力检验数据，可根据提示输入或修改数据。

6. 千粒重

通过光标键或Q键选中，并可根据需要选择百粒法、千粒法或全量法3种方法之一。

该功能的目的是输入或显示修改由样品编号所指定的样品的千粒重检验数据，可直接向选项输入或修改数据。并自动换算成规定水分千粒重。

该项数据允许不输入或输入的数据都为0，代表该项目未测定。

7. EXIT

该功能的作用是结束检验数据功能，自动进入报表输出功能。

（四）报表输出

该功能可通过光标键或组合键<Alt><R>选中，其中有以下子功能。

1. 分析总表

通过光标键或T键选中，目的是显示和打印“种子检验结果报告单”。

选中后先以简化格式显示所有项目的检验结果，按任意键后，屏幕提示“是否打印结果报告单”，如需打印，则开启并连接已装上纸的打印机，键入Y键并回车后，就能打印出符合国标要求的结果报告单；如不需打印，键入N或其他任意键，则返回主窗口。

注：对其他各分项检验结果报表（含原始数据），与打印与否后的情况基本相同，以下不再复述。

2. 净度报表

通过光标键或J键选中，目的是显示和打印“净度检验数据及其结果表”。

3. 发芽试验报表

通过光标键或F键选中，目的是显示和打印“发芽试验数据及其结果表”。

4. 纯度报表

通过光标键或C键选中，目的是显示和打印“纯度检验数据及其结果表”。

5. 水分报表

通过光标键或S键选中，目的是显示和打印“水分测定数据及其结果表”。

6. 生活力报表

通过光标键或 H 键选中，目的是显示和打印“生活力测定数据及其结果表”。

7. 千粒重报表

通过光标键或 Q 键选中，目的是显示和打印“千粒重测定数据及其结果表”。

8. EXIT

该功能的作用是结束报表输出功能，自动进入结束返回功能。

实训 种子检验数据的计算机处理

一、目的和要求

通过本实验，了解种子检验数据的计算机处理过程，练习和掌握种子检验数据计算机处理软件的使用方法。

二、仪器和用品

计算机，各种型号的打印机（如点阵、喷墨或激光打印机）。

三、检验数据计算机处理步骤

1. 种子样品的基本信息和原始检验数据登记

在使用计算机处理种子检验数据之前，先要将有关种子样品的基本信息和各项质量的原始测定数据登记在原始数据登记表（表 12-1）中。

表 12-1 种子检验原始数据登记表

一、基本信息	6. 测定其他植物种子数目
1. 样品编号：	的样品重量（g）：
2. 检验编号：	其他植物种子种类的名称
3. 送验单位：	及各自的总数：
4. 种子产地：	检验方法： —
5. 代表数量（千克）：	杂质种类：
6. 品种名称：	三、发芽试验
7. 检验日期：	1. 发芽床种类：
8. 作物名称：*	2. 每重复置床种子数：
二、净度分析	3. 发芽温度：
1. 半试样或全试样：*	4. 发芽持续时间：
2. 送验样品重量（g）：	5. 发芽试验前处理：
3. 重型混杂物重量（g）：	6. 发芽试验初期正常幼苗数
其他植物的重量（g）：	重复 1：
杂质的重量（g）：	重复 2：
4. [半]试验样品 1 重量（g）	重复 3：
净种子重量（g）	重复 4：
其他植物种子重量（g）：	7. 发芽试验终期正常幼苗数
杂质重量（g）；	重复 1：
5. [半]试验样品 2 重量（g）：	重复 2：
净种子重量（g）：	重复 3：
其他植物种子重量（g）：	重复 4：
杂质重量（g）：	

（续表）

8. 发芽终期其他种子数（各重复合计）	1. 百粒法、千粒法或全量法：*
硬实总数：	2. 各重复实测重量（g）：
新鲜未发芽种子总数：	重复 1：
畸形幼苗总数：	重复 2：
腐烂幼苗总数：	重复 3：
四、水分测定	重复 4：
1. 试样 1 烘前重量（g）：	重复 5：
2. 试样 1 烘后重量（g）：	重复 6：
3. 试样 2 烘前重量（g）：	重复 7：
4. 试样 2 烘后重量（g）：	重复 8：
五、品种纯度检验	注：若用千粒法。只需填二次重复；
1. 室内或田间检验：*	3. 若用全量法，则按下面填写
2. 试验样品总数（粒、株或穗）：	试样总重量（g）：
3. 规定品种纯度：	试样总粒数：
4. 本品种数量（粒、株或穗）：	七、生活力测定
重复 1：	1. 重复次数；
重复 2：	2. 每重复试样种子粒数：
重复 3：	3. 有生活力种子粒：
重复 4：	重复 1：
六、重量测定	重复 2：

2. 基本信息和原始数据输入（每项信息或数据输入后应键入回车）

开启电脑并加载中文环境后，运行检验数据计算机处理程序。

运行程序后首先出现该软件的版本号、版权及使用权等信息，打入任意键后就可进入“种子检验数据处理主选单”，提供“基本信息 [I]”“检验数据 [D]”“报表输出 [R]”“系统维护 [s]”“帮助 [H]”及“结束返回 [Q]”等 6 个选项。（各选项右边字母为该选项的热键，可组合 <Alt>+ 热键快速选中）。

通常第一次使用都从“基本信息”选项开始。

（1）基本信息选项

此选项首先要求确定样品编号，接着让输入检验编号、送验单位、种子产地、代表数量、品种名称和检验日期，最后从作物名称列表中选定作物名称。

（2）检验数据选项

一旦基本信息输入完毕，自动转到此选项。在此，可分别输入净度 [J]、发芽 [F]、纯度 [C] 和水分 [S] 以及生活力 [H] 和重量 [Z] 等各项质量的原始测定数据；如果未做全部测定，可以只输入某几项测定数据，但所选质量的全部数据必须按屏幕提示逐一输入，否则就难以得到该项质量的准确结果（可用热键快速选中）。当输入重量测定数据时，需先选择与实际测定相同的方法，然后再输入实测数据。

（3）报表输出选择

原始数据输入后，可转到此选项。本选项除给出汇总全部质量检验结果的分析总表外（在所有分级转准条件都具备时，即自动定出该样品的种子级别），还提供各质量的分项报表。所有报表在屏幕上显示后，均可由打印机输出（含有表格线），使用者可随意选择查阅和打印各结果报表。

一般使用者只要学会以上操作，就已基本掌握该软件的日常使用。如需全面掌握软件中所有功能的操作，请详细阅读软件所带的“使用说明书”或自述文件“README.EXE”。

四、数据输入及处理结果实例

1. 基本信息输入

①确定样品编号：系统自动根据使用日期或上一样品编号给出欲处理样品编号，由8位数组成，操作者可以接受或更改该编号，例如：97000000；

②检验编号：输入由种子检验室自行给定的编号，由8位数组成，例如：96120001；

③送验单位：按实际情况输入单位名称，例如：杭州市种子公司；

④种子产地：一般根据送验样品的附属文件来输入产地，例如：嘉兴市良种场；

⑤代表数量：同样按照附属文件的说明输入此数据，但必须符合种子检验规程中的有关规定，例如：25 000 kg；

⑥品种名称：按实际情况输入，例如：汕优10号；

⑦检验日期：也按实际情况输入，年月日各输入两位数字，例如：970423；

⑧作物名称：在软件本身提供的作物名称列表中选取，可通过光标移动键将光标移到相应名称处并键入回车选中，例如：杂交稻。

2. 检验数据输入

①净度分析

首先确定净度分析是全试样还是半试样，这是通过复选框来确定的；复选框中有“×”号时，表示选中，无“×”号则表示未选中，选中与否可用空格键或回车键来更改；例如：本例为半试样则应使复选框中出现“×”号，接着逐一输入以下各项本例数据。

a. 送验样品重量：401.0 g；

b. 重型混杂物重量：0.1 g，其中其他植物种子0.03 g，杂质0.07 g；

c. 半试样1重量：21.00 g，

净种子1重量：20.61 g；其他植物种子1重量：0.21 g；杂质1重量：0.2 g；

d. 半试样2重量：21.02 g

净种子2重量：20.60 g；其他植物种子2重量：0.25 g；杂质2重量：0.16 g；

e. 其他植物种子数测定的样品重量：401.0 g

其他植物种种类及数目：稗草子2粒，小麦1粒；

检验方法：1（完全检验）

杂质种类：稃壳、小穗梗。

以上数据输入后，显示“净度：98.0036”。

②发芽试验

a. 每重复置床种子数：100；

b. 发芽床：纸床；

c. 温度（℃）：20～30 ℃变温；

d. 试验持续时间：14 d；

e. 发芽试验前处理方法：45 ℃ 5 d；

f. 发芽试验初期正常细苗数

重复1：69；重复2：68；重复3：72；重复4：71；

g. 发芽试验终期正常幼苗数

重复1：98；重复2：97；重复3：97；重复4：98；

h. 发芽试验终期其他种子数

硬实总数：0；新鲜未发芽种子数：2；畸形幼苗总数：5；腐烂幼苗总数：3。

以上数据输入后，显示“发芽率：97.5000”。

③水分测定

a. 试样 1 烘前重量（g）：5.000。

b. 试样 1 烘后重量（g）：4.476。

c. 试样 2 烘前重量（g）：5.001。

d. 试样 2 烘后重量（g）：4.472。

以上数据输入后，显示“水分：10.5289”。

④品种纯度检验

a. 田间小区或室内检验：室内检验（让复选框空出）。

b. 试验样品总数：400 粒。

c. 规定品种纯度：99。

d. 本品种数量（粒、株或穗）。

重复 1：99；重复 2：100；重复 3：100；重复 4：100。

以上数据输入后，显示“纯度：99.75”。

⑤重量测定

a. 百粒法、千粒法或全量法：千粒法。

b. 各重复实测重量（g）。

重复 1：24.31；重复 2：24.25。

以上数据输入后，显示“千粒重：24.27”。

⑥生活力测定

a. 重复次数：2。

b. 每重复试样种子粒数：100。

c. 有生活力种子数：

重复 1：98；重复 2：97。

以上数据输入后，显示“生活力：97.5”。

3. 报表输出

软件提供分析总表 [T]、净度报表 [J]、发芽率表 [F]、纯度报表 [C]、水分报表 [S]、生活力表 [H] 及重量报表 [Z]，可分别用热键或移动光标选中，在屏幕上显示所选报表，阅读后按任意键，屏幕显示是否打印该报表，若要打印，需准备好打印机，然后键入“Y”，即能打印出相应的结果报表。

附　件

附件 1

中华人民共和国种子法

《中华人民共和国种子法》已由中华人民共和国第十二届全国人民代表大会常务委员会第十七次会议于 2015 年 11 月 4 日修订通过，现将修订后的《中华人民共和国种子法》公布，自 2016 年 1 月 1 日起施行。

中华人民共和国主席习近平

（2000 年 7 月 8 日第九届全国人民代表大会常务委员会第十六次会议通过根据 2004 年 8 月 28 日第十届全国人民代表大会常务委员会第十一次会议《关于修改〈中华人民共和国种子法〉的决定》第一次修正根据 2013 年 6 月 29 日第十二届全国人民代表大会常务委员会第三次会议《关于修改〈中华人民共和国文物保护法〉等十二部法律的决定》第二次修正 2015 年 11 月 4 日第十二届全国人民代表大会常务委员会第十七次会议修订）

目　录

第一章　总则

第一条　为了保护和合理利用种质资源，规范品种选育、种子生产经营和管理行为，保护植物新品种权，维护种子生产经营者、使用者的合法权益，提高种子质量，推动种子产业化，发展现代种业，保障国家粮食安全，促进农业和林业的发展，制定本法。

第二条　在中华人民共和国境内从事品种选育、种子生产经营和管理等活动，适用本法。

本法所称种子，是指农作物和林木的种植材料或者繁殖材料，包括籽粒、果实、根、茎、苗、芽、叶、花等。

第三条　国务院农业、林业主管部门分别主管全国农作物种子和林木种子工作；县级以上地方人民政府农业、林业主管部门分别主管本行政区域内农作物种子和林木种子工作。

各级人民政府及其有关部门应当采取措施，加强种子执法和监督，依法惩处侵害农民权益的种子违法行为。

第四条　国家扶持种质资源保护工作和选育、生产、更新、推广使用良种，鼓励品种选育和种子生产经营相结合，奖励在种质资源保护工作和良种选育、推广等工作中成绩显著的单位和个人。

第五条　省级以上人民政府应当根据科教兴农方针和农业、林业发展的需要制定种业发展规划并组织实施。

第六条　省级以上人民政府建立种子储备制度，主要用于发生灾害时的生产需要及余缺调剂，保障农业和林业生产安全。对储备的种子应当定期检验和更新。种子储备的具体办法由国务院规定。

第七条　转基因植物品种的选育、试验、审定和推广应当进行安全性评价，并采取严格的安全控制措施。国务院农业、林业主管部门应当加强跟踪监管并及时公告有关转基因植物品种审定和推广的信息。具体办法由国务院规定。

第二章　种质资源保护

第八条　国家依法保护种质资源，任何单位和个人不得侵占和破坏种质资源。

禁止采集或者采伐国家重点保护的天然种质资源。因科研等特殊情况需要采集或者采伐的，应当经国务院或者省、自治区、直辖市人民政府的农业、林业主管部门批准。

第九条　国家有计划地普查、收集、整理、鉴定、登记、保存、交流和利用种质资源，定期公布可供利用的种质资源目录。具体办法由国务院农业、林业主管部门规定。

第十条　国务院农业、林业主管部门应当建立种质资源库、种质资源保护区或者种质资源保护地。省、自治区、直辖市人民政府农业、林业主管部门可以根据需要建立种质资源库、种质资源保护区、种质资源保护地。种质资源库、种质资源保护区、种质资源保护地的种质资源属公共资源，依法开放利用。

占用种质资源库、种质资源保护区或者种质资源保护地的，需经原设立机关同意。

第十一条　国家对种质资源享有主权，任何单位和个人向境外提供种质资源，或者与境外机构、个人开展合作研究利用种质资源的，应当向省、自治区、直辖市人民政府农业、林业主管部门提出申请，并提交国家共享惠益的方案；受理申请的农业、林业主管部门经审核，报国务院农业、林业主管部门批准。

从境外引进种质资源的，依照国务院农业、林业主管部门的有关规定办理。

第三章　品种选育、审定与登记

第十二条　国家支持科研院所及高等院校重点开展育种的基础性、前沿性和应用技术研究，以及常规作物、主要造林树种育种和无性繁殖材料选育等公益性研究。

国家鼓励种子企业充分利用公益性研究成果，培育具有自主知识产权的优良品种；鼓励种子企业与科研院所及高等院校构建技术研发平台，建立以市场为导向、资本为纽带、利益共享、风险共担的产学研相结合的种业技术创新体系。

国家加强种业科技创新能力建设，促进种业科技成果转化，维护种业科技人员的合法权益。

第十三条　由财政资金支持形成的育种发明专利权和植物新品种权，除涉及国家安全、国家利益和重大社会公共利益的外，授权项目承担者依法取得。

由财政资金支持为主形成的育种成果的转让、许可等应当依法公开进行，禁止私自交易。

第十四条　单位和个人因林业主管部门为选育林木良种建立测定林、试验林、优树收集区、基因库等而减少经济收入的，批准建立的林业主管部门应当按照国家有关规定给予经济补偿。

第十五条　国家对主要农作物和主要林木实行品种审定制度。主要农作物品种和主要林木品种在推广前应当通过国家级或者省级审定。由省、自治区、直辖市人民政府林业主管部门确定的主要林木品种实行省级审定。

申请审定的品种应当符合特异性、一致性、稳定性要求。

主要农作物品种和主要林木品种的审定办法由国务院农业、林业主管部门规定。审定办法应当体现公正、公开、科学、效率的原则，有利于产量、品质、抗性等的提高与协调，有利于适应市场和生活消费需要的品种的推广。在制定、修改审定办法时，应当充分听取育种者、种子使用者、生产经营者和相关行业代表意见。

第十六条　国务院和省、自治区、直辖市人民政府的农业、林业主管部门分别设立由专业人员组成的农作物品种和林木品种审定委员会。品种审定委员会承担主要农作物品种和主要林木品种的审定工作，建立包括申请文件、品种审定试验数据、种子样品、审定意见和审定结论等内容的审定档案，保证可追溯。在审定通过的品种依法公布的相关信息中应当包括审定意见情况，接受监督。

品种审定实行回避制度。品种审定委员会委员、工作人员及相关测试、试验人员应当忠于职守，公正廉洁。对单位和个人举报或者监督检查发现的上述人员的违法行为，省级以上人民政府农业、林业主管部门和有关机关应当及时依法处理。

第十七条　实行选育生产经营相结合，符合国务院农业、林业主管部门规定条件的种子企业，对其自主研发的主要农作物品种、主要林木品种可以按照审定办法自行完成试验，达到审定标准的，品种审定委员会应当颁发审定证书。种子企业对试验数据的真实性负责，保证可追溯，接受省级以上人民政府农业、林业主管部门和社会的监督。

第十八条　审定未通过的农作物品种和林木品种，申请人有异议的，可以向原审定委员会或者国家级审定委员会申请复审。

第十九条　通过国家级审定的农作物品种和林木良种由国务院农业、林业主管部门公告，可以在全国适宜的生态区域推广。通过省级审定的农作物品种和林木良种由省、自治区、直辖市人民政府农业、林业主管部门公告，可以在本行政区域内适宜的生态区域推广；其他省、自治区、直辖市属于同一适宜生态区的地域引种农作物品种、林木良种的，引种者应当将引种的品种和区域报所在省、自治区、直辖市人民政府农业、林业主管部门备案。

引种本地区没有自然分布的林木品种，应当按照国家引种标准通过试验。

第二十条　省、自治区、直辖市人民政府农业、林业主管部门应当完善品种选育、审定工作的区域协作机制，促进优良品种的选育和推广。

第二十一条　审定通过的农作物品种和林木良种出现不可克服的严重缺陷等情形不宜继续推广、销售的，经原审定委员会审核确认后，撤销审定，由原公告部门发布公告，停止推广、销售。

第二十二条　国家对部分非主要农作物实行品种登记制度。列入非主要农作物登记目录的品种在推广前应当登记。

实行品种登记的农作物范围应当严格控制，并根据保护生物多样性、保证消费安全和用种安全的原则确定。登记目录由国务院农业主管部门制定和调整。

申请者申请品种登记应当向省、自治区、直辖市人民政府农业主管部门提交申请文件和种子样品，并对其真实性负责，保证可追溯，接受监督检查。申请文件包括品种的种类、名称、来源、特性、育种过程以及特异性、一致性、稳定性测试报告等。

省、自治区、直辖市人民政府农业主管部门自受理品种登记申请之日起二十个工作日内，对申请者提交的申请文件进行书面审查，符合要求的，报国务院农业主管部门予以登记公告。

对已登记品种存在申请文件、种子样品不实的，由国务院农业主管部门撤销该品种登记，并将该申请者的违法信息记入社会诚信档案，向社会公布；给种子使用者和其他种子生产经营者造成损失的，依法承担赔偿责任。

对已登记品种出现不可克服的严重缺陷等情形的，由国务院农业主管部门撤销登记，并发布公告，停止推广。

非主要农作物品种登记办法由国务院农业主管部门规定。

第二十三条　应当审定的农作物品种未经审定的，不得发布广告、推广、销售。

应当审定的林木品种未经审定通过的，不得作为良种推广、销售，但生产确需使用的，应当经林木品种审定委员会认定。

应当登记的农作物品种未经登记的，不得发布广告、推广，不得以登记品种的名义销售。

第二十四条　在中国境内没有经常居所或者营业场所的境外机构、个人在境内申请品种审定或者登记的，应当委托具有法人资格的境内种子企业代理。

第四章　新品种保护

第二十五条　国家实行植物新品种保护制度。对国家植物品种保护名录内经过人工选育或者发现的野生植物加以改良，具备新颖性、特异性、一致性、稳定性和适当命名的植物品种，由国务院农业、林业主管部门授予植物新品种权，保护植物新品种权所有人的合法权益。植物新品种权的内容和归属、授予条件、申请和受理、审查与批准，以及期限、终止和无效等依照本法、有关法律和行政法规规定执行。

国家鼓励和支持种业科技创新、植物新品种培育及成果转化。取得植物新品种权的品种得到推广应用的，育种者依法获得相应的经济利益。

第二十六条　一个植物新品种只能授予一项植物新品种权。两个以上的申请人分别就同一个品种申请植物新品种权的，植物新品种权授予最先申请的人；同时申请的，植物新品种权授予最先完成该品种育种的人。

对违反法律，危害社会公共利益、生态环境的植物新品种，不授予植物新品种权。

第二十七条　授予植物新品种权的植物新品种名称，应当与相同或者相近的植物属或者种中已知品种的名称相区别。该名称经授权后即为该植物新品种的通用名称。

下列名称不得用于授权品种的命名：

（一）仅以数字表示的；

（二）违反社会公德的；

（三）对植物新品种的特征、特性或者育种者身份等容易引起误解的。

同一植物品种在申请新品种保护、品种审定、品种登记、推广、销售时只能使用同一个名称。生产推广、销售的种子应当与申请植物新品种保护、品种审定、品种登记时提供的样品相符。

第二十八条　完成育种的单位或者个人对其授权品种，享有排他的独占权。任何单位或者个人未经植物新品种权所有人许可，不得生产、繁殖或者销售该授权品种的繁殖材料，不得为商业目的将该授权品种的繁殖材料重复使用于生产另一品种的繁殖材料；但是本法、有关法律、行政法规另有规定的除外。

第二十九条　在下列情况下使用授权品种的，可以不经植物新品种权所有人许可，不向其支付使用费，但不得侵犯植物新品种权所有人依照本法、有关法律、行政法规享有的其他权利：

（一）利用授权品种进行育种及其他科研活动；

（二）农民自繁自用授权品种的繁殖材料。

第三十条　为了国家利益或者社会公共利益，国务院农业、林业主管部门可以作出实施植物新品种权强制许可的决定，并予以登记和公告。

取得实施强制许可的单位或者个人不享有独占的实施权，并且无权允许他人实施。

第五章　种子生产经营

第三十一条　从事种子进出口业务的种子生产经营许可证，由省、自治区、直辖市人民政府农业、林业主管部门审核，国务院农业、林业主管部门核发。

从事主要农作物杂交种子及其亲本种子、林木良种种子的生产经营以及实行选育生产经营相结合，符合国务院农业、林业主管部门规定条件的种子企业的种子生产经营许可证，由生产经营者所在地县级人民政府农业、林业主管部门审核，省、自治区、直辖市人民政府农业、林业主管部门核发。

前两款规定以外的其他种子的生产经营许可证，由生产经营者所在地县级以上地方人民政府农业、林业主管部门核发。

只从事非主要农作物种子和非主要林木种子生产的，不需要办理种子生产经营许可证。

第三十二条　申请取得种子生产经营许可证的，应当具有与种子生产经营相适应的生产经营设施、设备及专业技术人员，以及法规和国务院农业、林业主管部门规定的其他条件。

从事种子生产的，还应当同时具有繁殖种子的隔离和培育条件，具有无检疫性有害生物的种子生产地点或者县级以上人民政府林业主管部门确定的采种林。

申请领取具有植物新品种权的种子生产经营许可证的，应当征得植物新品种权所有人的书面同意。

第三十三条　种子生产经营许可证应当载明生产经营者名称、地址、法定代表人、生产种子的品种、地点和种子经营的范围、有效期限、有效区域等事项。

前款事项发生变更的，应当自变更之日起三十日内，向原核发许可证机关申请变更登记。

除本法另有规定外，禁止任何单位和个人无种子生产经营许可证或者违反种子生产经营许可证的规定生产、经营种子。禁止伪造、变造、买卖、租借种子生产经营许可证。

第三十四条　种子生产应当执行种子生产技术规程和种子检验、检疫规程。

第三十五条　在林木种子生产基地内采集种子的，由种子生产基地的经营者组织进行，采集种子应当按照国家有关标准进行。

禁止抢采掠青、损坏母树，禁止在劣质林内、劣质母树上采集种子。

第三十六条　种子生产经营者应当建立和保存包括种子来源、产地、数量、质量、销售去向、销售日期和有关责任人员等内容的生产经营档案，保证可追溯。种子生产经营档案的具体载明事项，种子生产经营档案及种子样品的保存期限由国务院农业、林业主管部门规定。

第三十七条　农民个人自繁自用的常规种子有剩余的，可以在当地集贸市场上出售、串换，不需要办理种子生产经营许可证。

第三十八条　种子生产经营许可证的有效区域由发证机关在其管辖范围内确定。种子生产经营者在种子生产经营许可证载明的有效区域设立分支机构的，专门经营不再分装的包装种子的，或者受具有种子生产经营许可证的种子生产经营者以书面委托生产、代销其种子的，不需要办理种子生产经营许可证，但应当向当地农业、林业主管部门备案。

实行选育生产经营相结合，符合国务院农业、林业主管部门规定条件的种子企业的生产经营许可证的有效区域为全国。

第三十九条　未经省、自治区、直辖市人民政府林业主管部门批准，不得收购珍贵树木种子和本级人民政府规定限制收购的林木种子。

第四十条　销售的种子应当加工、分级、包装。但是不能加工、包装的除外。

大包装或者进口种子可以分装；实行分装的，应当标注分装单位，并对种子质量负责。

第四十一条　销售的种子应当符合国家或者行业标准，附有标签和使用说明。标签和使用说明标注的内容应当与销售的种子相符。种子生产经营者对标注内容的真实性和种子质量负责。

标签应当标注种子类别、品种名称、品种审定或者登记编号、品种适宜种植区域及季节、生产经营者及注册地、质量指标、检疫证明编号、种子生产经营许可证编号和信息代码，以及国务院农业、林业主管部门规定的其他事项。

销售授权品种种子的，应当标注品种权号。

销售进口种子的，应当附有进口审批文号和中文标签。

销售转基因植物品种种子的，必须用明显的文字标注，并应当提示使用时的安全控制措施。

种子生产经营者应当遵守有关法律、法规的规定，诚实守信，向种子使用者提供种子生产者信息、种子的主要性状、主要栽培措施、适应性等使用条件的说明、风险提示与有关咨询服务，不得作虚假或者引人误解的宣传。

任何单位和个人不得非法干预种子生产经营者的生产经营自主权。

第四十二条　种子广告的内容应当符合本法和有关广告的法律、法规的规定，主要性状描述等应当与审定、登记公告一致。

第四十三条　运输或者邮寄种子应当依照有关法律、行政法规的规定进行检疫。

第四十四条　种子使用者有权按照自己的意愿购买种子，任何单位和个人不得非法干预。

第四十五条　国家对推广使用林木良种造林给予扶持。国家投资或者国家投资为主的造林项目和国有林业单位造林，应当根据林业主管部门制定的计划使用林木良种。

第四十六条　种子使用者因种子质量问题或者因种子的标签和使用说明标注的内容不真实，遭受损失的，种子使用者可以向出售种子的经营者要求赔偿，也可以向种子生产者或者其他经营者要求赔偿。赔偿额包括购种价款、可得利益损失和其他损失。属于种子生产者或者其他经营者责任的，出售种子的经营者赔偿后，有权向种子生产者或者其他经营者追偿；属于出售种子的经营者责任的，种子生产者或者其他经营者赔偿后，有权向出售种子的经营者追偿。

第六章　种子监督管理

第四十七条　农业、林业主管部门应当加强对种子质量的监督检查。种子质量管理办法、行业标准和检验方法，由国务院农业、林业主管部门制定。

农业、林业主管部门可以采用国家规定的快速检测方法对生产经营的种子品种进行检测，检测结果可以作为行政处罚依据。被检查人对检测结果有异议的，可以申请复检，复检不得采用同一检测方法。因检测结果错误给当事人造成损失的，依法承担赔偿责任。

第四十八条　农业、林业主管部门可以委托种子质量检验机构对种子质量进行检验。

承担种子质量检验的机构应当具备相应的检测条件、能力，并经省级以上人民政府有关主管部门考核合格。

种子质量检验机构应当配备种子检验员。种子检验员应当具有中专以上有关专业学历，具备相应的种子检验技术能力和水平。

第四十九条　禁止生产经营假、劣种子。农业、林业主管部门和有关部门依法打击生产经营假、劣种子的违法行为，保护农民合法权益，维护公平竞争的市场秩序。

下列种子为假种子：

（一）以非种子冒充种子或者以此种品种种子冒充其他品种种子的；

（二）种子种类、品种与标签标注的内容不符或者没有标签的。

下列种子为劣种子：

（一）质量低于国家规定标准的；

（二）质量低于标签标注指标的；

（三）带有国家规定的检疫性有害生物的。

第五十条　农业、林业主管部门是种子行政执法机关。种子执法人员依法执行公务时应当出示行政执法证件。农业、林业主管部门依法履行种子监督检查职责时，有权采取下列措施：

（一）进入生产经营场所进行现场检查；

（二）对种子进行取样测试、试验或者检验；

（三）查阅、复制有关合同、票据、账簿、生产经营档案及其他有关资料；

（四）查封、扣押有证据证明违法生产经营的种子，以及用于违法生产经营的工具、设备及运输工具等；

（五）查封违法从事种子生产经营活动的场所。

农业、林业主管部门依照本法规定行使职权，当事人应当协助、配合，不得拒绝、阻挠。

农业、林业主管部门所属的综合执法机构或者受其委托的种子管理机构，可以开展种子执法相关工作。

第五十一条　种子生产经营者依法自愿成立种子行业协会，加强行业自律管理，维护成员合法权益，为成员和行业发展提供信息交流、技术培训、信用建设、市场营销和咨询等服务。

第五十二条　种子生产经营者可自愿向具有资质的认证机构申请种子质量认证。经认证合格的，可以在包装上使用认证标识。

第五十三条　由于不可抗力原因，为生产需要必须使用低于国家或者地方规定标准的农作物种子的，应当经用种地县级以上地方人民政府批准；林木种子应当经用种地省、自治区、直辖市人民政府批准。

第五十四条　从事品种选育和种子生产经营以及管理的单位和个人应当遵守有关植物检疫法律、行政法规的规定，防止植物危险性病、虫、杂草及其他有害生物的传播和蔓延。

禁止任何单位和个人在种子生产基地从事检疫性有害生物接种试验。

第五十五条　省级以上人民政府农业、林业主管部门应当在统一的政府信息发布平台上发布品种审定、品种登记、新品种保护、种子生产经营许可、监督管理等信息。

国务院农业、林业主管部门建立植物品种标准样品库，为种子监督管理提供依据。

第五十六条　农业、林业主管部门及其工作人员，不得参与和从事种子生产经营活动。

第七章　种子进出口和对外合作

第五十七条　进口种子和出口种子必须实施检疫，防止植物危险性病、虫、杂草及其他有害生物传入境内和传出境外，具体检疫工作按照有关植物进出境检疫法律、行政法规的规定执行。

第五十八条　从事种子进出口业务的，除具备种子生产经营许可证外，还应当依照国家有关规定取得种子进出口许可。

从境外引进农作物、林木种子的审定权限，农作物、林木种子的进口审批办法，引进转基因植物品种的管理办法，由国务院规定。

第五十九条　进口种子的质量，应当达到国家标准或者行业标准。没有国家标准或者行业标准的，可以按照合同约定的标准执行。

第六十条　为境外制种进口种子的，可以不受本法第五十八条第一款的限制，但应当具有对外制种合同，进口的种子只能用于制种，其产品不得在境内销售。

从境外引进农作物或者林木试验用种，应当隔离栽培，收获物也不得作为种子销售。

第六十一条　禁止进出口假、劣种子以及属于国家规定不得进出口的种子。

第六十二条　国家建立种业国家安全审查机制。境外机构、个人投资、并购境内种子企业，或者与境内科研院所、种子企业开展技术合作，从事品种研发、种子生产经营的审批管理依照有关法律、行政法规的规定执行。

第八章　扶持措施

第六十三条　国家加大对种业发展的支持。对品种选育、生产、示范推广、种质资源保护、种子储备以及制种大县给予扶持。

国家鼓励推广使用高效、安全制种采种技术和先进适用的制种采种机械，将先进适用的制种采种机械纳入农机具购置补贴范围。

国家积极引导社会资金投资种业。

第六十四条　国家加强种业公益性基础设施建设。

对优势种子繁育基地内的耕地，划入基本农田保护区，实行永久保护。优势种子繁育基地由国务院农业主管部门商所在省、自治区、直辖市人民政府确定。

第六十五条　对从事农作物和林木品种选育、生产的种子企业，按照国家有关规定给予扶持。

第六十六条　国家鼓励和引导金融机构为种子生产经营和收储提供信贷支持。

第六十七条　国家支持保险机构开展种子生产保险。省级以上人民政府可以采取保险费补贴等措施，支持发展种业生产保险。

第六十八条　国家鼓励科研院所及高等院校与种子企业开展育种科技人员交流，支持本单位的科技人员到种子企业从事育种成果转化活动；鼓励育种科研人才创新创业。

第六十九条　国务院农业、林业主管部门和异地繁育种子所在地的省、自治区、直辖市人民政府应当加强对异地繁育种子工作的管理和协调，交通运输部门应当优先保证种子的运输。

第九章　法律责任

第七十条　农业、林业主管部门不依法作出行政许可决定，发现违法行为或者接到对违法行为的举报不予查处，或者有其他未依照本法规定履行职责的行为的，由本级人民政府或者上级人民政府有关部门责令改正，对负有责任的主管人员和其他直接责任人员依法给予处分。

违反本法第五十六条规定，农业、林业主管部门工作人员从事种子生产经营活动的，依法给予处分。

第七十一条　违反本法第十六条规定，品种审定委员会委员和工作人员不依法履行职责，弄虚作假、徇私舞弊的，依法给予处分；自处分决定作出之日起五年内不得从事品种审定工作。

第七十二条　品种测试、试验和种子质量检验机构伪造测试、试验、检验数据或者出具虚假证明的，由县级以上人民政府农业、林业主管部门责令改正，对单位处五万元以上十万元以下罚款，对直接负责的主管人员和其他直接责任人员处一万元以上五万元以下罚款；有违法所得的，并处没收违法所得；给种子使用者和其他种子生产经营者造成损失的，与种子生产经营者承担连带责任；情节严重的，由省级以上人民政府有关主管部门取消种子质量检验资格。

第七十三条　违反本法第二十八条规定，有侵犯植物新品种权行为的，由当事人协商解决，不愿协商或者协商不成的，植物新品种权所有人或者利害关系人可以请求县级以上人民政府农业、林业主管部门进行处理，也可以直接向人民法院提起诉讼。

县级以上人民政府农业、林业主管部门，根据当事人自愿的原则，对侵犯植物新品种权所造成的损害赔偿可以进行调解。调解达成协议的，当事人应当履行；当事人不履行协议或者调解未达成协议的，植物新品种权所有人或者利害关系人可以依法向人民法院提起诉讼。

侵犯植物新品种权的赔偿数额按照权利人因被侵权所受到的实际损失确定；实际损失难以确定的，可以按照侵权人因侵权所获得的利益确定。权利人的损失或者侵权人获得的利益难以确定的，可以参照该植物新品种权许可使用费的倍数合理确定。赔偿数额应当包括权利人为制止侵权行为所支付的合理开支。侵犯植物新品种权，情节严重的，可以在按照上述方法确定数额的一倍以上三倍以下确定赔偿数额。

权利人的损失、侵权人获得的利益和植物新品种权许可使用费均难以确定的，人民法院可以根据植物新品种权的类型、侵权行为的性质和情节等因素，确定给予三百万元以下的赔偿。

县级以上人民政府农业、林业主管部门处理侵犯植物新品种权案件时，为了维护社会公共利益，责令侵权人停止侵权行为，没收违法所得和种子；货值金额不足五万元的，并处一万元以上二十五万元以下罚款；货值金额五万元以上的，并处货值金额五倍以上十倍以下罚款。

假冒授权品种的，由县级以上人民政府农业、林业主管部门责令停止假冒行为，没收违法所得和种子；货值金额不足五万元的，并处一万元以上二十五万元以下罚款；货值金额五万元以上的，并处货值金额五倍以上十倍以下罚款。

第七十四条　当事人就植物新品种的申请权和植物新品种权的权属发生争议的，可以向人民法院提起诉讼。

第七十五条　违反本法第四十九条规定，生产经营假种子的，由县级以上人民政府农业、林业主管部门责令停止生产经营，没收违法所得和种子，吊销种子生产经营许可证；违法生产经营的货值金额不足一万元的，并处一万元以上十万元以下罚款；货值金额一万元以上的，并处货值金额十倍以上二十倍以下罚款。

因生产经营假种子犯罪被判处有期徒刑以上刑罚的，种子企业或者其他单位的法定代表人、直接负责的主管人员自刑罚执行完毕之日起五年内不得担任种子企业的法定代表人、高级管理人员。

第七十六条　违反本法第四十九条规定，生产经营劣种子的，由县级以上人民政府农业、林业主管部门责令停止生产经营，没收违法所得和种子；违法生产经营的货值金额不足一万元的，并处五千元以上五万元以下罚款；货值金额一万元以上的，并处货值金额五倍以上十倍以下罚款；情节严重的，吊销种子生产经营许可证。

因生产经营劣种子犯罪被判处有期徒刑以上刑罚的，种子企业或者其他单位的法定代表人、直接负责的主管人员自刑罚执行完毕之日起五年内不得担任种子企业的法定代表人、高级管理人员。

第七十七条　违反本法第三十二条、第三十三条规定，有下列行为之一的，由县级以上人民政府农业、林业主管部门责令改正，没收违法所得和种子；违法生产经营的货值金额不足一万元的，并处三千元以上三万元以下罚款；货值金额一万元以上的，并处货值金额三倍以上五倍以下罚款；可以吊销种子生产经营许可证：

（一）未取得种子生产经营许可证生产经营种子的；

（二）以欺骗、贿赂等不正当手段取得种子生产经营许可证的；

（三）未按照种子生产经营许可证的规定生产经营种子的；

（四）伪造、变造、买卖、租借种子生产经营许可证的。

被吊销种子生产经营许可证的单位，其法定代表人、直接负责的主管人员自处罚决定作出之日起五年内不得担任种子企业的法定代表人、高级管理人员。

第七十八条　违反本法第二十一条、第二十二条、第二十三条规定，有下列行为之一的，由县级以上人民政府农业、林业主管部门责令停止违法行为，没收违法所得和种子，并处二万元以上二十万元以下罚款：

（一）对应当审定未经审定的农作物品种进行推广、销售的；

（二）作为良种推广、销售应当审定未经审定的林木品种的；

（三）推广、销售应当停止推广、销售的农作物品种或者林木良种的；

（四）对应当登记未经登记的农作物品种进行推广，或者以登记品种的名义进行销售的；

（五）对已撤销登记的农作物品种进行推广，或者以登记品种的名义进行销售的。

违反本法第二十三条、第四十二条规定，对应当审定未经审定或者应当登记未经登记的农作物品种发布广告，或者广告中有关品种的主要性状描述的内容与审定、登记公告不一致的，依照《中华人民共和国广告法》的有关规定追究法律责任。

第七十九条　违反本法第五十八条、第六十条、第六十一条规定，有下列行为之一的，由县级以上人民政府农业、林业主管部门责令改正，没收违法所得和种子；违法生产经营的货值金额不足一万元的，并处三千元以上三万元以下罚款；货值金额一万元以上的，并处货值金额三倍以上五倍以下罚款；情节严重的，吊销种子生产经营许可证：

（一）未经许可进出口种子的；

（二）为境外制种的种子在境内销售的；

（三）从境外引进农作物或者林木种子进行引种试验的收获物作为种子在境内销售的；

（四）进出口假、劣种子或者属于国家规定不得进出口的种子的。

第八十条　违反本法第三十六条、第三十八条、第四十条、第四十一条规定，有下列行为之一的，由县级以上人民政府农业、林业主管部门责令改正，处二千元以上二万元以下罚款：

（一）销售的种子应当包装而没有包装的；

（二）销售的种子没有使用说明或者标签内容不符合规定的；

（三）涂改标签的；

（四）未按规定建立、保存种子生产经营档案的；

（五）种子生产经营者在异地设立分支机构、专门经营不再分装的包装种子或者受委托生产、代销种子，未按规定备案的。

第八十一条　违反本法第八条规定，侵占、破坏种质资源，私自采集或者采伐国家重点保护的天然种质资源的，由县级以上人民政府农业、林业主管部门责令停止违法行为，没收种质资源和违法所得，并处五千元以上五万元以下罚款；造成损失的，依法承担赔偿责任。

第八十二条　违反本法第十一条规定，向境外提供或者从境外引进种质资源，或者与境外机构、个人开展合作研究利用种质资源的，由国务院或者省、自治区、直辖市人民政府的农业、林业主管部门没收种质资源和违法所得，并处二万元以上二十万元以下罚款。

未取得农业、林业主管部门的批准文件携带、运输种质资源出境的，海关应当将该种质资源扣留，并移送省、自治区、直辖市人民政府农业、林业主管部门处理。

第八十三条　违反本法第三十五条规定，抢采掠青、损坏母树或者在劣质林内、劣质母树上采种的，由县级以上人民政府林业主管部门责令停止采种行为，没收所采种子，并处所采种子货值金额二倍以上五倍以下罚款。

第八十四条　违反本法第三十九条规定，收购珍贵树木种子或者限制收购的林木种子的，由县级以上人民政府林业主管部门没收所收购的种子，并处收购种子货值金额二倍以上五倍以下罚款。

第八十五条　违反本法第十七条规定，种子企业有造假行为的，由省级以上人民政府农业、林业主管部门处一百万元以上五百万元以下罚款；不得再依照本法第十七条的规定申请品种审定；给种子使用者和其他种子生产经营者造成损失的，依法承担赔偿责任。

第八十六条　违反本法第四十五条规定，未根据林业主管部门制定的计划使用林木良种的，由同级人民政府林业主管部门责令限期改正；逾期未改正的，处三千元以上三万元以下罚款。

第八十七条　违反本法第五十四条规定，在种子生产基地进行检疫性有害生物接种试验的，由县级以上人民政府农业、林业主管部门责令停止试验，处五千元以上五万元以下罚款。

第八十八条　违反本法第五十条规定，拒绝、阻挠农业、林业主管部门依法实施监督检查的，处二千元以上五万元以下罚款，可以责令停产停业整顿；构成违反治安管理行为的，由公安机关依法给予治安管理处罚。

第八十九条　违反本法第十三条规定，私自交易育种成果，给本单位造成经济损失的，依法承担赔偿责任。

第九十条　违反本法第四十四条规定，强迫种子使用者违背自己的意愿购买、使用种子，给使用者造成损失的，应当承担赔偿责任。

第九十一条　违反本法规定，构成犯罪的，依法追究刑事责任。

第十章　附则

第九十二条　本法下列用语的含义是：

（一）种质资源是指选育植物新品种的基础材料，包括各种植物的栽培种、野生种的繁殖材料以及利用上述繁殖材料人工创造的各种植物的遗传材料。

（二）品种是指经过人工选育或者发现并经过改良，形态特征和生物学特性一致，遗传性状相对稳定的植物群体。

（三）主要农作物是指稻、小麦、玉米、棉花、大豆。

（四）主要林木由国务院林业主管部门确定并公布；省、自治区、直辖市人民政府林业主管部门可以在国务院林业主管部门确定的主要林木之外确定其他八种以下的主要林木。

（五）林木良种是指通过审定的主要林木品种，在一定的区域内，其产量、适应性、抗性等方面明显优于当前主栽材料的繁殖材料和种植材料。

（六）新颖性是指申请植物新品种权的品种在申请日前，经申请权人自行或者同意销售、推广其种子，在中国境内未超过一年；在境外，木本或者藤本植物未超过六年，其他植物未超过四年。

本法施行后新列入国家植物品种保护名录的植物的属或者种，从名录公布之日起一年内提出植物新品种权申请的，在境内销售、推广该品种种子未超过四年的，具备新颖性。

除销售、推广行为丧失新颖性外，下列情形视为已丧失新颖性：

1. 品种经省、自治区、直辖市人民政府农业、林业主管部门依据播种面积确认已经形成事实扩散的；

2. 农作物品种已审定或者登记两年以上未申请植物新品种权的。

（七）特异性是指一个植物品种有一个以上性状明显区别于已知品种。

（八）一致性是指一个植物品种的特性除可预期的自然变异外，群体内个体间相关的特征或者特性表现一致。

（九）稳定性是指一个植物品种经过反复繁殖后或者在特定繁殖周期结束时，其主要性状保持不变。

（十）已知品种是指已受理申请或者已通过品种审定、品种登记、新品种保护，或者已经销售、推广的植物品种。

（十一）标签是指印制、粘贴、固定或者附着在种子、种子包装物表面的特定图案及文字说明。

第九十三条　草种、烟草种、中药材种、食用菌菌种的种质资源管理和选育、生产经营、管理等活动，参照本法执行。

第九十四条　本法自 2016 年 1 月 1 日起施行。

附件 2

全国农业植物检疫性有害生物名单

（中华人民共和国农业部公告第 1216 号 2009 年 6 月发布）

昆虫：

1 菜豆象 *Acanthoscelides obtectus* (Say)
2 蜜柑大实蝇 *Bactrocera tsuneonis* (Miyake)
3 四纹豆象 *Callosobruchus maculates* (Fabricius)
4 苹果蠹蛾 *Cydia pomonella* (Linnaeus)
5 葡萄根瘤蚜 *Daktulosphaira vitifoliae* Fitch
6 美国白蛾 *Hyphantria cunea* (Drury)
7 马铃薯甲虫 *Leptinotarsa decemlineata* (Say)
8 稻水象甲 *Lissorhoptrus oryzophilus* Kuschel
9 红火蚁 *Solenopsis invicta* Buren

线虫：

10 腐烂茎线虫 *Ditylenchus destructor* Thorne
11 香蕉穿孔线虫 *Radopholus similes* (Cobb)Thorne

细菌：

12 瓜类果斑病菌 *Acidovorax avenae subsp. citrulli* (Schaad et al.) Willems et al.
13 柑桔黄龙病菌 *Candidatus liberobacter asiaticum* Jagoueix et al.
14 番茄溃疡病菌 *Clavibacter michiganensis subsp. michiganensis* (Smith) Davis et al.
15 十字花科黑斑病菌 *Pseudomonas syringae pv. maculicola* (McCulloch) Young et al.
16 柑桔溃疡病菌 *Xanthomonas axonopodis pv. citri* (Hasse) Vauterin et al.
17 水稻细菌性条斑病菌 *Xanthomonas oryzae pv. oryzicola* (Fang et al.) Swings et al.

真菌：

18 黄瓜黑星病菌 *Cladosporium cucumerinum* Ellis & Arthur
19 香蕉镰刀菌枯萎病菌 4 号小种 *Fusarium oxysporum f.sp. cubense* (Smith) Snyder & Hansen Race 4
20 玉蜀黍霜指霉菌 *Peronosclerospora maydis* (Racib.) C.G. Shaw
21 大豆疫霉病菌 *Phytophthora sojae* Kaufmann&Gerdemann
22 内生集壶菌 *Synchytrium endobioticum* (Schilb.) Percival
23 苜蓿黄萎病菌 *Verticillium albo-atrum* Reinke & Berthold

病毒：

24 李属坏死环斑病毒 *Prunus necrotic ringspot ilarvirus*
25 烟草环斑病毒 *Tobacco ringspot nepovirus*
26 黄瓜绿斑驳花叶病毒 *Cucumber green mottle mosaic virus*

杂草：

27 毒麦 *Lolium temulentum* L.
28 列当属 *Orobanche* spp.
29 假高粱 *Sorghum halepense* (L.) Pers

附件 3

应施检疫的植物及植物产品名单

（中华人民共和国农业部公告第 617 号发布），自 2006 年 3 月 2 日起施行

一、稻、麦、玉米、高粱、豆类、薯类等作物的种子、块根、块茎及其他繁殖材料和来源于发生疫情的县级行政区域的上述植物产品；

二、棉、麻、烟、茶、桑、花生、向日葵、芝麻、油菜、甘蔗、甜菜等作物的种子、种苗及其他繁殖材料和来源于发生疫情的县级行政区域的上述植物产品；

三、西瓜、甜瓜、香瓜、哈密瓜、葡萄、苹果、梨、桃、李、杏、梅、沙果、山楂、柿、柑、橘、橙、柚、猕猴桃、柠檬、荔枝、枇杷、龙眼、香蕉、菠萝、芒果、咖啡、可可、腰果、番石榴、胡椒等作物的种子、苗木、接穗、砧木、试管苗及其他繁殖材料和来源于发生疫情的县级行政区域的上述植物产品；

四、花卉的种子、种苗、球茎、鳞茎等繁殖材料及切花、盆景花卉；

五、蔬菜作物的种子、种苗和来源于发生疫情的县级行政区域的蔬菜产品；

六、中药材种苗和来源于发生疫情的县级行政区域的中药材产品；

七、牧草、草坪草、绿肥的种子种苗及食用菌的种子、细胞繁殖体和来源于发生疫情的县级行政区域的上述植物产品；

八、麦麸、麦秆、稻草、芦苇等可能受检疫性有害生物污染的植物产品及包装材料。

附件 4

中华人民共和国进境植物检疫性有害生物名录

（更新至 2017 年 6 月，441 种）

昆虫

序号	学名	中文名
1	*Acanthocinus carinulatus* (Gebler)	白带长角天牛
2	*Acanthoscelides obtectus* (Say)	菜豆象
3	*Acleris variana* (Fernald)	黑头长翅卷蛾
4	*Agrilus* spp. (non-Chinese)	窄吉丁（非中国种）
5	*Aleurodicus dispersus* Russell	螺旋粉虱
6	*Anastrepha* Schiner	按实蝇属
7	*Anthonomus grandis* Boheman	墨西哥棉铃象
8	*Anthonomus quadrigibbus* Say	苹果花象
9	*Aonidiella comperei* McKenzie	香蕉肾盾蚧
10	*Apate monachus* Fabricius	咖啡黑长蠹
11	*Aphanostigma piri* (Cholodkovsky)	梨矮蚜
12	*Arhopalus syriacus* Reitter	辐射松幽天牛
13	*Bactrocera* Macquart	果实蝇属
14	*Baris granulipennis* (Tournier)	西瓜船象
15	*Batocera* spp. (non-Chinese)	白条天牛（非中国种）
16	*Brontispa longissima* (Gestro)	椰心叶甲
17	*Bruchidius incarnates* (Boheman)	埃及豌豆象
18	*Bruchophagus roddi* Gussak	苜蓿籽蜂
19	*Bruchus* spp. (non-Chinese)	豆象（属）（非中国种）
20	*Cacoecimorpha pronubana* (Hьbner)	荷兰石竹卷蛾
21	*Callosobruchus* spp. (maculatus (F.) and non-Chinese)	瘤背豆象（四纹豆象和非中国种）
22	*Carpomya incompleta* (Becker)	欧非枣实蝇
23	*Carpomya vesuviana* Costa	枣实蝇
24	*Carulaspis juniperi* (Bouchи)	松唐盾蚧
25	*Caulophilus oryzae* (Gyllenhal)	阔鼻谷象
26	*Ceratitis* Macleay	小条实蝇属
27	*Ceroplastes rusci* (L.)	无花果蜡蚧
28	*Chionaspis pinifoliae* (Fitch)	松针盾蚧
29	*Choristoneura fumiferana* (Clemens)	云杉色卷蛾
30	*Conotrachelus* Schoenherr	鳄梨象属
31	*Contarinia sorghicola* (Coquillett)	高粱瘿蚊

（续表）

序号	学名	中文名
32	*Coptotermes* spp. (non-Chinese)	乳白蚁（非中国种）
33	*Craponius inaequalis* (Say)	葡萄象
34	*Crossotarsus* spp. (non-Chinese)	异胫长小蠹（非中国种）
35	*Cryptophlebia leucotreta* (Meyrick)	苹果异形小卷蛾
36	*Cryptorrhynchus lapathi* L.	杨干象
37	*Cryptotermes brevis* (Walker)	麻头砂白蚁
38	*Ctenopseustis obliquana* (Walker)	斜纹卷蛾
39	*Curculio elephas* (Gyllenhal)	欧洲栗象
40	*Cydia janthinana* (Duponchel)	山楂小卷蛾
41	*Cydia packardi* (Zeller)	樱小卷蛾
42	*Cydia pomonella* (L.)	苹果蠹蛾
43	*Cydia prunivora* (Walsh)	杏小卷蛾
44	*Cydia pyrivora* (Danilevskii)	梨小卷蛾
45	*Dacus* spp. (non-Chinese)	寡鬃实蝇（非中国种）
46	*Dasineura mali* (Kieffer)	苹果瘿蚊
47	*Dendroctonus* spp. (valens LeConte and non-Chinese)	大小蠹（红脂大小蠹和非中国种）
48	*Deudorix isocrates* Fabricius	石榴小灰蝶
49	*Diabrotica* Chevrolat	根萤叶甲属
50	*Diaphania nitidalis* (Stoll)	黄瓜绢野螟
51	*Diaprepes abbreviata* (L.)	蔗根象
52	*Diatraea saccharalis* (Fabricius)	小蔗螟
53	*Dryocoetes confusus* Swaine	混点毛小蠹
54	*Dysmicoccus grassi* Leonari	香蕉灰粉蚧
55	*Dysmicoccus neobrevipes* Beardsley	新菠萝灰粉蚧
56	*Ectomyelois ceratoniae* (Zeller)	石榴螟
57	*Epidiaspis leperii* (Signoret)	桃白圆盾蚧
58	*Eriosoma lanigerum* (Hausmann)	苹果绵蚜
59	*Eulecanium gigantea* (Shinji)	枣大球蚧
60	*Eurytoma amygdali* Enderlein	扁桃仁蜂
61	*Eurytoma schreineri* Schreiner	李仁蜂
62	*Gonipterus scutellatus* Gyllenhal	桉象
63	*Helicoverpa zea* (Boddie)	谷实夜蛾
64	*Hemerocampa leucostigma* (Smith)	合毒蛾
65	*Hemiberlesia pitysophila* Takagi	松突圆蚧
66	*Heterobostrychus aequalis* (Waterhouse)	双钩异翅长蠹
67	*Hoplocampa flava* (L.)	李叶蜂

（续表）

序号	学名	中文名
68	*Hoplocampa testudinea* (Klug)	苹叶蜂
69	*Hoplocerambyx spinicornis* (Newman)	刺角沟额天牛
70	*Hylobius pales* (Herbst)	苍白树皮象
71	*Hylotrupes bajulus* (L.)	家天牛
72	*Hylurgopinus rufipes* (Eichhoff)	美洲榆小蠹
73	*Hylurgus ligniperda* Fabricius	长林小蠹
74	*Hyphantria cunea* (Drury)	美国白蛾
75	*Hypothenemus hampei* (Ferrari)	咖啡果小蠹
76	*Incisitermes minor* (Hagen)	小楹白蚁
77	*Ips* spp. (non-Chinese)	齿小蠹（非中国种）
78	*Ischnaspis longirostris* (Signoret)	黑丝盾蚧
79	*Lepidosaphes tapleyi* Williams	芒果蛎蚧
80	*Lepidosaphes tokionis* (Kuwana)	东京蛎蚧
81	*Lepidosaphes ulmi* (L.)	榆蛎蚧
82	*Leptinotarsa decemlineata* (Say)	马铃薯甲虫
83	*Leucoptera coffeella* (Guйrin-Mйneville)	咖啡潜叶蛾
84	*Liriomyza trifolii* (Burgess)	三叶斑潜蝇
85	*Lissorhoptrus oryzophilus* Kuschel	稻水象甲
86	*Listronotus bonariensis* (Kuschel)	阿根廷茎象甲
87	*Lobesia botrana* (Denis et Schiffermuller)	葡萄花翅小卷蛾
88	*Mayetiola destructor* (Say)	黑森瘿蚊
89	*Mercetaspis halli* (Green)	霍氏长盾蚧
90	*Monacrostichus citricola* Bezzi	桔实锤腹实蝇
91	*Monochamus* spp. (non-Chinese)	墨天牛（非中国种）
92	*Myiopardalis pardalina* (Bigot)	甜瓜迷实蝇
93	*Naupactus leucoloma* (Boheman)	白缘象甲
94	*Neoclytus acuminatus* (Fabricius)	黑腹尼虎天牛
95	*Opogona sacchari* (Bojer)	蔗扁蛾
96	*Pantomorus cervinus* (Boheman)	玫瑰短喙象
97	*Parlatoria crypta* Mckenzie	灰白片盾蚧
98	*Pharaxonotha kirschi* Reither	谷拟叩甲
99	*Phenacoccus manihoti* Matile-Ferrero	木薯绵粉蚧（2011 年 6 月 20 日新增）
100	*Phenacoccus solenopsis* Tinsley	扶桑绵粉蚧（2009 年 2 月 3 日新增）
101	*Phloeosinus cupressi* Hopkins	美柏肤小蠹
102	*Phoracantha semipunctata* (Fabricius)	桉天牛
103	*Pissodes* Germar	木蠹象属
104	*Planococcus lilacius* Cockerell	南洋臀纹粉蚧
105	*Planococcus minor* (Maskell)	大洋臀纹粉蚧
106	*Platypus* spp. (non-Chinese)	长小蠹（属）（非中国种）
107	*Popillia japonica* Newman	日本金龟子

（续表）

序号	学名	中文名
108	*Prays citri* Milliere	桔花巢蛾
109	*Promecotheca cumingi* Baly	椰子缢胸叶甲
110	*Prostephanus truncatus* (Horn)	大谷蠹
111	*Ptinus tectus* Boieldieu	澳洲蛛甲
112	*Quadrastichus erythrinae* Kim	刺桐姬小蜂
113	*Reticulitermes lucifugus* (Rossi)	欧洲散白蚁
114	*Rhabdoscelus lineaticollis* (Heller)	褐纹甘蔗象
115	*Rhabdoscelus obscurus* (Boisduval)	几内亚甘蔗象
116	*Rhagoletis* spp. (non-Chinese)	绕实蝇（非中国种）
117	*Rhynchites aequatus* (L.)	苹虎象
118	*Rhynchites bacchus* L.	欧洲苹虎象
119	*Rhynchites cupreus* L.	李虎象
120	*Rhynchites heros* Roelofs	日本苹虎象
121	*Rhynchophorus ferrugineus* (Olivier)	红棕象甲
122	*Rhynchophorus palmarum* (L.)	棕榈象甲
123	*Rhynchophorus phoenicis* (Fabricius)	紫棕象甲
124	*Rhynchophorus vulneratus* (Panzer)	亚棕象甲
125	*Sahlbergella singularis* Haglund	可可盲蝽象
126	*Saperda* spp. (non-Chinese)	楔天牛（非中国种）
127	*Scolytus multistriatus* (Marsham)	欧洲榆小蠹
128	*Scolytus scolytus* (Fabricius)	欧洲大榆小蠹
129	*Scyphophorus acupunctatus* Gyllenhal	剑麻象甲
130	*Selenaspidus articulatus* Morgan	刺盾蚧
131	*Sinoxylon* spp. (non-Chinese)	双棘长蠹（非中国种）
132	*Sirex noctilio* Fabricius	云杉树蜂
133	*Solenopsis invicta* Buren	红火蚁
134	*Spodoptera littoralis* (Boisduval)	海灰翅夜蛾
135	*Stathmopoda skelloni* Butler	猕猴桃举肢蛾
136	*Sternochetus* Pierce	芒果象属
137	*Taeniothrips inconsequens* (Uzel)	梨蓟马
138	*Tetropium* spp. (non-Chinese)	断眼天牛（非中国种）
139	*Thaumetopoea pityocampa* (Denis et Schiffermuller)	松异带蛾
140	*Toxotrypana curvicauda* Gerstaecker	番木瓜长尾实蝇
141	*Tribolium destructor* Uyttenboogaart	褐拟谷盗
142	*Trogoderma* spp. (non-Chinese)	斑皮蠹（非中国种）
143	*Vesperus* Latreile	暗天牛属
144	*Vinsonia stellifera* (Westwood)	七角星蜡蚧
145	*Viteus vitifoliae* (Fitch)	葡萄根瘤蚜
146	*Xyleborus* spp. (non-Chinese)	材小蠹（非中国种）
147	*Xylotrechus rusticus* L.	青杨脊虎天牛
148	*Zabrotes subfasciatus* (Boheman)	巴西豆象

软体动物 （续表）

序号	学名	中文名
149	*Achatina fulica* Bowdich	非洲大蜗牛
150	*Acusta despecta* Gray	硫球球壳蜗牛
151	*Cepaea hortensis* Mьller	花园葱蜗牛
152	*Cernuella virgata* Da Costa	地中海白蜗牛（2012年9月17日新增）
153	*Helix aspersa* Mьller	散大蜗牛
154	*Helix pomatia* Linnaeus	盖罩大蜗牛
155	*Theba pisana* Mьller	比萨茶蜗牛

真菌

序号	学名	中文名
156	*Albugo tragopogi* (Persoon) Schrцter var. *helianthi* Novotelnova	向日葵白锈病菌
157	*Alternaria triticina* Prasada et Prabhu	小麦叶疫病菌
158	*Anisogramma anomala* (Peck) E. Muller	榛子东部枯萎病菌
159	*Apiosporina morbosa* (Schweinitz) von Arx	李黑节病菌
160	*Atropellis pinicola* Zaller et Goodding	松生枝干溃疡病菌
161	*Atropellis piniphila* (Weir) Lohman et Cash	嗜松枝干溃疡病菌
162	*Botryosphaeria laricina* (K.Sawada) Y.Zhong	落叶松枯梢病菌
163	*Botryosphaeria stevensii* Shoemaker	苹果壳色单隔孢溃疡病菌
164	*Cephalosporium gramineum* Nisikado et Ikata	麦类条斑病菌
165	*Cephalosporium maydis* Samra, Sabet et Hingorani	玉米晚枯病菌
166	*Cephalosporium sacchari* E.J. Butler et Hafiz Khan	甘蔗凋萎病菌
167	*Ceratocystis fagacearum* (Bretz) Hunt	栎枯萎病菌
168	*Chalara fraxinea* T. Kowalski	白蜡鞘孢菌（2013.3.6新增）
169	*Chrysomyxa arctostaphyli* Dietel	云杉帚锈病菌
170	*Ciborinia camelliae* Kohn	山茶花腐病菌
171	*Cladosporium cucumerinum* Ellis et Arthur	黄瓜黑星病菌
172	*Colletotrichum kahawae* J.M. Waller et Bridge	咖啡浆果炭疽病菌
173	*Crinipellis perniciosa* (Stahel) Singer	可可丛枝病菌
174	*Cronartium coleosporioides* J.C.Arthur	油松疱锈病菌
175	*Cronartium comandrae* Peck	北美松疱锈病菌
176	*Cronartium conigenum* Hedgcock et Hunt	松球果锈病菌
177	*Cronartium fusiforme* Hedgcock et Hunt ex Cummins	松纺锤瘤锈病菌
178	*Cronartium ribicola* J.C.Fisch.	松疱锈病菌
179	*Cryphonectria cubensis* (Bruner) Hodges	桉树溃疡病菌
180	*Cylindrocladium parasiticum* Crous, Wingfield et Alfenas	花生黑腐病菌
181	*Diaporthe helianthi* Muntanola-Cvetkovic Mihaljcevic et Petrov	向日葵茎溃疡病菌

（续表）

序号	学名	中文名
182	*Diaporthe perniciosa* É.J. Marchal	苹果果腐病菌
183	*Diaporthe phaseolorum* (Cooke et Ell.) Sacc. var. caulivora Athow et Caldwell	大豆北方茎溃疡病菌
184	*Diaporthe phaseolorum* (Cooke et Ell.) Sacc. var. meridionalis F.A. Fernandez	大豆南方茎溃疡病菌
185	*Diaporthe vaccinii* Shear	蓝莓果腐病菌
186	*Didymella ligulicola* (K.F.Baker, Dimock et L.H.Davis) von Arx	菊花花枯病菌
187	*Didymella lycopersici* Klebahn	番茄亚隔孢壳茎腐病菌
188	*Endocronartium harknessii* (J.P.Moore) Y.Hiratsuka	松瘤锈病菌
189	*Eutypa lata* (Pers.) Tul. et C. Tul.	葡萄藤猝倒病菌
190	*Fusarium circinatum* Nirenberg et O'Donnell	松树脂溃疡病菌
191	*Fusarium oxysporum* Schlecht. f.sp. *apii* Snyd. et Hans	芹菜枯萎病菌
192	*Fusarium oxysporum* Schlecht. f.sp. *asparagi* Cohen et Heald	芦笋枯萎病菌
193	*Fusarium oxysporum* Schlecht. f.sp. *cubense* (E.F.Sm.) Snyd.et Hans (Race 4 non-Chinese races)	香蕉枯萎病菌（4 号小种和非中国小种）
194	*Fusarium oxysporum* Schlecht. f.sp. *elaeidis* Toovey	油棕枯萎病菌
195	*Fusarium oxysporum* Schlecht. f.sp. *fragariae* Winks et Williams	草莓枯萎病菌
196	*Fusarium tucumaniae* T.Aoki, O'Donnell, Yos.Homma et Lattanzi	南美大豆猝死综合症病菌
197	*Fusarium virguliforme* O'Donnell et T.Aoki	北美大豆猝死综合症病菌
198	*Gaeumannomyces graminis* (Sacc.) Arx et D. Olivier var. *avenae* (E.M. Turner) Dennis	燕麦全蚀病菌
199	*Greeneria uvicola* (Berk. et M.A.Curtis) Punithalingam	葡萄苦腐病菌
200	*Gremmeniella abietina* (Lagerberg) Morelet	冷杉枯梢病菌
201	*Gymnosporangium clavipes* (Cooke et Peck) Cooke et Peck	榅桲锈病菌
202	*Gymnosporangium fuscum* R. Hedw.	欧洲梨锈病菌
203	*Gymnosporangium globosum* (Farlow) Farlow	美洲山楂锈病菌
204	*Gymnosporangium juniperi-virginianae* Schwein	美洲苹果锈病菌
205	*Helminthosporium solani* Durieu et Mont.	马铃薯银屑病菌
206	*Hypoxylon mammatum* (Wahlenberg) J. Miller	杨树炭团溃疡病菌
207	*Inonotus weirii* (Murrill) Kotlaba et Pouzar	松干基褐腐病菌
208	*Leptosphaeria libanotis* (Fuckel) Sacc.	胡萝卜褐腐病菌
209	*Leptosphaeria lindquistii* Frezzi，无性态：*Phoma macdonaldii* Boerma	向日葵黑茎病（2010 年 10 月 20 日新增）
210	*Leptosphaeria maculans* (Desm.) Ces. et De Not.	十字花科蔬菜黑胫病菌
211	*Leucostoma cincta* (Fr.:Fr.) Hohn.	苹果溃疡病菌
212	*Melampsora farlowii* (J.C.Arthur) J.J.Davis	铁杉叶锈病菌
213	*Melampsora medusae* Thumen	杨树叶锈病菌
214	*Microcyclus ulei* (P.Henn.) von Arx	橡胶南美叶疫病菌
215	*Monilinia fructicola* (Winter) Honey	美澳型核果褐腐病菌

（续表）

序号	学名	中文名
216	*Moniliophthora roreri* (Ciferri et Parodi) Evans	可可链疫孢荚腐病菌
217	*Monosporascus cannonballus* Pollack et Uecker	甜瓜黑点根腐病菌
218	*Mycena citricolor* (Berk. et Curt.) Sacc.	咖啡美洲叶斑病菌
219	*Mycocentrospora acerina* (Hartig) Deighton	香菜腐烂病菌
220	*Mycosphaerella dearnessii* M.E.Barr	松针褐斑病菌
221	*Mycosphaerella fijiensis* Morelet	香蕉黑条叶斑病菌
222	*Mycosphaerella gibsonii* H.C.Evans	松针褐枯病菌
223	*Mycosphaerella linicola* Naumov	亚麻褐斑病菌
224	*Mycosphaerella musicola* J.L.Mulder	香蕉黄条叶斑病菌
225	*Mycosphaerella pini* E.Rostrup	松针红斑病菌
226	*Nectria rigidiuscula* Berk.et Broome	可可花瘿病菌
227	*Ophiostoma novo-ulmi* Brasier	新榆枯萎病菌
228	*Ophiostoma ulmi* (Buisman) Nannf.	榆枯萎病菌
229	*Ophiostoma wageneri* (Goheen et Cobb) Harrington	针叶松黑根病菌
230	*Ovulinia azaleae* Weiss	杜鹃花枯萎病菌
231	*Periconia circinata* (M.Mangin) Sacc.	高粱根腐病菌
232	*Peronosclerospora* spp. (non-Chinese)	玉米霜霉病菌（非中国种）
233	*Peronospora farinosa* (Fries: Fries) Fries f.sp. *betae* Byford	甜菜霜霉病菌
234	*Peronospora hyoscyami* de Bary f.sp. *tabacina* (Adam) Skalicky	烟草霜霉病菌
235	*Pezicula malicorticis* (Jacks.) Nannfeld	苹果树炭疽病菌
236	*Phaeoramularia angolensis* (T.Carvalho et O. Mendes)P.M. Kirk	柑橘斑点病菌
237	*Phellinus noxius* (Corner) G.H.Cunn.	木层孔褐根腐病菌
238	*Phialophora gregata* (Allington et Chamberlain) W.Gams	大豆茎褐腐病菌
239	*Phialophora malorum* (Kidd et Beaum.) McColloch	苹果边腐病菌
240	*Phoma exigua* Desmazières f.sp. *foveata* (Foister) Boerema	马铃薯坏疽病菌
241	*Phoma glomerata* (Corda) Wollenweber et Hochapfel	葡萄茎枯病菌
242	*Phoma pinodella* (L.K. Jones) Morgan-Jones et K.B. Burch	豌豆脚腐病菌
243	*Phoma tracheiphila* (Petri) L.A. Kantsch. et Gikaschvili	柠檬干枯病菌
244	*Phomopsis sclerotioides van* Kesteren	黄瓜黑色根腐病菌
245	*Phymatotrichopsis omnivora* (Duggar) Hennebert	棉根腐病菌
246	*Phytophthora cambivora* (Petri) Buisman	栗疫霉黑水病菌
247	*Phytophthora erythroseptica* Pethybridge	马铃薯疫霉绯腐病菌
248	*Phytophthora fragariae* Hickman	草莓疫霉红心病菌
249	*Phytophthora fragariae* Hickman var. *rubi* W.F. Wilcox et J.M. Duncan	树莓疫霉根腐病菌
250	*Phytophthora hibernalis* Carne	柑橘冬生疫霉褐腐病菌
251	*Phytophthora lateralis* Tucker et Milbrath	雪松疫霉根腐病菌

（续表）

序号	学名	中文名
252	*Phytophthora medicaginis* E.M. Hans. et D.P. Maxwell	苜蓿疫霉根腐病菌
253	*Phytophthora phaseoli* Thaxter	菜豆疫霉病菌
254	*Phytophthora ramorum* Werres, De Cock et Man in't Veld	栎树猝死病菌
255	*Phytophthora sojae* Kaufmann et Gerdemann	大豆疫霉病菌
256	*Phytophthora syringae* (Klebahn) Klebahn	丁香疫霉病菌
257	*Polyscytalum pustulans* (M.N. Owen et Wakef.) M.B.Ellis	马铃薯皮斑病菌
258	*Protomyces macrosporus* Unger	香菜茎瘿病菌
259	*Pseudocercosporella herpotrichoides* (Fron) Deighton	小麦基腐病菌
260	*Pseudopezicula tracheiphila* (Müller-Thurgau) Korf et Zhuang	葡萄角斑叶焦病菌
261	*Puccinia pelargonii-zonalis* Doidge	天竺葵锈病菌
262	*Pycnostysanus azaleae* (Peck) Mason	杜鹃芽枯病菌
263	*Pyrenochaeta terrestris* (Hansen) Gorenz, Walker et Larson	洋葱粉色根腐病菌
264	*Pythium splendens* Braun	油棕猝倒病菌
265	*Ramularia beticola* Fautr. et Lambotte	甜菜叶斑病菌
266	*Rhizoctonia fragariae* Husain et W.E.McKeen	草莓花枯病菌
267	*Rigidoporus lignosus* (Klotzsch) Imaz.	橡胶白根病菌
268	*Sclerophthora rayssiae* Kenneth, Kaltin et Wahl var. zeae Payak et Renfro	玉米褐条霜霉病菌
269	*Septoria petroselini* (Lib.) Desm.	欧芹壳针孢叶斑病菌
270	*Sphaeropsis pyriputrescens* Xiao et J. D. Rogers	苹果球壳孢腐烂病菌
271	*Sphaeropsis tumefaciens* Hedges	柑橘枝瘤病菌
272	*Stagonospora avenae* Bissett f. sp. *triticea* T. Johnson	麦类壳多胞斑点病菌
273	*Stagonospora sacchari* Lo et Ling	甘蔗壳多胞叶枯病菌
274	*Synchytrium endobioticum* (Schilberszky) Percival	马铃薯癌肿病菌
275	*Thecaphora solani* (Thirumalachar et M.J.O'Brien) Mordue	马铃薯黑粉病菌
276	*Tilletia controversa* Kühn	小麦矮腥黑穗病菌
277	*Tilletia indica* Mitra	小麦印度腥黑穗病菌
278	*Urocystis cepulae* Frost	葱类黑粉病菌
279	*Uromyces transversalis* (Thümen) Winter	唐菖蒲横点锈病菌
280	*Venturia inaequalis* (Cooke) Winter	苹果黑星病菌
281	*Verticillium albo-atrum* Reinke et Berthold	苜蓿黄萎病菌
282	*Verticillium dahliae* Kleb.	棉花黄萎病菌

原核生物

序号	学名	中文名
283	*Acidovorax avenae subsp. cattleyae* (Pavarino) Willems et al.	兰花褐斑病菌
284	*Acidovorax avenae subsp. citrulli* (Schaad et *al.*) Willems et al.	瓜类果斑病菌
285	*Acidovorax konjaci* (Goto) Willems et al.	魔芋细菌性叶斑病菌
286	*Alder yellows phytoplasma*	桤树黄化植原体

（续表）

序号	学名	中文名
287	*Apple proliferation phytoplasma*	苹果丛生植原体
288	*Apricot chlorotic leafroll phtoplasma*	杏褪绿卷叶植原体
289	*Ash yellows phytoplasma*	白蜡树黄化植原体
290	*Blueberry stunt phytoplasma*	蓝莓矮化植原体
291	*Burkholderia caryophylli* (Burkholder) Yabuuchi et al.	香石竹细菌性萎蔫病菌
292	*Burkholderia gladioli pv. alliicola* (Burkholder) Urakami et al.	洋葱腐烂病菌
293	*Burkholderia glumae* (Kurita et Tabei) Urakami et al.	水稻细菌性谷枯病菌
294	*Candidatus Liberobacter africanum* Jagoueix et al.	非洲柑桔黄龙病菌
295	*Candidatus Liberobacter asiaticum* Jagoueix et al.	亚洲柑桔黄龙病菌
296	*Candidatus Phytoplasma australiense*	澳大利亚植原体候选种
297	*Clavibacter michiganensis subsp. insidiosus* (McCulloch) Davis et al.	苜蓿细菌性萎蔫病菌
298	*Clavibacter michiganensis subsp. michiganensis* (Smith) Davis et al.	番茄溃疡病菌
299	*Clavibacter michiganensis subsp. nebraskensis* (Vidaver et al.) Davis et al.	玉米内州萎蔫病菌
300	*Clavibacter michiganensis subsp. sepedonicus* (Spieckermann et al.) Davis et al.	马铃薯环腐病菌
301	*Coconut lethal yellowing phytoplasma*	椰子致死黄化植原体
302	*Curtobacterium flaccumfaciens pv. flaccumfaciens* (Hedges) Collins et Jones	菜豆细菌性萎蔫病菌
303	*Curtobacterium flaccumfaciens* pv. *oortii* (Saaltink et al.) Collins et Jones	郁金香黄色疱斑病菌
304	*Elm phloem necrosis phytoplasma*	榆韧皮部坏死植原体
305	*Enterobacter cancerogenus* (Urosevi) Dickey et Zumoff	杨树枯萎病菌
306	*Erwinia amylovora* (Burrill) Winslow et al.	梨火疫病菌
307	*Erwinia chrysanthemi* Burkhodler et al.	菊基腐病菌
308	*Erwinia pyrifoliae* Kim, Gardan, Rhim et Geider	亚洲梨火疫病菌
309	*Grapevine flavescence dorée phytoplasma*	葡萄金黄化植原体
310	*Lime witches' broom phytoplasma*	来檬丛枝植原体
311	*Pantoea stewartii subsp. stewartii* (Smith) Mergaert et al.	玉米细菌性枯萎病菌
312	*Peach X-disease phytoplasma*	桃 X 病植原体
313	*Pear decline phytoplasma*	梨衰退植原体
314	*Potato witches' broom phytoplasma*	马铃薯丛枝植原体
315	*Pseudomonas savastanoi* pv. *phaseolicola* (Burkholder) Gardan et al.	菜豆晕疫病菌
316	*Pseudomonas syringae* pv. *morsprunorum* (Wormald) Young et al.	核果树溃疡病菌
317	*Pseudomonas syringae* pv. *persicae* (Prunier et al.) Young et al.	桃树溃疡病菌
318	*Pseudomonas syringae* pv. *pisi* (Sackett) Young et al.	豌豆细菌性疫病菌
319	*Pseudomonas syringae* pv. *maculicola* (McCulloch) Young et al	十字花科黑斑病菌
320	*Pseudomonas syringae* pv. *tomato* (Okabe) Young et al.	番茄细菌性叶斑病菌
321	*Ralstonia solanacearum* (Smith) Yabuuchi et al. (race 2)	香蕉细菌性枯萎病菌（2 号小种）
322	*Rathayibacter rathayi* (Smith) Zgurskaya et al.	鸭茅蜜穗病菌
323	*Spiroplasma citri* Saglio et al.	柑橘顽固病螺原体

（续表）

序号	学名	中文名
324	*Strawberry multiplier phytoplasma*	草莓簇生植原体
325	*Xanthomonas albilineans* (Ashby) Dowson	甘蔗白色条纹病菌
326	*Xanthomonas arboricola* pv. *celebensis* (Gaumann) Vauterin et al.	香蕉坏死条纹病菌
327	*Xanthomonas axonopodis* pv. *betlicola* (Patel et al.) Vauterin et al.	胡椒叶斑病菌
328	*Xanthomonas axonopodis* pv. *citri* (Hasse) Vauterin et al.	柑橘溃疡病菌
329	*Xanthomonas axonopodis* pv. *manihotis* (Bondar) Vauterin et al.	木薯细菌性萎蔫病菌
330	*Xanthomonas axonopodis* pv. *vasculorum* (Cobb) Vauterin et al.	甘蔗流胶病菌
331	*Xanthomonas campestris* pv. *mangiferaeindicae* (Patel et al.) Robbs et al.	芒果黑斑病菌
332	*Xanthomonas campestris* pv. *musacearum* (Yirgou et Bradbury) Dye	香蕉细菌性萎蔫病菌
333	*Xanthomonas cassavae* (ex Wiehe et Dowson) Vauterin et al.	木薯细菌性叶斑病菌
334	*Xanthomonas fragariae* Kennedy et King	草莓角斑病菌
335	*Xanthomonas hyacinthi* (Wakker) Vauterin et al.	风信子黄腐病菌
336	*Xanthomonas oryzae* pv. *oryzae* (Ishiyama) Swings et al.	水稻白叶枯病菌
337	*Xanthomonas oryzae* pv. *oryzicola* (Fang et al.) Swings et al.	水稻细菌性条斑病菌
338	*Xanthomonas populi* (ex Ride) Ride et Ride	杨树细菌性溃疡病菌
339	*Xylella fastidiosa* Wells et al.	木质部难养细菌
340	*Xylophilus ampelinus* (Panagopoulos) Willems et al.	葡萄细菌性疫病菌

线虫

序号	学名	中文名
341	*Anguina agrostis* (Steinbuch) Filipjev	剪股颖粒线虫
342	*Aphelenchoides fragariae* (Ritzema Bos) Christie	草莓滑刃线虫
343	*Aphelenchoides ritzemabosi* (Schwartz) Steiner et Bьhrer	菊花滑刃线虫
344	*Bursaphelenchus cocophilus* (Cobb) Baujard	椰子红环腐线虫
345	*Bursaphelenchus xylophilus* (Steiner et Bьhrer) Nickle	松材线虫
346	*Ditylenchus angustus* (Butler) Filipjev	水稻茎线虫
347	*Ditylenchus destructor* Thorne	腐烂茎线虫
348	*Ditylenchus dipsaci* (Kühn) Filipjev	鳞球茎茎线虫
349	*Globodera pallida* (Stone) Behrens	马铃薯白线虫
350	*Globodera rostochiensis* (Wollenweber) Behrens	马铃薯金线虫
351	*Heterodera schachtii* Schmidt	甜菜胞囊线虫
352	*Longidorus* (Filipjev) Micoletzky (The species transmit viruses)	长针线虫属（传毒种类）
353	*Meloidogyne* Goeldi (non-Chinese species)	根结线虫属（非中国种）
354	*Nacobbus abberans* (Thorne) Thorne et Allen	异常珍珠线虫
355	*Paralongidorus maximus* (Bьtschli) Siddiqi	最大拟长针线虫
356	*Paratrichodorus* Siddiqi (The species transmit viruses)	拟毛刺线虫属（传毒种类）
357	*Pratylenchus* Filipjev (non-Chinese species)	短体线虫（非中国种）
358	*Radopholus similis* (Cobb) Thorne	香蕉穿孔线虫
359	*Trichodorus* Cobb (The species transmit viruses)	毛刺线虫属（传毒种类）
360	*Xiphinema* Cobb (The species transmit viruses)	剑线虫属（传毒种类）

病毒及类病毒 （续表）

序号	学名	中文名
361	*African cassava mosaic virus*, ACMV	非洲木薯花叶病毒（类）
362	*Apple stem grooving virus*, ASPV	苹果茎沟病毒
363	*Arabis mosaic virus*, ArMV	南芥菜花叶病毒
364	*Banana bract mosaic virus*, BBrMV	香蕉苞片花叶病毒
365	*Bean pod mottle virus*, BPMV	菜豆荚斑驳病毒
366	*Broad bean stain virus*, BBSV	蚕豆染色病毒
367	*Cacao swollen shoot virus*, CSSV	可可肿枝病毒
368	*Carnation ringspot virus*, CRSV	香石竹环斑病毒
369	*Cotton leaf crumple virus*, CLCrV	棉花皱叶病毒
370	*Cotton leaf curl virus*, CLCuV	棉花曲叶病毒
371	*Cowpea severe mosaic virus*, CPSMV	豇豆重花叶病毒
372	*Cucumber green mottle mosaic virus*, CGMMV	黄瓜绿斑驳花叶病毒
373	*Maize chlorotic dwarf virus*, MCDV	玉米褪绿矮缩病毒
374	*Maize chlorotic mottle virus*, MCMV	玉米褪绿斑驳病毒
375	*Oat mosaic virus*, OMV	燕麦花叶病毒
376	*Peach rosette mosaic virus*, PRMV	桃丛簇花叶病毒
377	*Peanut stunt virus*, PSV	花生矮化病毒
378	*Plum pox virus*, PPV	李痘病毒
379	*Potato mop-top virus*, PMTV	马铃薯帚顶病毒
380	*Potato virus* A, PVA	马铃薯 A 病毒
381	*Potato virus* V, PVV	马铃薯 V 病毒
382	*Potato yellow dwarf virus*, PYDV	马铃薯黄矮病毒
383	*Prunus necrotic ringspot virus*, PNRSV	李属坏死环斑病毒
384	*Southern bean mosaic virus*, SBMV	南方菜豆花叶病毒
385	*Sowbane mosaic virus*, SoMV	藜草花叶病毒
386	*Strawberry latent ringspot virus*, SLRSV	草莓潜隐环斑病毒
387	*Sugarcane streak virus*, SSV	甘蔗线条病毒
388	*Tobacco ringspot virus*, TRSV	烟草环斑病毒
389	*Tomato black ring virus*, TBRV	番茄黑环病毒
390	*Tomato ringspot virus*, ToRSV	番茄环斑病毒
391	*Tomato spotted wilt virus*, TSWV	番茄斑萎病毒
392	*Wheat streak mosaic virus*, WSMV	小麦线条花叶病毒
393	*Apple fruit crinkle viroid*, AFCVd	苹果皱果类病毒
394	*Avocado sunblotch viroid*, ASBVd	鳄梨日斑类病毒
395	*Coconut cadang-cadang viroid*, CCCVd	椰子死亡类病毒
396	*Coconut tinangaja viroid*, CTiVd	椰子败生类病毒
397	*Hop latent viroid*, HLVd	啤酒花潜隐类病毒
398	*Pear blister canker viroid*, PBCVd	梨疱症溃疡类病毒
399	*Potato spindle tuber viroid*, PSTVd	马铃薯纺锤块茎类病毒

杂草 （续表）

序号	学名	中文名
400	*Aegilops cylindrica* Horst	具节山羊草
401	*Aegilops squarrosa* L.	节节麦
402	*Ambrosia* spp.	豚草（属）
403	*Ammi majus* L.	大阿米芹
404	*Avena barbata* Brot.	细茎野燕麦
405	*Avena ludoviciana* Durien	法国野燕麦
406	*Avena sterilis* L.	不实野燕麦
407	*Bromus rigidus* Roth	硬雀麦
408	*Bunias orientalis* L.	疣果匙荠
409	*Caucalis latifolia* L.	宽叶高加利
410	*Cenchrus* spp. (non-Chinese species)	蒺藜草（属）（非中国种）
411	*Centaurea diffusa* Lamarck	铺散矢车菊
412	*Centaurea repens* L.	匍匐矢车菊
413	*Crotalaria spectabilis* Roth	美丽猪屎豆
414	*Cuscuta* spp.	菟丝子（属）
415	*Emex australis* Steinh.	南方三棘果
416	*Emex spinosa* (L.) Campd.	刺亦模
417	*Eupatorium adenophorum* Spreng.	紫茎泽兰
418	*Eupatorium odoratum* L.	飞机草
419	*Euphorbia dentata* Michx.	齿裂大戟
420	*Flaveria bidentis* (L.) Kuntze	黄顶菊
421	*Ipomoea pandurata* (L.) G.F.W.Mey.	提琴叶牵牛花
422	*Iva axillaris* Pursh	小花假苍耳
423	*Iva xanthifolia* Nutt.	假苍耳
424	*Knautia arvensis* (L.) Coulter	欧洲山萝卜
425	*Lactuca pulchella* (Pursh) DC.	野莴苣
426	*Lactuca serriola* L.	毒莴苣
427	*Lolium temulentum* L.	毒麦
428	*Mikania micrantha* Kunth	薇甘菊
429	*Orobanche* spp.	列当（属）
430	*Oxalis latifolia* Kubth	宽叶酢浆草
431	*Senecio jacobaea* L.	臭千里光
432	*Solanum carolinense* L.	北美刺龙葵
433	*Solanum elaeagnifolium* Cay.	银毛龙葵
434	*Solanum rostratum* Dunal.	刺萼龙葵
435	*Solanum torvum* Swartz	刺茄
436	*Sorghum almum* Parodi.	黑高粱
437	*Sorghum halepense* (L.) Pers. (Johnsongrass and its cross breeds)	假高粱（及其杂交种）
438	*Striga* spp. (non-Chinese species)	独脚金（属）（非中国种）
439	*Subgen* Acnida L.	异株苋亚属（2011 年 6 月 20 日新增）
440	*Tribulus alatus* Delile	翅蒺藜
441	*Xanthium* spp. (non-Chinese species)	苍耳（属）（非中国种）

附件5

农作物种子质量监督抽查管理办法

（中华人民共和国农业部令第50号2005年1月26日公布）

第一章 总则

第一条 为了加强农作物种子质量监督管理，维护种子市场秩序，规范农作物种子质量监督抽查（以下简称监督抽查）工作，根据《中华人民共和国种子法》（以下简称《种子法》）及有关法律、行政法规的规定，制定本办法。

第二条 本办法所称监督抽查是指由县级以上人民政府农业行政主管部门组织有关种子管理机构和种子质量检验机构对生产、销售的农作物种子进行扦样、检验，并按规定对抽查结果公布和处理的活动。

第三条 农业行政主管部门负责监督抽查的组织实施和结果处理。农业行政主管部门委托的种子质量检验机构和（或）种子管理机构（以下简称承检机构）负责抽查样品的扦样工作，种子质量检验机构（以下简称检验机构）负责抽查样品的检验工作。

第四条 监督抽查的样品，由被抽查企业无偿提供，扦取样品的数量不得超过检验的合理需要。

第五条 被抽查企业应当积极配合监督抽查工作，无正当理由不得拒绝监督抽查。

第六条 监督抽查所需费用列入农业行政主管部门的预算，不得向被抽查企业收取费用。

第七条 农业行政主管部门已经实施监督抽查的企业，自扦样之日起六个月内，本级或下级农业行政主管部门对该企业的同一作物种子不得重复进行监督抽查。

第二章 监督抽查计划和方案确定

第八条 农业部负责制定全国监督抽查规划和本级监督抽查计划，县级以上地方人民政府农业行政主管部门根据全国规划和当地实际情况制定相应监督抽查计划。

监督抽查对象重点是当地重要农作物种子以及种子使用者、有关组织反映有质量问题的农作物种子。

农业行政主管部门可以根据实际情况，对种子质量单项或几项指标进行监督抽查。

第九条 农业行政主管部门根据计划向承检机构下达监督抽查任务。承检机构根据监督抽查任务，制定抽查方案，并报农业行政主管部门审查。

抽查方案应当科学、公正、符合实际。

抽查方案应当包括扦样、检验依据、检验项目、判定依据、被抽查企业名单、经费预算、抽查时间及结果报送时间等内容。

确定被抽查企业时，应当突出重点并具有一定的代表性。

第十条 农业行政主管部门审查通过抽查方案后，向承检机构开具《种子质量监督抽查通知书》。

《种子质量监督抽查通知书》是通知企业接受监督抽查的证明，应当说明被抽查企业、作物种类、扦样人员和单位等，承检机构凭此通知书到企业扦样，并交企业留存。

第十一条 承检机构接受监督抽查任务后，应当组织有关人员学习有关法律法规和监督抽查规定，熟悉监督抽查方案，对扦样及检验过程中可能出现的问题提出合理的解决预案，并做好准备工作。

各有关单位和个人对监督抽查中确定的被抽查企业和作物种类以及承检机构、扦样人员等应当严格保密，禁止以任何形式和名义事先向被抽查企业泄露。

第三章 扦样

第十二条 执行监督抽查任务的扦样人员由承检机构指派。到被抽查企业进行扦样时，扦样人员不得少于两名，其中至少有一名持种子检验员证的扦样员。

第十三条 扦样人员扦样前，应当向被抽查企业出示《种子质量监督抽查通知书》和有效身份证件，说明监督抽查的性质和扦样方法、检验项目、检验依据、判定依据等内容；了解被抽查企业的种子生产、经营情况，必要时可要求被抽查企业出示有关档案资料，以确定所抽查品种、样品数量等事项。

第十四条 抽查的样品应当从市场上销售或者仓库内待销的商品种子中扦取，并保证样品具有代表性。

有下列情形之一的，不得扦样：

（一）被抽查企业无《种子质量监督抽查通知书》所列农作物种子的；

（二）有证据证明拟抽查的种子不是用于销售的；

（三）有证据证明生产的种子用于出口，且出口合同对其质量有明确约定的。

第十五条 有下列情形之一的，被抽查企业可以拒绝接受扦样：

（一）扦样人员少于两人的；

（二）扦样人员中没有持证扦样员的；

（三）扦样人员姓名、单位与《种子质量监督抽查通知书》不符的；

（四）扦样人员应当携带的《种子质量监督抽查通知书》和有效身份证件等不齐全的；

（五）被抽查企业、作物种类与《种子质量监督抽查通知书》不一致的；

（六）上级或本级农业行政主管部门六个月内对该企业的同一作物种子进行过监督抽查的。

第十六条 扦样按国家标准《农作物种子检验规程—扦样》执行。

扦样人员封样时，应当有防拆封措施，以保证样品的真实性。

第十七条 扦样工作结束后，扦样人员应当填写扦样单。扦样单中的被抽查企业名称、通讯地址、电话，所扦作物种类、品种名称、生产年月、种子批重、种子批号，扦样日期、扦样数量、执行标准、检验项目、检验依据、结果判定依据等内容应当逐项填写清楚。被抽查企业如有需要特别陈述的事项，可在备注栏中加以说明。

第十八条 扦样单应当有扦样人员和被抽查企业负责人或者其授权的人员签字，并加盖被抽查企业的公章。扦样单一式三份，承检机构和被抽查企业各留存一份，报送下达任务的农业行政主管部门一份。

第十九条 被抽查企业无《种子质量监督抽查通知书》所列农作物种子的，应当出具书面证明材料。扦样人员应当在查阅有关材料和检查有关场所后予以确认，并在证明材料上签字。

第二十条 被抽查企业无正当理由拒绝接受扦样或拒绝在扦样单上签字盖章的，扦样人员应当阐明拒绝监督抽查的后果和处理措施；必要时可以由企业所在地农业行政主管部门予以协调，如企业仍不接受抽查，扦样人员应当及时向下达任务的农业行政主管部门报告情况，对该企业按照拒绝监督抽查处理。

第二十一条 在市场上扦取的样品，如果经销单位与标签标注的生产商不一致的，承检机构应当及时通知种子生产商，并由该企业出具书面证明材料，以确认样品的生产商。生产商在接到通知七日内不予回复的，视为所扦种子为标签标注企业的产品。

第四章　检验和结果报送

第二十二条　承担监督抽查检验工作的检验机构应当符合《种子法》的有关规定，具备相应的检测条件和能力，并经省级以上人民政府农业行政主管部门考核合格。

农业部组织的监督抽查检验工作由农业部考核合格的检验机构承担。

第二十三条　检验机构应当制定监督抽查样品的接收、入库、领用、检验、保存及处置程序，并严格执行。

监督抽查的样品应当妥善保存至监督抽查结果发布后三个月。

第二十四条　检验机构应当按国家标准《农作物种子检验规程》进行检测，保证检验工作科学、公正、准确。

检验原始记录应当按规定如实填写，保证真实、准确、清晰，不得随意涂改，并妥善保存备查。

第二十五条　检验机构依据《种子法》第四十六条的规定和相关种子技术规范的强制性要求，并根据国家标准《农作物种子检验规程》所规定的容许误差对种子质量进行判定。

第二十六条　检验结束后，检验机构应当及时向被抽查企业和生产商送达《种子质量监督抽查结果通知单》。

检验机构可以在部分检验项目完成后，及时将检验结果通知被抽查企业。

第二十七条　被抽查企业或者生产商对检验结果有异议的，应当在接到《种子质量监督抽查结果通知单》或者单项指标检验结果通知之日起十五日内，向下达任务的农业行政主管部门提出书面报告，并抄送检验机构。逾期未提出异议的，视为认可检验结果。

第二十八条　下达任务的农业行政主管部门应当对企业提出的异议进行审查，并将处理意见告知企业。需要进行复验的，应当及时安排。

第二十九条　复验一般由原检验机构承担，特殊情况下，可以由下达任务的农业行政主管部门委托其他检验机构承担。

复验结果与原检验结果不一致的，复验费用由原检验机构承担。

第三十条　复验按照原抽查方案，根据实际情况可以在原样品基础上或者采用备用样品进行。

净度、发芽率和水分等质量指标采用备用样品进行复验，品种真实性和纯度在原种植小区基础上进行复查，特殊情况下，也可以重新种植鉴定。

第三十一条　检验机构完成检验任务后，应当及时出具检验报告，送达被抽查企业。在市场上扦取的样品，应当同时送达生产商。

检验报告内容应当齐全，检验依据和检验项目与抽查方案一致，数据准确，结论明确。

第三十二条　承检机构完成抽查任务后，应当在规定时间内将监督抽查结果报送下达任务的农业行政主管部门。

第三十三条　监督抽查结果主要包括以下内容：

（一）监督抽查总结；

（二）检验结果汇总表；

（三）监督抽查质量较好企业名单、不合格种子生产经营企业名单、拒绝接受监督抽查企业名单；

（四）企业提出异议、复验等问题的处理情况说明；

（五）其他需要说明的情况。

第五章　监督抽查结果处理

第三十四条　下达任务的农业行政主管部门应当及时汇总结果，在农业系统或者向相关企业通报，并视情况通报被抽查企业所在地农业行政主管部门。

省级以上农业行政主管部门可以向社会公告监督抽查结果。

第三十五条　不合格种子生产经营企业，由下达任务的农业行政主管部门或企业所在地农业行政主管部门，依据《种子法》有关规定予以处罚。

对不合格种子生产经营企业，应当作为下次监督抽查的重点。连续两次监督抽查有不合格种子的企业，应当提请有关发证机关吊销该企业的种子生产许可证、种子经营许可证，并向社会公布。

第三十六条　不合格种子生产经营企业应当按照下列要求进行整改：

（一）限期追回已经销售的不合格种子；

（二）立即对不合格批次种子进行封存，作非种用处理或者重新加工，经检验合格后方可销售；

（三）企业法定代表人向全体职工通报监督抽查情况，制定整改方案，落实整改措施；

（四）查明产生不合格种子的原因，查清质量责任，对有关责任人进行处理；

（五）对未抽查批次的种子进行全面清理，不合格种子不得销售；

（六）健全和完善质量保证体系，并按期提交整改报告；

（七）接受农业行政主管部门组织的整改复查。

第三十七条　拒绝接受依法监督抽查的，给予警告，责令改正；拒不改正的，被监督抽查的种子按不合格种子处理，下达任务的农业行政主管部门予以通报。

第六章　监督抽查管理

第三十八条　参与监督抽查的工作人员，应当严格遵守国家法律、法规，秉公执法、不徇私情，对被抽查的作物种类和企业名单严守秘密。

第三十九条　检验机构应当如实上报检验结果和检验结论，不得瞒报、谎报，并对检验工作负责。

检验机构在承担监督抽查任务期间，不得接受被抽查企业种子样品的委托检验。

第四十条　承检机构应当符合《种子法》第五十六条的规定，不得从事种子生产、经营活动。

承检机构不得利用种子质量监督抽查结果参与有偿活动，不得泄露抽查结果及有关材料，不得向企业颁发抽查合格证书。

第四十一条　检验机构和参与监督抽查的工作人员伪造、涂改检验数据，出具虚假检验结果和结论的，按照《种子法》第六十二条、第六十八条的规定处理。

第四十二条　检验机构和参与监督抽查的工作人员违反本办法第三十八条、第三十九条第二款、第四十条规定，由农业行政主管部门责令限期改正，暂停其种子质量检验工作；情节严重的，收回有关证书和证件，取消从事种子质量检验资格；对有关责任人员依法给予行政处分，构成犯罪的，依法追究刑事责任。

第七章　附则

第四十三条　本办法自2005年5月1日起实施。

附件 6

农作物种子质量纠纷田间现场鉴定办法

（农业部令 2003 年第 28 号）

《农作物种子质量纠纷田间现场鉴定办法》业经 2003 年 6 月 26 日农业部第 17 次常务会议审议通过，现予公布，自 2003 年 8 月 1 日起施行。

部长：杜青林

二○○三年七月八日

第一　为了规范农作物种子质量纠纷田间现场鉴定（以下简称现场鉴定）程序和方法，合理解决农作物种子质量纠纷，维护种子使用者和经营者的合法权益，根据《中华人民共和国种子法》（以下简称《种子法》）及有关法律、法规的规定，制定本办法。

第二　本办法所称现场鉴定是指农作物种子在大田种植后，因种子质量或者栽培、气候等原因，导致田间出苗、植株生长、作物产量、产品品质等受到影响，双方当事人对造成事故的原因或损失程度存在分歧，为确定事故原因或（和）损失程度而进行的田间现场技术鉴定活动。

第三　现场鉴定由田间现场所在地县级以上地方人民政府农业行政主管部门所属的种子管理机构组织实施。

第四　种子质量纠纷处理机构根据需要可以申请现场鉴定；种子质量纠纷当事人可以共同申请现场鉴定，也可以单独申请现场鉴定。

鉴定申请一般以书面形式提出，说明鉴定的内容和理由，并提供相关材料。口头提出鉴定申请的，种子管理机构应当制作笔录，并请申请人签字确认。

第五　种子管理机构对申请人的申请进行审查，符合条件的，应当及时组织鉴定。有下列情形之一的，种子管理机构对现场鉴定申请不予受理：

（一）针对所反映的质量问题，申请人提出鉴定申请时，需鉴定地块的作物生长期已错过该作物典型性状表现期，从技术上已无法鉴别所涉及质量纠纷起因的；

（二）司法机构、仲裁机构、行政主管部门已对质量纠纷做出生效判决和处理决定的；

（三）受当前技术水平的限制，无法通过田间现场鉴定的方式来判定所提及质量问题起因的；

（四）该纠纷涉及的种子没有质量判定标准、规定或合同约定要求的；

（五）有确凿的理由判定质量纠纷不是由种子质量所引起的；

（六）不按规定缴纳鉴定费的。

第六　现场鉴定由种子管理机构组织专家鉴定组进行。

专家鉴定组由鉴定所涉及作物的育种、栽培、种子管理等方面的专家组成，必要时可邀请植保、气象、土壤肥料等方面的专家参加。专家鉴定组名单应当征求申请人和当事人的意见，可以不受行政区域的限制。

参加鉴定的专家应当具有高级以上专业技术职称、具有相应的专门知识和实际工作经验、从事相关专业领域的工作五年以上。

纠纷所涉品种的选育人为鉴定组成员的，其资格不受前款条件的限制。

第七　专家鉴定组人数应为 3 人以上的单数，由一名组长和若干成员组成。

第八　专家鉴定组成员有下列情形之一的，应当回避，申请人也可以口头或者书面申请其回避：

（一）种子事故争议当事人或者当事人的近亲属的；

（二）与种子事故争议有利害关系的；

（三）种子事故争议当事人有其他关系，可能影响公正鉴定的。

第九　专家鉴定组进行现场鉴定时，可以向当事人了解有关情况，可以要求申请人提供与现场鉴定有关的材料。

申请人及当事人应予以必要的配合，并提供真实资料和证明。不配合或提供虚假资料和证明，对鉴定工作造成影响的，应承担由此造成的相应后果。

第十　专家鉴定组进行现场鉴定时，应当通知申请人及有关当事人到场。专家鉴定组根据现场情况确定取样方法和鉴定步骤，并独立进行现场鉴定。

任何单位或者个人不得干扰现场鉴定工作，不得威胁、利诱、辱骂、殴打专家鉴定组成员。

专家鉴定组成员不得接受当事人的财物或者其他利益。

第十一　有下列情况之一的，终止现场鉴定：

（一）请人不到场的；

（二）需鉴定的地块已不具备鉴定条件的；

（三）人为因素使鉴定无法开展的。

第十二　专家鉴定组对鉴定地块中种植作物的生长情况进行鉴定时，应当充分考虑以下因素：

（一）物生长期间的气候环境状况；

（二）当事人对种子处理及田间管理情况；

（三）批种子室内鉴定结果；

（四）批次种子在其他地块生长情况；

（五）同品种其他批次种子生长情况；

（六）类作物其他品种种子生长情况；

（七）定地块地力水平等影响作物生长的其他因素。

第十三　专家鉴定组应当在事实清楚、证据确凿的基础上，根据有关种子法规、标准，依据相关的专业知识，本着科学、公正、公平的原则，及时作出鉴定结论。

专家鉴定组现场鉴定实行合议制。鉴定结论以专家鉴定组成员半数以上通过有效。专家鉴定组成员在鉴定结论上签名。专家鉴定组成员对鉴定结论的不同意见，应当予以注明。

第十四　专家鉴定组应当制作现场鉴定书。现场鉴定书应当包括以下主要内容：

（一）定申请人名称、地址、受理鉴定日期等基本情况；

（二）鉴定的目的、要求；

（三）有关的调查材料；

（四）鉴定方法、依据、过程的说明；

（五）定结论；

（六）定组成员名单；

（七）他需要说明的问题。

第十五　现场鉴定书制作完成后，专家鉴定组应当及时交给组织鉴定的种子管理机构。种子管理机构应当在5日内将现场鉴定书交付申请人。

第十六　对现场鉴定书有异议的，应当在收到现场鉴定书15日内向原受理单位上一级种子管理机构提出再次鉴定申请，并说明理由。上一级种子管理机构对原鉴定的依据、方法、过程等进行审查，认为有必要和可能重新鉴定的，应当按本办法规定重新组织专家鉴定。

再次鉴定申请只能提起一次。

当事人双方共同提出鉴定申请的，再次鉴定申请由双方共同提出。当事人一方单独提出鉴定申请的，另一方当事人不得提出再次鉴定申请。

第十七　有下列情形之一的，现场鉴定无效：

（一）专家鉴定组组成不符合本办法规定的；

（二）专家鉴定组成员收受当事人财物或其他利益，弄虚作假的；

（三）其他违反鉴定程序，可能影响现场鉴定客观、公正的。

现场鉴定无效的，应当重新组织鉴定。

第十八　申请现场鉴定，应当按照省级有关主管部门的规定缴纳鉴定费。

第十九　参加现场鉴定工作的人员违反本办法的规定，接受鉴定申请人或当事人的财物或其他利益，出具虚假现场鉴定书的，由其所在单位或者主管部门给予行政处分；构成犯罪的，依法追究刑事责任。

第二十　申请人、有关当事人或者其他人员干扰田间现场鉴定工作，寻衅滋事，扰乱现场鉴定工作正常进行的，依法给予治安处罚或追究刑事责任。

第二十一　委托制种发生质量纠纷，需要进行现场鉴定的，参照本办法执行。

第二十二　本办法自2003年8月1日起施行。

附件 7

强制性种子质量标准要求

一、粮食作物种子

表 1　禾谷类种子质量要求（%）

作物名称	种子类别		纯度	净度	发芽率	水分	备注
稻	常规种	原种	99.9	98.0	85	13.0（籼）	GB 4404.1—2008 注：①长城以北和高寒地区的水稻、玉米、高粱种子水分允许高于 13.0%，但不能高于 16.0%，若在长城以南（高寒地区除外）销售，水分不能高于 13.0%； ② 稻杂交种质量指标适用于三系和两系稻杂交种子； ③ 在农业生产中，粟俗称谷子，黍俗称糜子。
		大田用种	99.0			14.5（粳）	
	不育系、恢复系、保持系	原种	99.9	98.0	80	13.0	
		大田用种	99.5				
	杂交种 b	大田用种	96.0	98.0	80	13.0（籼）	
						14.5（粳）	
玉米	常规种	原种	99.9	99.0	85	13.0	
		大田用种	97.0				
	自交系	原种	99.9	99.0	80	13.0	
		大田用种	99.0				
	单交种	大田用种	96.0	99.0	85	13.0	
	双交种	大田用种	95.0				
	三交种	大田用种	95.0				
小麦	常规种	原种	99.9	99.0	85	13.0	
		大田用种	99.0				
大麦	常规种	原种	99.9	99.0	85	13.0	
		大田用种	99.0				
高粱	常规种	原种	99.9	98.0	75	13.0	
		大田用种	98.0				
	不育系、保持系、恢复系	原种	99.9	98.0	75	13.0	
		大田用种	99.0				
	杂交种	大田用种	93.0	98.0	80	13.0	
粟、黍	常规种	原种	99.8	98.0	85	13.0	
		大田用种	98.0	98.0	85	13.0	
苦荞麦	原种		99.0	98.0	85	13.5	GB 4404.3—2010
	大田用种		96.0				
甜荞麦	原种		95.0	98.0	85	13.5	
	大田用种		90.0				
燕麦	原种		99.0	98.0	85	13.0	GB 4404.4—2010
	大田用种		97.0				

豆类种子质量要求（%）（续表）

作物种类	种子类别	质量指标				备注
		纯度	净度	发芽率	水分	
大豆	原种	99.9	99.0	85	12.0	GB 4404.2—2010 注：长城以北和高寒地区的大豆种子水分允许高于12.0%，但不能高于13.5%。长城以南的大豆种子（高寒地区除外）水分不得高于12.0%。
	大田用种	98.0				
蚕豆	原种	99.9	99.0	90	12.0	
	大田用种	97.0				
赤豆（红小豆）	原种	99.0	99.0	85	13.0	
	大田用种	96.0				
绿豆	原种	99.0	99.0	85	13.0	
	大田用种	96.0				

种薯类种子质量要求（%）

作物名称	种子类别	质量指标			备注
		纯度	薯块整齐度	不完善薯块	
马铃薯	（常规种）原种	99.5	85.0	1.0	GB4406—84
	（常规种）（大田用种）一级	98.0	85.0	3.0	
	（常规种）（大田用种）二级	96.0	80.0	5.0	
	（常规种）（大田用种）三级	95.0	75.0	7.0	
甘薯	（常规种）原种	99.5	85.0	1.0	
	（常规种）（大田用种）一级	98.0	85.0	3.0	
	（常规种）（大田用种）二级	96.0	80.0	5.0	
	（常规种）（大田用种）三级	95.0	75.0	7.0	

马铃薯脱毒种薯的块茎质量指标（%）

块茎病害和缺陷	允许率 %	备注
环腐病	0	GB 18133—2000
湿腐病和腐烂	0.1	
干腐病	1.0	
疮痂病、黑痣病和晚疫病 轻微症状（1% ~ 5% 表面有病斑） 中等症状（5% ~ 10% 表面有病斑）	 10.0 5.0	
有缺陷病（冻伤除外）	0.1	
冻伤	4.0	

二、经济作物种子

棉花种子（包括转基因种子）质量要求（%） （续表）

作物种类	种子类型	种子类别	质量指标				备注
			纯度	净度	发芽率	水分	
棉花常规种	棉花毛籽	原种	99.0	97.0	70	12.0	GB 4407.1—2008
		大田用种	95.0				
	棉花光籽	原种	99.0	99.0	80	12.0	
		大田用种	95.0				
	棉花薄膜 包衣籽	原种	99.0	99.0	80	12.0	
		大田用种	95.0				
棉花杂交种亲本	棉花毛籽		99.0	97.0	70	12.0	
	棉花光籽		99.0	99.0	80	12.0	
	棉花薄膜包衣籽		99.0	99.0	80	12.0	
棉花杂交一代种	棉花毛籽		95.0	97.0	70	12.0	
	棉花光籽		95.0	99.0	80	12.0	
	棉花薄膜包衣籽		95.0	99.0	80	12.0	

黄麻、红麻和亚麻种子质量要求（%）

作物种类	种子类别	质量指标				备注
		纯度	净度	发芽率	水分	
圆果黄麻	原种	99.0	98.0	80	12.0	GB 4407.1—2008
	大田用种	96.0				
长果黄麻	原种	99.0	98.0	85	12.0	
	大田用种	96.0				
红麻	原种	99.0	98.0	75	12.0	
	大田用种	97.0				
亚麻	原种	99.0	98.0	85	9.0	
	大田用种	97.0				

油菜种子质量要求（%）

作物名称	种子类别		质量指标				备注
			纯度	净度	发芽率	水分	
油菜	常规种	原种	99.0	98.0	85	9.0	GB 4407.2—2008
		大田用种	95.0				
	亲本	原种	99.0	98.0	80	9.0	
		大田用种	98.0				
	杂交种	大田用种	85.0	98.0	80	9.0	
向日葵	常规种	原种	99.0	98.0	85	9.0	
		大田用种	96.0				
	亲本	原种	99.0	98.0	90	9.0	
		大田用种	98.0				
	杂交种	大田用种	96.0	98.0	90	9.0	
花生	原种		99.0	99.0	80	10.0	
	大田用种		96.0				
芝麻	原种		99.0	97.0	85	9.0	
	大田用种		97.0				

糖用甜菜多胚种子质量要求（%） （续表）

种子类别			发芽率	净度	三倍体率	水分	粒径
二倍体	原种		80	98.0	—	14.0	≥ 2.5
	大田用种	磨光种	80	98.0	—	14.0	≥ 2.0
		包衣种	90	98.0	—	12.0	2.0 ～ 4.5
多倍体	原种		70	98.0	—	14.0	≥ 3.0
	大田用种	磨光种	75	98.0	45（普通多倍体）或 90（雄性不育多倍体）	14.0	≥ 2.5
		包衣种	85	98.0		12.0	2.5 ～ 4.5

备注：GB 19176—2010

糖用甜菜单胚种子质量要求（%）

种子类别		单粒率	发芽率	净度	三倍体率	水分	粒径
原种		95	80	98.0	—	12.0	≥ 2.0
大田用种	磨光种	95	80	98.0	95	12.0	≥ 2.0
	包衣种	95	90	99.0	95	12.0	≥ 2.0
	丸化种	95	95	99.0	98	12.0	3.5 ～ 4.75

备注：GB 19176—2010

① 二倍体单胚种子不检三倍体率项目；

② 本表中三倍体率指标系指雄性不育多倍体品种。

三、瓜类作物种子

瓜类种子质量要求（%）

作物种类	种子类别		质量指标				备注
			纯度	净度	发芽率	水分	
西瓜	亲本	原种	99.7	99.0	90	8.0	GB 16715.1—2010 ① 三倍体西瓜杂交种发芽试验通常需要进行预先处理； ② 二倍体西瓜杂交种销售可以不具体标注二倍体，三倍种西瓜杂交种销售则需具体标注。
		大田用种	99.0				
	二倍体杂交种	大田用种	95.0	99.0	90	8.0	
	三倍体杂交种	大田用种	95.0	99.0	75	8.0	
甜瓜	常规种	原种	98.0	99.0	90	8.0	
		大田用种	95.0		85		
	亲本	原种	99.7	99.0	90	8.0	
		大田用种	99.0		90		
	杂交种	大田用种	95.0	99.0	85	8.0	
哈密瓜	常规种	原种	98.0	99.0	90	7.0	
		大田用种	90.0	99.0	85		
	亲本	大田用种	99.0	99.0	90	7.0	
	杂交种	大田用种	95.0	99.0	90	7.0	
冬瓜	原种		98.0	99.0	70	9.0	
	大田用种		96.0		60		
黄瓜	常规种	原种	98.0	99.0	90	8.0	
		大田用种	95.0				
	亲本	原种	99.9	99.0	90	8.0	
		大田用种	99.0		85		
	杂交种	大田用种	95.0	99.0	90	8.0	

四、叶菜类作物种子

白菜类种子质量要求（%） （续表）

作物种类	种子类别		质量指标				备注
			纯度	净度	发芽率	水分	
结球白菜	常规种	原种	99.0	98.0	85	7.0	GB 16715.2—2010
		大田用种	96.0				
	亲本	原种	99.9	98.0	85	7.0	
		大田用种	99.0				
	杂交种	大田用种	96.0	98.0	85	7.0	
不结球白菜	常规种	原种	99.0	98.0	85	7.0	
		大田用种	96.0				

甘蓝类种子质量要求（%）

作物种类	种子类别		质量标准				备注
			纯度	净度	发芽率	水分	
结球甘蓝	常规种	原种	99.0	99.0	85	7.0	GB 16715.4—2010
		大田用种	96.0				
	亲本	原种	99.9	99.0	80	7.0	
		大田用种	99.0				
	杂交种	大田用种	96.0	99.0	80	7.0	
球茎甘蓝	原种		98.0	99.0	85	7.0	
	大田用种		96.0				
花椰菜	原种		99.0	98.0	85	7.0	
	大田用种		96.0				

茄果类种子质量要求（%）

作物种类	种子类别		质量标准				备注
			纯度	净度	发芽率	水分	
茄子	常规种	原种	99.0	98.0	75	8.0	GB 16715.3—2010
		大田用种	96.0				
	亲本	原种	99.9	98.0	75	8.0	
		大田用种	99.0				
	杂交种	大田用种	96.0	98.0	85	8.0	
辣椒（甜椒）	常规种	原种	99.0	98.0	80	7.0	
		大田用种	95.0				
	亲本	原种	99.9	98.0	75	7.0	
		大田用种	99.0				
	杂交种	大田用种	95.0	98.0	85	7.0	
番茄	常规种	原种	99.0	98.0	85	7.0	
		大田用种	95.0				
	亲本	原种	99.9	98.0	85	7.0	
		大田用种	99.0				
	杂交种	大田用种	96.0	98.0	85	7.0	

绿叶菜类种子质量要求（%） （续表）

作物种类	种子类别	质量标准				备注
		纯度	净度	发芽率	水分	
芹菜	原种	99.0	95.0	70	8.0	GB 16715.5—2010
	大田用种	93.0				
菠菜	原种	99.0	97.0	70	10.0	
	大田用种	95.0				
莴苣	原种	99.0	98.0	80	7.0	
	大田用种	95.0				

五、绿肥种子

绿肥类种子质量要求（%）

作物种类		种子类别	质量标准				备注
			纯度	净度	发芽率	水分	
紫云英		原种	99.0	97.0	80	10.0	GB 8080—2010
		大田用种	96.0				
苕子	毛叶苕子	原种	99.0	98.0	80	12.0	
		大田用种	96.0				
	光叶苕子	原种	99.0	98.0	80	12.0	
		大田用种	96.0				
	蓝花苕子	原种	99.0	98.0	80	12.0	
		大田用种	96.0				
草木樨	白香草木樨	原种	99.0	96.0	80	11.0	
		大田用种	94.0				
	黄香草木樨	原种	99.0	96.0	80	11.0	
		大田用种	94.0				

参 考 文 献

[1] 胡晋. 种子检验学 [M]. 北京：科学出版社，2015.

[2] 颜启传. 种子学 [M]. 北京：中国农业出版社，2001.

[3] 颜启传. 种子检验原理与技术 [M]. 杭州：浙江大学出版社，2001.

[4] 潘显政. 农业部全国农作物种子质量监督检验测试中心. 农作物种子检验员考核学习读本 [M]. 北京：中国工商出版社，2006.

[5] 颜启传，胡伟民，宋文坚. 种子活力测定的原理和方法 [M]. 北京：中国农业出版社，2006.

[6] 支巨振. 《农作物种子检验规程》实施指南 [M]. 北京：中国标准出版社，2000.

[7] 颜廷进，戴双. 蛋白质电泳技术在玉米杂交种子纯度鉴定中的应用 [J]. 种子科技，2007（1）：37-39.